Fachmathematik
Bäckerei und Konditorei

Helmut Nuding · Klaus Ulbrich

Konzeptionelle Koordinierung:
Helmut Nuding

10., aktualisierte Auflage

Handwerk und Technik · Hamburg

Bildquellenverzeichnis

Böttcher, Uta, Stuttgart: S. 8; 10; 14; 15; 17; 19; 23; 26/1,2; 32; 33; 36; 39; 41; 44/1,2; 47/1,2; 52; 53; 60; 64; 71; 73; 83; 85; 88; 89; 94; 96; 97; 102; 105; 108; 111; 114; 118; 119; 122; 124; 130; 131; 132; 135; 138; 151; 162/1,2; 165/1,2; 176; 180; 187; 191; 200; 204; 207/1,2; 210; 212; 217

dpa Picture-Alliance GmbH, Frankfurt/ Main: S. 62; 65; 75; 78; 79; 81; 93/1,2

istockphoto, Berlin: S. 86 (carduus)

Kaip, Boris, München: S. 6; 20; 29; 37; 42; 45; 50; 57; 82; 84; 90; 98; 99; 109; 115; 116; 123; 136; 140; 143; 160; 172; 174; 181; 183; 189; 209; 218

ISBN 978-3-582-63673-7 Best.-Nr. 40105

Verlag Handwerk und Technik GmbH,
Lademannbogen 135, 22339 Hamburg; Postfach 63 05 00, 22331 Hamburg – 2021
E-Mail: info@handwerk-technik.de – Internet: www.handwerk-technik.de

Umschlagbilder: Fotolia Deutschland, Berlin, © www.fotolia.de: 1 (HLPhoto), 2 (Ray);
StockFood GmbH, München: 3 (Kirchherr, Jo)

Satz: Type & Design, Olaf Schlierf, 29331 Lachendorf

Druck: Beltz Grafische Betriebe GmbH, D-99947 Bad Langensalza

Inhaltsverzeichnis

1 Wiederholung der Grundrechenarten

1.1 Die Addition (das Zusammenzählen)

33	+	29	=	62
↑		↑		↑
Summand	plus	**Summand**	gleich	**Summe**

Beispiel: Wie viel sind 321,20 plus 25,80 plus 1,35?

Lösung:

①	321,20	↑ ③ ↓
	25,80	
+	1,35	
	348,35	②

① Schreiben Sie die Ziffern genau untereinander, also Einer unter Einer, Zehner unter Zehner, Hunderter unter Hunderter usw.; bei Dezimalzahlen Komma unter Komma.

② Addieren Sie zuerst von unten nach oben.

③ Zur Kontrolle addieren Sie von oben nach unten.

Aufgaben

1 Addieren Sie:

a)	b)	c)
1 452,30 €	123,900 kg	79 Stück
344,80 €	35,100 kg	282 Stück
195,40 €	48,350 kg	1 217 Stück
159,60 €	904,250 kg	488 Stück
63,00 €	219,750 kg	2 146 Stück
+ 12,15 €	+ 9,250 kg	+ 19 Stück
? €	? kg	? Stück

2 Berechnen Sie:

a) 3 + 5 + 16 + 25

b) 15 + 35 + 60 + 489

c) 648 + 7 458 + 615 + 95 + 48 + 238 164

d) 12 + 458 217 + 72 846 + 2 + 673 518 + 837 691

e) 575 + 31 864 + 215 + 84 356 + 58 + 211 + 74 251

f) 2 469 + 57,457 + 785,36 + 18,561 + 4 768,622 + 6 821

3 In der Bäckerei Reichardt wurden in einer Woche folgende Backwaren verkauft:

	Montag	Dienstag	Mittwoch	Donnerstag	Freitag	Samstag
Weizenbrote	45	53	64	61	55	82
Mischbrote	84	74	68	47	78	112
Roggenbrote	26	42	47	34	51	84
Tafelbrötchen	475	541	742	645	478	1 242
Milchbrötchen	63	72	87	78	124	245
Spezialbrötchen	23	22	47	20	46	89
Süße Stückchen	58	43	152	74	51	88
Kuchen (Stücke)	46	24	98	52	64	45

Wie viel wurde von den einzelnen Backwaren in dieser Woche verkauft?

4 Berechnen Sie die Summen aus folgenden Einzelbeträgen:

a) 13,20 €, 4,95 €, 0,30 €, 1,20 €, 2,80 €, 3,90 €

b) 1,50 €, 5,40 €, 25,98 €, 12,75 €, 7,87 €, 4,40 €

c) 164,75 €, 642,15 €, 753,03 €, 106,20 €, 4 026,98 €

d) 903,02 €, 19,87 €, 102,87 €, 1,76 €, 836,45 €, 120,05 €

5 Bei der Übergabe waren in der Kasse

400,00 € in 200-€-Scheinen,
700,00 € in 100-€-Scheinen,
450,00 € in 50-€-Scheinen,
140,00 € in 20-€-Scheinen,
220,00 € in 10-€-Scheinen und
127,19 € an Hartgeld.

Wie viel € waren insgesamt in der Kasse?

6 Die Bäckerei Fuchs hat diesen Monat an einen Großkunden Waren im Wert folgender Beträge geliefert:

Tag	Rechnungsbetrag
01.	367,95 €
03.	257,87 €
04.	129,00 €
05.	1 005,67 €
08.	402,30 €
10.	351,84 €
11.	222,45 €
12.	1 213,00 €
15.	319,98 €
17.	250,25 €
18.	175,80 €
19.	2 101,05 €
22.	450,20 €
24.	629,70 €
25.	350,00 €
26.	1 835,34 €

Wie viel € muss der Großkunde am Monatsende bezahlen?

7 Für die Herstellung von Christstollen werden folgende Zutaten benötigt:

12 kg Weizenmehl (Type 550), 1,32 kg Zucker, 1,2 kg Marzipanrohmasse, 4,8 kg Backmargarine, 0,84 kg Hefe, 0,18 kg Salz, 0,06 kg Gewürze, 2,4 kg Milch, 7,2 kg Rosinen, 3 kg Mandeln, 1,2 kg Zitronat, 0,6 kg Orangeat und 0,1 kg Rum.

Ermitteln Sie das Rezepturgewicht des Christstollenteiges.

1.2 Die Subtraktion (das Abziehen)

79	–	54	=	25
↑		↑		↑
Minuend	minus	**Subtrahend**	gleich	**Differenz**

Beispiel: Wie viel sind 715,62 minus 482,40?

Lösung: ① 715,62
– 482,40
(1)
233,22

② ↑ ③ ↑

① Schreiben Sie die Ziffern genau untereinander, also Einer unter Einer, Zehner unter Zehner, Hunderter unter Hunderter usw.; bei Dezimalzahlen Komma unter Komma.

② Ermitteln Sie die Differenz folgendermaßen:
von 0 auf 2 fehlen 2 ⇒ schreibe 2
von 4 auf 6 fehlen 2 ⇒ schreibe 2
von 2 auf 5 fehlen 3 ⇒ schreibe 3
von 8 auf 11 fehlen 3 ⇒ schreibe 3 ⇒ *merke* 1
4 + 1 = 5, von 5 auf 7 fehlen 2 ⇒ schreibe 2

③ Addieren Sie zur Kontrolle von unten nach oben.

Aufgaben

1 Subtrahieren Sie:

a)
  978,29 €
– 829,15 €
  ? €

b)
  786,17 €
– 242,48 €
  ? €

c)
  809,25 €
– 346,05 €
  ? €

2 Eine Kundin kauft verschiedene Backwaren zu folgenden Beträgen: 2,80 €, 3,75 €, 2,10 € und 8,80 €.
Wie viel € erhält die Kundin zurück, wenn sie mit einem 50-€-Schein bezahlt?

3 Berechnen Sie:

a) 2 450 – 745
b) 124 – 98
c) 5 489 – 65 – 563 – 245
d) 246 – 9 – 24 – 124 – 6
e) 1 000 – 78,3 – 86,5 – 356,2 – 79
f) 629,98 – 5,987 – 34,7 – 128,06 – 0,7

4 Ein Kunde bezahlt mit einem 100-€-Schein folgende Beträge:

a) 6,40 € + 1,49 € + 4,15 € + 12,50 €

b) 1,45 € + 2,70 € + 11,00 € + 1,99 €

c) 1,30 € + 2,50 € + 10,85 € + 5,40 € + 4,50 €

d) 7,20 € + 1,25 € + 9,20 € + 1,60 € + 2,40 € + 3,75 €

Wie viel € erhält der Kunde jeweils zurück?

5 Eine Bedienung im Café Schönfeld hat in einer Stunde folgende Beträge abkassiert:

12,50 €, 4,80 €, 7,20 €, 18,60 €,
9,60 €, 14,50 €, 3,20 €, 6,70 €,
24,20 €, 10,70 €, 4,80 €, 3,60 €,
7,20 €, 12,20 €, 3,20 €, 4,80 €,
17,40 €, 9,60 €.

Bei Arbeitsbeginn hatte sie 100,00 € Wechselgeld erhalten.

Wie viel Trinkgeld hat sie erhalten, wenn sie jetzt 279,40 € in ihrer Kasse hat?

6 Die Bäckerei Köpf rechnet ihre Mehllieferungen an die Hammermühle jeweils halbjährlich ab, wobei monatlich ein Pauschalbetrag in Höhe von 2 500,00 € an die Mühle überwiesen wird.

Folgende Lieferungen sind im ersten Halbjahr eingegangen:

Monat	Weizenmehl 550	Weizenmehl 1050	Roggenmehl	sonstige Mehle
Januar	450,60 €	570,00 €	365,50 €	845,64 €
Februar	648,50 €	748,20 €	512,30 €	765,40 €
März	521,47 €	674,45 €	329,35 €	812,75 €
April	731,65 €	620,00 €	497,25 €	1 074,48 €
Mai	578,00 €	590,43 €	400,12 €	710,03 €
Juni	529,21 €	643,00 €	570,45 €	701,30 €

a) Ermitteln Sie die Rechnungsbeträge für die einzelnen Monate.

b) Ermitteln Sie die Rechnungsbeträge für die einzelnen Posten Mehle.

c) Wie groß ist das Restguthaben der Bäckerei Köpf?

7 Die Bäckerei Reich GmbH erzielte im vergangenen Geschäftsjahr einen Gesamtumsatz in Höhe von 1 564 738,54 €. An die Arbeitskräfte wurden Löhne und Gehälter in Höhe von 748 205,34 € bezahlt. Die Rohstoffe, die in der Bäckerei im Geschäftsjahr verarbeitet wurden, mussten mit 512 739,87 € bezahlt werden.
Für Heizung, Strom und Wasser gab Meister Reich 68 407,11 € aus. Die übrigen Kosten beliefen sich auf 135 227,07 €.

Wie viel € blieben Bäcker Reich am Ende des Geschäftsjahres?

1.3 Die Multiplikation (das Malnehmen)

12	·	6	=	72
↑		↑		↑
Faktor	mal	**Faktor**	gleich	**Produkt**

Beispiel 1: Wie viel sind 78 mal 532?

Lösung:

```
 78 · 532
---------
390
 234
  156
---------
41496
=========
```

Besser: Die Zahl mit weniger Ziffern nach rechts

①
```
 532 · 78
---------
3724
 4256
---------
41496
=========
```

① Zahlen werden multipliziert, indem man die **erste Zahl** mit **jeder Ziffer** der **zweiten Zahl** multipliziert.

Beispiel 2: Wie viel sind 62,325 mal 2,39?

Lösung:

```
   3    +   2   =  5 Kommastellen
 ↑↑↑       ↑↑
62,325 · 2,39
-------------
124650
 186975
  560925
-------------
148,95675
   ↑↑↑↑↑
   5 Kommastellen
```

②

② Multiplizieren Sie zuerst, ohne Kommas zu berücksichtigen. Das Ergebnis hat dann so viele Stellen hinter dem Komma wie beide Faktoren zusammen.

Aufgaben

1 Multiplizieren Sie:

a) 122 · 3
b) 325 · 15
c) 73 · 7 · 5
d) 12,5 · 6
e) 456,23 · 234,5
f) 236,9 · 63,57
g) 12 630 · 25,75 · 0,512
h) 0,235 · 895,5

2 Die Bäckerei Reuter erhält folgende Lieferung:

20 Säcke Weizenmehl	zu 20,00 € je Sack
15 Säcke Roggenmehl	zu 20,75 € je Sack
1 080 Eier	zu 0,14 € je Ei
12,5 kg Mandeln	zu 4,30 € je kg

Berechnen Sie den Gesamtbetrag für diese Lieferung.

3 Die Bäckerei Maler lieferte an die Kantine der MAX GmbH & Co KG folgende Waren:

1 275 Tafelbrötchen	à	0,30 €
500 Rosenbrötchen	à	0,35 €
250 Kaiserbrötchen	à	0,45 €
100 Mohnbrötchen	à	0,45 €
150 Berliner Landbrote	à	2,80 €
75 Roggenbrote	à	3,10 €
100 Toastbrote	à	2,35 €
50 Baguettes	à	2,50 €
120 Käsekuchen	à	28,80 €

Ermitteln Sie den Rechnungsbetrag.

4 Für eine Abschlussfeier zahlen die 23 Schülerinnen einer Berufsschulklasse jeweils 26,50 € in eine gemeinsame Kasse.

Wie viel € stehen der Klasse damit für die Feier zur Verfügung, wenn zusätzlich jeder der 23 Ausbildungsbetriebe einen Zuschuss von 12,50 € gewährt?

5 Ein Kunde kauft:

12 Plunderstücke	à 0,95 €
5 Stück Obstkuchen	à 1,90 €
4 Stück Buttercremetorte	à 2,30 €
10 Berliner	à 1,10 €
4 Stücke Williamstorte	à 2,50 €

Wie viel € erhält der Kunde zurück, wenn er mit einem 200-€-Schein bezahlt?

6 Auszug aus der Inventurliste der Bäckerei/Konditorei Walther:

Stückzahl	Artikel	Preis / Packung
12	Nudeln, breit	1,78 €
15	Nudeln, schmal	1,16 €
6	Tortellini	2,30 €
8	Lasagne-Platten	2,50 €
7	Spätzle, IA-Qualität	2,78 €
23	Pralinenmischung	5,39 €
17	Vollmilchschokolade	1,10 €
32	Nussschokolade	0,99 €
42	Weingummi	0,60 €
61	Kaugummi, Frucht	0,70 €
53	Kaugummi, Mint	0,50 €
20	Hustenbonbons	1,78 €

Ermitteln Sie den Wert der aufgelisteten Waren.

Das Runden von Zahlen

Sehr oft erhält man Rechenergebnisse, die sehr viel mehr Kommastellen haben als in der Praxis erforderlich sind. In diesem Fall wird die letzte benötigte Ziffer (die sogenannte Rundestelle) abgerundet oder aufgerundet.

⇒ **Von 0 – 4 wird abgerundet,** d. h., wenn die nächste Ziffer eine 0, 1, 2, 3 oder 4 ist.

⇒ **Ab 5 wird aufgerundet,** d. h., wenn die nächste Ziffer eine 5, 6, 7, 8 oder 9 ist.

2,39 2 €	abgerundet	≈ 2,39 €	18,76 8 €	aufgerundet	≈ 18,77 €
43,59 4 €	abgerundet	≈ 43,59 €	35,99 5 €	aufgerundet	≈ 36,00 €

In der Praxis werden die Endergebnisse auf die niedrigste handelsübliche Einheit gerundet, z. B.

⇒ **€ auf 2 Dezimalstellen,** denn 1 Cent = 0,01 €
⇒ **m auf 2 Dezimalstellen,** denn 1 cm = 0,01 m
⇒ **kg auf 3 Dezimalsstellen,** denn 1 g = 0,001 kg

Ausnahme: Stückzahlen bei Brot, Brötchen usw. werden in Bäckereien und Konditoreien immer abgerundet.

1.4 Die Division (das Teilen)

15	:	3	=	5
↑		↑		↑
Dividend	geteilt durch	**Divisor**	gleich	**Quotient**

Beispiel 1: Wie viel ist 42,90 : 5?

Lösung:

```
42,90 : 5 = 8,58  ①
40 |        ══▲═
──          |
 29 — Komma ┘
 25
 ──
  40
```

① Im Ergebnis wird ein Komma gesetzt, sobald die Ziffer nach dem Komma berücksichtigt („heruntergeholt“) wird.

Beispiel 2: a) Wie viel ist 33,92 : 2,12?
b) Wie viel ist 90 : 1,125?

Lösung:

a) 33,92 : 2,12 → 3392 : 212 = 16 ②
(33,92: 2 Stellen; 2,12: 2 Stellen)

b) 90 : 1,125 → 90 000 : 1125 = 80 ②
(90: 3 Stellen; 1,125: 3 Stellen)

② Der **Divisor (Teiler)** muss immer eine **ganze Zahl** sein. Weist er Kommastellen auf, dann rückt man das Komma entsprechend nach rechts. Anschließend wird beim Dividenden das Komma um die **gleiche Anzahl von Stellen** nach rechts gerückt. Hat er kein Komma, dann werden entsprechend viele **Nullen angehängt**.

Aufgaben

1 Dividieren Sie:

a) 450 : 3
b) 1 008 : 18
c) 12 390 : 42
d) 254 856 : 168
e) 125,125 : 25
f) 53,76822 : 12,3
g) 75 427,5 : 169,5
h) 31 141,60 : 75,04
i) 1 104,375 : 14,25
j) 7,936794 : 18,162
k) 0,4157028 : 1,098

2 Eine Torte kostet 24,75 €. Wie viel kostet ein Stück, wenn die Torte in

a) 14 Stücke,
b) 16 Stücke,
c) 18 Stücke geteilt wird?

3 Berechnen Sie:

a) 52,500 kg : 30 = ? kg
b) 252,29 € : 25 = ? €
c) (25,500 kg + 12,500 kg) : 7 = ? kg
d) 389 m : 65 = ? m
e) 64,65 kg : 0,5 kg/Stück = ? Stück
f) 89,67 € : 18 = ? €
g) 163,453 kg : 0,75 kg/Stück = ? Stück

4 In der Bäckerei Queller werden täglich 378 kg Weizenmehl verarbeitet.

a) Wie viel kg Weizenmehl werden in einer Woche (= 6 Arbeitstage), einem Monat (= 25 Arbeitstage), einem Jahr (= 275 Arbeitstage) verarbeitet?
b) Wie viel kg Weizenmehl verarbeitet ein Geselle täglich, wenn in der Backstube 3 Gesellen tätig sind und jeder die gleiche Arbeitsleistung erbringt?

5 Der Jahresumsatz der Bäckerei Renner betrug 636 961,90 €. Er wurde an 278 Arbeitstagen von insgesamt 12 Arbeitskräften erwirtschaftet. Berechnen Sie den durchschnittlichen Umsatz

a) pro Arbeitstag,
b) pro Arbeitskraft,
c) pro Arbeitstag und Arbeitskraft.

6 Das Café Müller-Weidner erhielt folgende Waren geliefert:

5,000 kg	Rosinen	4,80 €
12,000 kg	Mandeln	51,60 €
3,250 kg	Pistazienkerne	12,68 €
4,750 kg	Marzipanrohmasse	16,15 €
25,000 kg	Aprikosenkonfitüre	23,50 €
2,500 kg	Himbeeren, gefroren	
Summe		119,98 €

a) Ermitteln Sie den Preis für die Himbeeren.
b) Ermitteln Sie die kg-Preise für die einzelnen Waren.

7 Für den Kauf eines Gebrauchtwagens hat Christina bei ihren Eltern 4 000,00 € geliehen. Sie muss dafür monatlich 160,00 € zurückzahlen.

Nach wie viel Monaten hat sie ihre Schulden beglichen?

8 Mit dem Lkw beliefert der Fahrer einer Münchner Eismaschinenfabrik verschiedene Kunden. In der nachfolgenden Abbildung sehen Sie den jeweiligen Stand des Kilometerzählers.

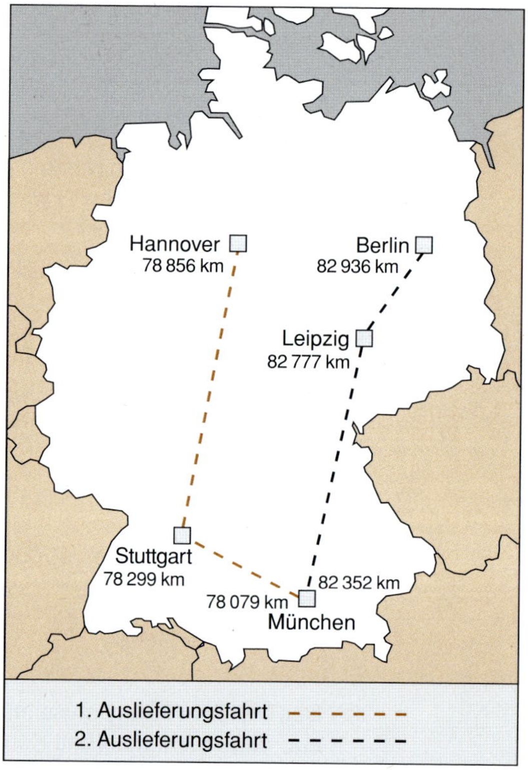

Ermitteln Sie anhand dieser Angaben folgende Entfernungen:

a) – München – Stuttgart
– Stuttgart – Hannover
– München – Leipzig
– München – Berlin

b) Wegen einer Nachbestellung fällt eine weitere Fahrt nach Leipzig an.
Wie viel ℓ Kraftstoff muss der Fahrer mindestens tanken, wenn noch 15 ℓ im Tank sind, wenn das Fahrzeug rund 15 ℓ auf 100 km verbraucht und wenn der Tankinhalt für die Hin- und Rückfahrt reichen soll?

2 Kassenbericht

Am Ende jedes Geschäftstages muss ein besonderer Kassenbericht erstellt werden. Kassenberichte dienen als Belege für die Buchführung. Sie sind deshalb fortlaufend zu nummerieren und in dieser Reihenfolge aufzubewahren. Des Weiteren müssen sie vom Geschäftsinhaber oder von dessen Beauftragten unterschrieben werden.

Mit dem Kassenbericht werden die täglichen Bareinnahmen aus dem Verkauf von Waren festgehalten. Er erfasst außerdem sämtliche Ausgaben, die im Laufe des Tages aus der Kasse erfolgen. Einnahmen, die nicht aus dem Warenverkauf erzielt werden, müssen gesondert aufgeführt werden, da sie keinen Umsatz darstellen.
Beispiele: Ein Mieter zahlt seine Miete bar an der Ladenkasse ein. Eine Bargeldabhebung bei der Bank wird in die Kasse eingelegt.

Um die **Barverkäufe,** auch **Tageslosung** genannt, zu errechnen, müssen alle über die Kasse getätigten Ausgaben zum Kassenbestand hinzugerechnet werden. Sonstige Einnahmen wie das Wechselgeld sind dagegen abzuziehen. Ein **Fehlbetrag** bzw. **Überschuss** ergibt sich, wenn die rechnerisch ermittelten Barverkäufe nicht mit dem Kontrollstreifen der Registrierkasse übereinstimmen.

Beispiel: Konditormeister Karl Luchs führt am 28. 4. 20... den Kassenbericht Nr. 115. Der Kassenbestand bei Geschäftsschluss beläuft sich auf 370,51 €, der Kassenbestand des Vortages beträgt 135,30 €. Folgende Geschäftsvorfälle sind zu berücksichtigen:

Die Mehllieferung der Mühle Klaps & Co über 352,04 € wird bar bezahlt. Eine Aushilfsverkäuferin erhält 56,00 €. Für private Zwecke werden 100,00 € aus der Ladenkasse entnommen. Herr Stuck zahlt die Garagenmiete von 40,00 € bar. Auf das Postgirokonto wurden 650,00 € eingezahlt. Der Kaminfeger erhält 39,35 €.

Lösung:

Kassenbericht Datum *28. 4. 20..* Nr. *115*

	Betrag				Buchvermerk
Kassenbestand bei Geschäftsschluss			370	51	
Ausgaben im Laufe des Tages					
1. Wareneinkäufe und Warennebenkosten					
Mehllieferung, Klaps & Co			+352	04	
2. Geschäftsausgaben					
Aushilfslohn	56	00			
Kaminfeger	39	35	+95	35	
3. Privatentnahmen			+100	00	
4. Sonstige Ausgaben u. a. Bankeinzahlungen			+650	00	
Postgiro					
Summe			1567	90	
abzüglich Kassenbestand des Vortages			–135	30	
Kasseneingang			1432	60	
abzüglich sonstige Einnahmen					
Garagenmiete			–40	00	
Bareinnahmen (Tageslosung)			1392	60	

Kundenzahl ______ Unterschrift *Karl Luchs*

Beachten Sie:

	Kassenbestand bei Geschäftsschluss
+	Ausgaben (geschäftlich und privat)
–	Kassenbestand des Vortages (= Wechselgeld)
–	sonstige Einnahmen
=	**Bareinnahmen (= Tageslosung)**

Wollen Sie eine andere Größe als die Bareinnahme ermitteln, z. B. die Höhe des Kassenbestandes am Vortag, dann müssen Sie die Aufstellung entsprechend umstellen.

	Kassenbestand bei Geschäftsschluss
+	Ausgaben (geschäftlich und privat)
–	sonstige Einnahmen
–	Bareinnahmen (= Tageslosung)
=	**Kassenbestand des Vortages (= Wechselgeld)**

Aufgaben

1 Die Bareinnahmen (Tageslosung) sollen ermittelt werden. Müssen die folgenden Einzahlungen bzw. Auszahlungen bei Geschäftsschluss hinzugerechnet werden oder sind sie abzuziehen?

a) Der Mieter einer Garage, die sich im hinteren Teil des Betriebsgebäudes befindet, zahlt seine Miete bar an der Ladenkasse.
b) Die Auszubildende Amanda Fröhlich erhält 150,00 € Vorschuss auf ihre Ausbildungsvergütung.
c) Kunden, die für mindestens 10,00 € einkaufen, erhalten die Parkgebühren erstattet.
d) Bei der Sparkasse werden 200,00 € abgehoben und in die Ladenkasse eingezahlt.
e) An den Postboten wird die Zustellgebühr für die Anlieferung eines Paketes bar ausbezahlt.

2 Bei Ladenöffnung betrug der Kassenbestand 213,90 €. Nach Ladenschluss waren 1 147,85 € in der Kasse. Während des Tages wurden entnommen: 150,00 € Privatentnahme, 250,00 € für Einzahlung auf das Bankkonto, 172,60 € für die Zahlung einer Lieferantenrechnung.

Berechnen Sie die Tageseinnahmen.

3 Überprüfen Sie rechnerisch folgende Aufstellung:

Kassenbestand bei Ladenöffnung	105,25 €
Tageseinnahmen	2 138,15 €
Einzahlung Bank	1 500,00 €
Lieferantenrechnungen	205,32 €
	74,50 €
	112,79 €
Privatentnahme	125,00 €
Kassenbestand bei Ladenschluss	213,89 €
Fehlbetrag	12,65 € (?)

4 Bei der Kassenabrechnung befanden sich 637,97 € in der Kasse. Die Tageseinnahmen betrugen laut Kontrollstreifen der Registrierkasse 2 698,30 €. Auf das Bankkonto wurden 1 750,00 € eingezahlt. Eine Privatentnahme in Höhe von 100,00 € sowie eine Lieferantenrechnung über 472,15 € wurden ebenfalls aus der Kasse bezahlt.

Wie viel Wechselgeld war bei Ladenöffnung in der Kasse?

5 Am 11.7.20... ermittelt die Bäckerei Richter 92,00 € als Kassenbestand bei Geschäftsschluss. Der Kassenendbestand des Vortages belief sich auf 145,56 €.

Führen Sie den Kassenbericht Nr. 158, und berücksichtigen Sie folgende Geschäftsvorfälle:

- ein Schüler erhält für die Verteilung von Prospekten 20,00 €
- Bareingang für ein altes Ladenregal 140,00 €
- Dekorationsmaterial wird bar bezahlt 48,25 €
- Barzahlung der Mehllieferung 225,38 €
- Zahlung der Kraftstoffrechnung für den Lieferwagen 72,00 €
- Einzahlung auf Bankkonto 1 400,00 €

6 Eine Verkäuferin übernahm die Kasse mit 160,75 € Wechselgeld. Laut Kontrollstreifen nahm sie 1 483,65 € ein. Aus der Kasse wurden entnommen: 127,32 € für den Obstlieferanten, 270,65 € für die Getränkelieferung und 875,00 € für die Einzahlung bei der Volksbank.

Ermitteln Sie den Kassenbestand bei Geschäftsschluss.

7 Im Bäckerei-Café Wild wurden folgende Einnahmen registriert:
Vormittag (Laden) 1 386,60 €, Vormittag (Café) 271,25 €, Nachmittag (Laden) 522,65 €, Nachmittag (Café) 1 139,95 €. Im Laufe des Tages wurden der Kasse 2 377,50 € entnommen. Bei Arbeitsbeginn enthielt die Kasse 142,60 € Wechselgeld. Jetzt sind 1 094,73 € in der Kasse.

Berechnen Sie

a) die Tageseinnahmen,
b) den rechnerischen Kassenbestand,
c) den Unterschied zwischen rechnerischem und tatsächlichem Kassenbestand.

8 Die Tageseinnahmen der Bäckerei Kohl betrugen 2 038,39 €. Entnommen wurden insgesamt 1 696,65 €. Bei Arbeitsbeginn enthielt die Kasse 100,00 € Wechselgeld.

Ermitteln Sie, ob sich ein Fehlbetrag bzw. ein Überschuss ergeben hat, wenn bei Ladenschluss 444,49 € in der Kasse waren.

9 Ermitteln Sie den rechnerischen Kassenbestand nach folgenden Angaben:

- Kassenbestand bei Geschäftsöffnung 173,08 €
- Tageseinnahmen laut Kontrollstreifen 2 638,32 €
- Privatentnahmen 187,50 €
- Kaminfeger 60,70 €
- Lieferantenrechnung 99,17 €
- Lohnvorschuss an Putzhilfe 50,00 €
- Spende „Rotes Kreuz" 50,00 €
- Kauf von Briefmarken 12,50 €
- Bankeinzahlung 2 250,00 €

10 Die Kassenabrechnung ergab einen Kassenbestand von 239,45 €. Bei Ladenöffnung waren 142,65 € Wechselgeld in der Kasse, die Bareinnahmen beliefen sich insgesamt auf 1 820,74 €.

Wie viel € wurden während des Tages aus der Kasse entnommen?

11 Berechnen Sie den Überschuss bzw. den Fehlbetrag nach folgenden Angaben:

- Kassenbestand des Vortages (= Wechselgeld) 137,50 €
- Einnahmen laut Kontrollstreifen 2 372,10 €
- Privatentnahme 115,40 €
- Lieferung, bar bezahlt 174,72 €
- Bankeinzahlung 2 000,00 €
- Kassenbestand bei Geschäftsschluss 218,43 €

3 Wiederholung des Bruchrechnens

Ein Bruch entsteht, wenn ein Ganzes in mehrere gleiche Teile zerlegt wird. Jeder Bruch besteht aus dem **Zähler,** der Zahl über dem Bruchstrich, und dem **Nenner,** der Zahl unter dem Bruchstrich. Der Zähler zählt die Anzahl der Teile, der Nenner gibt an, in wie viele Teile das Ganze zerlegt worden ist.

$1 : 4 = \frac{1}{4}$

Zähler – Er gibt an, wie viel Teilstücke es sind.

Nenner – Er gibt an, aus wie viel Teilen das Ganze besteht.

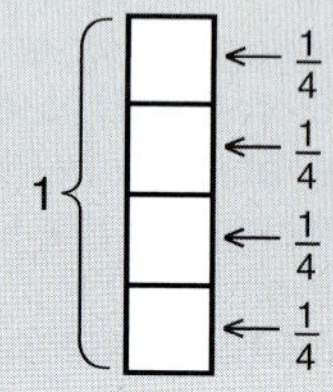

Arten von Brüchen und Zahlen

Arten	**Beispiele**	**Kennzeichen**
Echte Brüche	$\frac{1}{2}, \frac{1}{4}, \frac{2}{5}, \frac{7}{9}$	Die Zähler sind kleiner als die Nenner.
Unechte Brüche	$\frac{4}{3}, \frac{7}{4}, \frac{17}{12}, \frac{35}{34}$	Die Zähler sind größer als die Nenner.
Gleichnamige Brüche	$\frac{1}{9}, \frac{3}{9}, \frac{5}{9}, \frac{7}{9}$	Die Nenner sind gleich.
Ungleichnamige Brüche	$\frac{1}{2}, \frac{3}{5}, \frac{5}{6}, \frac{7}{8}$	Die Nenner sind ungleich.
Gemischte Zahlen	$2\frac{1}{2}, 3\frac{2}{5}, 15\frac{1}{9}$	Sie bestehen aus einer ganzen Zahl und einem Bruch.

Aufgaben

1 Geben Sie an, ob echte oder unechte Brüche vorliegen.

a) $\frac{3}{7}$ c) $\frac{14}{8}$ e) $\frac{4}{3}$ g) $\frac{88}{22}$ i) $\frac{38}{47}$

b) $\frac{5}{12}$ d) $\frac{7}{27}$ f) $\frac{7}{5}$ h) $\frac{18}{19}$

2 Teilen Sie in gleichnamige und ungleichnamige Brüche.

a) $\frac{3}{5}, \frac{5}{7}, \frac{8}{9}$ c) $\frac{4}{15}, \frac{7}{15}, \frac{14}{15}$ e) $\frac{1}{14}, \frac{5}{14}, \frac{2}{14}$

b) $\frac{3}{8}, \frac{5}{8}, \frac{7}{8}$ d) $\frac{1}{3}, \frac{2}{5}, \frac{4}{7}$ f) $\frac{12}{127}, \frac{15}{38}, \frac{9}{153}$

3 Wandeln Sie die gemischten Zahlen in unechte Brüche um.

a) $2\frac{1}{4}$ c) $10\frac{1}{2}$ e) $12\frac{3}{9}$

b) $7\frac{3}{8}$ d) $18\frac{2}{5}$ f) $48\frac{6}{17}$

4 Wandeln Sie die unechten Brüche in ganze oder gemischte Zahlen um.

a) $\frac{8}{4}$ c) $\frac{88}{7}$ e) $\frac{173}{13}$

b) $\frac{25}{6}$ d) $\frac{122}{15}$ f) $\frac{142}{11}$

3.1 Das Erweitern und Kürzen von Brüchen

Ein Bruch wird **erweitert,** indem Zähler und Nenner mit derselben Zahl multipliziert werden.

Beispiel : Erweitern Sie $\frac{3}{5}$ mit 4.

Lösung: $\frac{3}{5} = \frac{3 \cdot \mathbf{4}}{5 \cdot \mathbf{4}} = \underline{\underline{\frac{12}{20}}}$

Ein Bruch wird **gekürzt,** indem Zähler und Nenner durch dieselbe Zahl dividiert werden.

Beispiel : Kürzen Sie $\frac{8}{12}$ mit 4.

Lösung: $\frac{8}{12} = \frac{8 : \mathbf{4}}{12 : \mathbf{4}} = \underline{\underline{\frac{2}{3}}}$

Beachten Sie:

Wird ein Bruch erweitert oder gekürzt, dann bleibt sein Wert unverändert.

Aufgaben

1 Erweitern Sie mit der jeweils angegebenen Zahl.

a) $\frac{2}{7}$ mit 5 c) $\frac{4}{7}$ mit 15 e) $\frac{11}{15}$ mit 3

b) $\frac{3}{8}$ mit 4 d) $\frac{13}{14}$ mit 6 f) $\frac{7}{11}$ mit 8

2 Kürzen Sie mit der jeweils angegebenen Zahl.

a) $\frac{16}{54}$ mit 2 c) $\frac{84}{174}$ mit 6 e) $\frac{117}{135}$ mit 9

b) $\frac{69}{105}$ mit 3 d) $\frac{72}{162}$ mit 18 f) $\frac{224}{408}$ mit 8

3 Kürzen Sie die Brüche.

a) $\frac{4}{6}$ c) $\frac{9}{12}$ e) $\frac{264}{360}$

b) $\frac{4}{8}$ d) $\frac{112}{144}$ f) $\frac{19}{133}$

4 Vervollständigen Sie die Brüche.

a) $\frac{3}{5} = \frac{?}{20}$ d) $\frac{10}{11} = \frac{?}{44}$ g) $\frac{5}{6} = \frac{?}{42}$

b) $\frac{5}{7} = \frac{?}{35}$ e) $\frac{3}{5} = \frac{15}{?}$ h) $\frac{11}{14} = \frac{?}{308}$

c) $\frac{7}{5} = \frac{42}{?}$ f) $\frac{5}{8} = \frac{?}{96}$ i) $\frac{11}{12} = \frac{?}{156}$

5 Kürzen Sie die Brüche, soweit es möglich ist.

a) $\frac{14 \cdot 24}{96}$ c) $\frac{8 \cdot 32 \cdot 15}{70}$

b) $\frac{216}{36 \cdot 8}$ d) $\frac{14 \cdot 9 \cdot 24 \cdot 15}{11 \cdot 40 \cdot 21 \cdot 108}$

3.2 Das Addieren und Subtrahieren von Brüchen

Gleichnamige Brüche (Brüche mit gleichen Nennern) werden addiert oder subtrahiert, indem man die Zähler addiert bzw. subtrahiert. Die gemeinsamen Nenner werden nicht verändert.

Beispiel 1: $\frac{2}{9} + \frac{4}{9} + \frac{5}{9} + \frac{7}{9} + \frac{8}{9} = \frac{2 + 4 + 5 + 7 + 8}{9} = \frac{26}{9} = \underline{\underline{2\frac{8}{9}}}$

Beispiel 2: $\frac{12}{13} - \frac{5}{13} - \frac{3}{13} - \frac{1}{13} = \frac{12 - 5 - 3 - 1}{13} = \underline{\underline{\frac{3}{13}}}$

Ungleichnamige Brüche (Brüche mit verschiedenen Nennern) müssen vor dem Addieren **gleichnamig gemacht werden.** Dazu muss der **Hauptnenner** ermittelt werden. Der Hauptnenner ist die kleinste gemeinsame Zahl, die durch alle vorhandenen Nenner geteilt werden kann.

Beispiel: $\frac{2}{5} + \frac{1}{6} + \frac{5}{12} - \frac{7}{15} = ?$

Lösung:

① $\frac{2}{\cancel{5}} + \frac{1}{\cancel{6}} + \frac{5}{12} - \frac{7}{15}$

②

Primzahlen	Nenner	
	12	15
: 2	6	15
: 2	3	15
: 3	1	5
: 5		1

③ $2 \cdot 2 \cdot 3 \cdot 5 = \underline{\underline{60}}$ ← Hauptnenner

④ Erweiterungsfaktor

$\frac{2 \cdot 12}{60} + \frac{1 \cdot 10}{60} + \frac{5 \cdot 5}{60} - \frac{7 \cdot 4}{60}$

$= \frac{24 + 10 + 25 - 28}{60} = \underline{\underline{\frac{31}{60}}}$

Rechenweg:

① Alle Nenner, die in einem anderen enthalten sind, werden **weggelassen.**

② Alle übrigen Nenner werden so lange **durch Primzahlen dividiert,** bis man die Zahl 1 erhält.
Primzahlen sind nur **durch 1** und durch sich selbst teilbar.
(Beispiele: 1, 2, 3, 5, 7, 11, 13)

③ Die **Teiler** werden miteinander **multipliziert.** ⇒ Das Produkt ergibt den kleinsten **Hauptnenner.**

④ Die Brüche werden auf den Hauptnenner erweitert. Der **Erweiterungsfaktor** ergibt sich, wenn man den Hauptnenner durch den jeweiligen Nenner teilt.
In unserem Beispiel: ⇒ 60 : 5 = 12, 60 : 6 = 10, 60 : 12 = 5, 60 : 15 = 4

Aufgaben

1 Addieren Sie:

a) $\frac{1}{7} + \frac{3}{7} + \frac{4}{7} + \frac{5}{7} + \frac{6}{7}$

b) $\frac{2}{11} + \frac{4}{11} + \frac{6}{11} + \frac{9}{11} + \frac{10}{11}$

c) $\frac{1}{16} + \frac{3}{16} + \frac{5}{16} + \frac{9}{16} + \frac{7}{16}$

d) $\frac{5}{33} + \frac{7}{33} + \frac{11}{33} + \frac{17}{33}$

e) $5\frac{2}{5} + 2\frac{1}{5} + 4\frac{4}{5} + 1\frac{3}{5}$

f) $21\frac{1}{7} + 1\frac{3}{7} + 2\frac{4}{7} + 5\frac{5}{7}$

2 Subtrahieren Sie:

a) $\frac{8}{9} - \frac{3}{9} - \frac{2}{9} - \frac{1}{9}$

b) $\frac{23}{24} - \frac{7}{24} - \frac{5}{24} - \frac{3}{24}$

c) $2\frac{11}{12} - \frac{9}{12} - \frac{5}{12} - \frac{3}{12}$

d) $2\frac{19}{24} - \frac{7}{24} - \frac{5}{24} - \frac{3}{24}$

e) $18\frac{5}{8} - 6\frac{7}{8} - 5\frac{3}{8} - 2\frac{1}{8}$

f) $28\frac{12}{17} - 14\frac{3}{17} - 6\frac{5}{17} - 4\frac{8}{17}$

3 Addieren Sie:

a) $\frac{1}{2} + \frac{2}{3} + \frac{1}{4}$

b) $\frac{3}{5} + \frac{1}{4} + \frac{2}{5} + \frac{1}{2}$

c) $\frac{3}{12} + \frac{5}{12} + \frac{3}{8} + \frac{1}{6}$

d) $\frac{3}{18} + \frac{3}{5} + \frac{19}{20} + \frac{13}{48}$

4 Subtrahieren Sie:

a) $\frac{3}{4} - \frac{1}{3} - \frac{1}{6}$

b) $\frac{13}{15} - \frac{1}{4} - \frac{1}{3} - \frac{3}{20}$

c) $8\frac{1}{2} - 1\frac{1}{4} - 2\frac{3}{8}$

d) $12\frac{11}{15} - 3\frac{3}{5} - 1\frac{2}{6}$

5

a) $7 - \frac{2}{5} - \frac{9}{14} = ?$

b) $5\frac{1}{2} + 4 - \frac{4}{5} = ?$

c) $2\frac{6}{16} - \frac{3}{5} - \frac{11}{12} = ?$

d) $8\frac{6}{16} - 3\frac{2}{7} + 9 = ?$

e) $7\frac{2}{7} - 3\frac{7}{9} + 2\frac{8}{15} = ?$

f) $6\frac{2}{5} - 2\frac{1}{3} + 1\frac{1}{2} = ?$

3.3 Das Multiplizieren von Brüchen

Brüche werden multipliziert, indem man **Zähler mit Zähler** und **Nenner mit Nenner** multipliziert. Sofern möglich, wird vor dem Multiplizieren gekürzt.

Beispiel: $\frac{7}{9} \cdot \frac{2}{7} \cdot \frac{3}{4} = \frac{\overset{1}{\cancel{7}} \cdot \overset{1}{\cancel{2}} \cdot \overset{1}{\cancel{3}}}{\underset{3}{\cancel{9}} \cdot \underset{1}{\cancel{7}} \cdot \underset{2}{\cancel{4}}} = \underline{\underline{\frac{1}{6}}}$

Ganze Zahlen und gemischte Zahlen werden vor der Multiplikation in Brüche umgewandelt.

Beispiel 1: $\frac{2}{3} \cdot 4 = \frac{2 \cdot 4}{3 \cdot 1} = \frac{8}{3} = \underline{\underline{2\frac{2}{3}}}$

Beispiel 2: $3\frac{1}{5} \cdot \frac{1}{8} = \frac{\overset{2}{\cancel{16}} \cdot 1}{5 \cdot \underset{1}{\cancel{8}}} = \underline{\underline{\frac{2}{5}}}$

Aufgaben

1 Multiplizieren Sie:

a) $\frac{3}{5} \cdot \frac{2}{9}$

b) $\frac{15}{17} \cdot \frac{34}{95}$

c) $\frac{9}{10} \cdot \frac{5}{3}$

d) $\frac{2}{4} \cdot \frac{21}{36} \cdot \frac{4}{7}$

e) $\frac{5}{12} \cdot \frac{4}{25} \cdot \frac{3}{8}$

f) $\frac{2}{3} \cdot \frac{6}{11} \cdot \frac{4}{5}$

g) $6 \cdot \frac{4}{5}$

h) $3 \cdot \frac{3}{6} \cdot \frac{7}{9}$

i) $9 \cdot \frac{3}{5} \cdot \frac{5}{7}$

2

a) $4\frac{1}{2} \cdot \frac{7}{9} = ?$

b) $2\frac{2}{5} \cdot 3\frac{3}{7} = ?$

c) $3\frac{3}{4} \cdot 4\frac{1}{5} \cdot 6 = ?$

d) $4\frac{1}{5} \cdot 2\frac{1}{7} \cdot 3 = ?$

e) $4\frac{5}{7} \cdot 3\frac{2}{11} \cdot 4\frac{2}{3} = ?$

f) $5\frac{5}{8} \cdot 4\frac{2}{5} \cdot 5\frac{5}{9} = ?$

g) $4\frac{1}{2} \cdot 4\frac{2}{3} \cdot 5\frac{5}{9} = ?$

h) $6\frac{5}{12} \cdot \frac{4}{7} \cdot 3\frac{3}{8} = ?$

i) $3\frac{3}{5} \cdot 6\frac{1}{9} \cdot 8\frac{1}{4} = ?$

3.4 Das Dividieren von Brüchen

Ein Bruch wird durch einen Bruch dividiert, indem man den ersten Bruch mit dem **Kehrwert** des zweiten Bruchs multipliziert.

Beispiel: $\frac{1}{5} : \frac{1}{3} = ? \longrightarrow \frac{1}{5} : \boxed{\frac{1}{3}} = \frac{1 \cdot \boxed{3}}{5 \cdot \boxed{1}} = \underline{\underline{\frac{3}{5}}}$

$\frac{1}{3} \times \frac{3}{1}$ Kehrwert

Ganze Zahlen und gemischte Zahlen werden in Brüche umgewandelt.

Beispiel 1: $\frac{3}{4} : 3 = \frac{3}{4} : \frac{3}{1} = \frac{\overset{1}{\cancel{3}} \cdot 1}{4 \cdot \underset{1}{\cancel{3}}} = \underline{\underline{\frac{1}{4}}}$

Beispiel 2: $5\frac{5}{7} : \frac{10}{21} = \frac{40}{7} : \frac{10}{21} = \frac{\overset{4}{\cancel{40}} \cdot \overset{3}{\cancel{21}}}{\underset{1}{\cancel{7}} \cdot \underset{1}{\cancel{10}}} = \underline{\underline{12}}$

Aufgaben

1 Dividieren Sie:

a) $\frac{5}{12} : \frac{5}{9}$

b) $\frac{10}{21} : 5$

c) $\frac{4}{15} : \frac{7}{10}$

d) $\frac{7}{8} : \frac{3}{4}$

e) $15 : \frac{5}{8}$

f) $\frac{12}{25} : \frac{21}{35}$

g) $18 : \frac{3}{4}$

h) $\frac{23}{102} : \frac{9}{13}$

i) $\frac{15}{16} : \frac{4}{5}$

2

a) $3\frac{1}{2} : 6 = ?$

b) $4\frac{4}{5} : \frac{2}{15} = ?$

c) $4\frac{4}{9} : 20 = ?$

d) $5 : \frac{3}{7} = ?$

e) $10\frac{1}{2} : 4\frac{1}{2} = ?$

f) $16\frac{1}{4} : 3\frac{1}{3} = ?$

g) $20\frac{5}{8} : 2\frac{1}{10} = ?$

h) $356\frac{2}{7} : 2\frac{4}{35} = ?$

i) $27\frac{3}{7} : 7\frac{7}{8} = ?$

3.5 Umwandeln von Brüchen in Dezimalzahlen und umgekehrt

Ein Bruch wird in eine Dezimalzahl umgewandelt, indem man den Zähler durch den Nenner dividiert.

Beispiele: $\frac{3}{5} = 3 : 5 = \underline{\underline{0{,}6}}$

$\frac{1}{6} = 1 : 6 = 0{,}1666\ \dots = \underline{\underline{0{,}\overline{16}\text{ (Periode)}}}$

Eine Dezimalzahl wird in einen Bruch umgewandelt, indem die Zahl nach dem Komma zum Zähler wird. In den Nenner übernimmt man die Zahl 10 oder 100 oder 1000 usw. Der Anzahl der Stellen hinter dem Komma entspricht die Anzahl der Nullen im Nenner. Sofern möglich, wird gekürzt.

Beispiele:

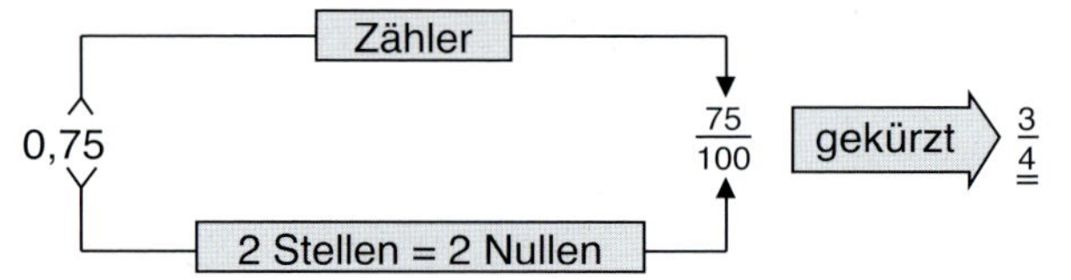

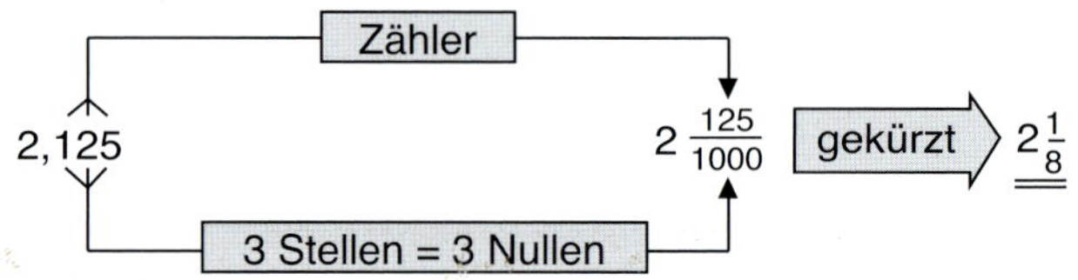

Aufgaben

1 Wandeln Sie in Dezimalstellen um. Runden Sie, sofern nötig, nach der dritten Dezimalstelle.

a) $\frac{3}{4}$ b) $\frac{4}{5}$ c) $\frac{3}{8}$ d) $\frac{5}{7}$ e) $\frac{7}{20}$ f) $\frac{15}{19}$

g) $\frac{23}{50}$ h) $\frac{14}{35}$ i) $\frac{16}{17}$ j) $\frac{13}{36}$ k) $2\frac{3}{10}$ l) $15\frac{2}{5}$

m) $21\frac{3}{7}$ n) $128\frac{7}{45}$ o) $27\frac{13}{14}$

2 Verwandeln Sie in Brüche oder gemischte Zahlen.

a) 0,3
b) 0,5
c) 0,75
d) 0,125
e) 0,045
f) 15,12
g) 0,625
h) 7,04
i) 205,18
j) 67,16
k) 23,125
l) 119,81
m) 2,375
n) 14,55
o) 0,575

4 Der Taschenrechner

Der elektronische Taschenrechner hilft Rechenvorgänge schneller zu lösen sowie Rechenfehler zu vermeiden. Voraussetzung ist: Sie kennen den Rechenweg und wissen über die Einsatzmöglichkeiten Ihres Taschenrechners Bescheid. Für die Anwendung in der Fachmathematik genügt ein Rechner, der über die abgebildeten Funktionen verfügt.

Möglicher Aufbau eines elektronischen Taschenrechners:

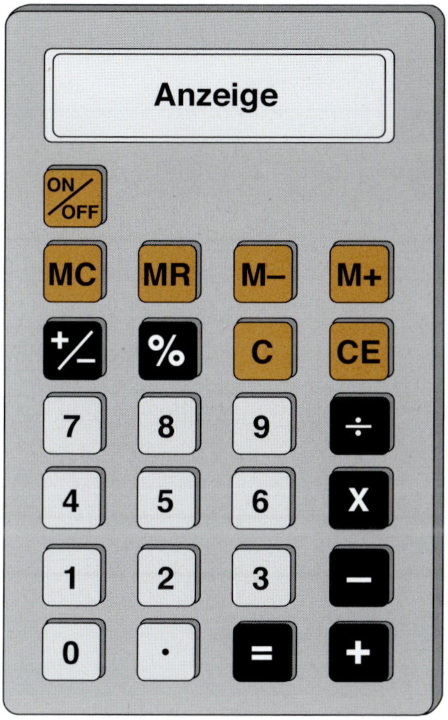

ON/OFF	Ein/Aus
MC	Speicher-Löschtaste
MR	Speicherinhalt-Abruftaste
M–	Speicher-Subtraktionstaste
M+	Speicher-Additionstaste
+/–	Vorzeichen-änderungstaste
%	Prozenttaste
C	Gesamtlöschtaste vor Beginn jeder neuen Rechnung drücken
CE	Einzellöschtaste löscht die zuletzt eingegebene Zahl
0 – 9	Zahlen
÷	Divisionstaste
X	Multiplikationstaste
=	Ergebnistaste
–	Subtraktionstaste
+	Additionstaste
·	Dezimalpunkttaste

Beachten Sie:

Jedem, der mit Taschenrechnern arbeitet, können Eingabefehler (z. B. Vertippen) unterlaufen. Damit Sie derartige Fehler bemerken, sollten Sie das mögliche Rechenergebnis vorher schätzen.

Addition (Zusammenzählen)

Beispiel 1: 35 + 19,25 + 48,38 = 102,63

Eingabe	Anzeige
C 35 + 19.25 + 48.38 =	102.63

Beispiel 2: 123,30 + 0,75 + 0,397 = 124,447

Eingabe	Anzeige
C 123.3 + .75 + .397 =	124.447

Addieren Sie:

a) 1 375 + 1 986 + 18
b) 219,87 + 0,78 + 3,94
c) 1 287,867 + 853,487 + 423,348
d) 812,4983 + 312,4965 + 137,491
e) 0,875 + 0,438 + 0,7625 + 1,4876
f) 714,398 + 2 834,97 + 1 475,125
g) 127,93 + 0,787 + 3,92 + 178,48
h) 0,0028 + 0,35 + 2,842

Subtraktion (Abziehen)

Beispiel 1: 2 136,18 − 1 976,25 − 0,85 = 159,08

Eingabe	Anzeige
C 2136.18 − 1976.25 − .85 =	159.08

Beispiel 2: 3 873 − 2 212 + 113,75 = 1 774,75

Eingabe	Anzeige
C 3873 − 2212 + 113.75 =	1774.75

Subtrahieren Sie:

a) 14,5 − 3,75
b) 29,32 − 1,73 − 2,941
c) 72,041 − 20,8273
d) 43,8735 − 0,2532
e) 192,44 − 186,35
f) 418,26 − 536,74
g) 9,3425 − 2,725 − 3,321
h) 834 − 74,132

Multiplikation (Malnehmen)

Beispiel 1: 7,50 · 17,30 · 12,40 = 1 608,90

Eingabe	Anzeige
C 7.5 X 17.3 X 12.4 =	1608.90

Beispiel 2: 107,40 · 0,3250 = 34,905

Eingabe	Anzeige
C 107.4 X .325 =	34.905

Multiplizieren Sie:

a) 438,25 · 150
b) 56,734 · 34,82
c) 2 145,75 · 235,2
d) 328,50 · 4 785,2
e) 17,35 · 12,15 · 0,2
f) 15,80 · 2,5 · 0,05
g) 6,372 · 1 975 · 0,0045
h) 129,5 · 643,8

Division (Teilen)

Beispiel 1: 6 275,50 : 19,25 = 326

Eingabe	Anzeige
C 6275.5 ÷ 19.25 =	326

Beispiel 2: 758,75 : 0,1214 = 6 250

Eingabe	Anzeige
C 758.75 ÷ .1214 =	6250

Dividieren Sie:

a) 1 134 : 54
b) 25 521,75 : 358,2
c) 3 386,887 : 236,02
d) 0,3560 : 0,125
e) 237,81582 : 1,0065
f) 2,4084 : 0,108
g) 1,52 : 3,2
h) 248 710,5 : 2 403

Verknüpfung von Punkt- und Strichrechnung

Beispiel 1: $3 + 9 \cdot 8 = \underline{\underline{75}}$

Eingabe	Anzeige
C 9 X 8 + 3 =	75

Merke

Punktrechnung kommt vor Strichrechnung.

Beispiel 2: $\frac{815 \cdot 9 \cdot 4}{45 \cdot 2} + 125 = \underline{\underline{451}}$

Eingabe	Anzeige
C 815 X 9 X 4 ÷ 45 ÷ 2 + 125 =	451

Beispiel 3: $\frac{213\,300 \cdot 72 \cdot 1\,800}{600 \cdot 3\,240} = \underline{\underline{14\,220}}$

Eingabe	Anzeige
C 213300 X 72 ÷ 600 X 1800 ÷ 3240 =	14220

Merke

Beim Multiplizieren kann das Zwischenergebnis die Leistungsfähigkeit des Taschenrechners übersteigen. In der Anzeige erscheint dann E (E bedeutet Error = Irrtum). In diesem Fall müssen Sie zuerst dividieren und dann multiplizieren.

Berechnen Sie:

a) $\frac{12 \cdot 14}{16 \cdot 3} + \frac{75 \cdot 3}{2}$

b) $\frac{180 \cdot 5 \cdot 6}{15 \cdot 12} + 1\,283$

c) $\frac{24\,850 \cdot 12{,}5 \cdot 210}{125 \cdot 350} + \frac{18}{4}$

d) $48 + 7 \cdot 8$

e) $4\,204{,}00\text{ €} - 12 \cdot 8{,}40\text{ €}$

f) $\frac{65\,000 \cdot 4{,}5 \cdot 180}{100 \cdot 360} + 15\,\%$

Prozentrechnen

Beispiel 1: 4 % von 197,50 = 7,9

Eingabe	Anzeige
C 197,5 X 4 %	7.9

Beispiel 2: 180 + 15 % = 207

Eingabe	Anzeige
C 180 X 15 % + =	207

Beispiel 3: (280 – 16,5 %) + 5 % = 245,49

Eingabe	Anzeige
C 280 X 16,5 % – = X 5 % + =	245.49

Berechnen Sie:

a) 4 % von 250
b) 7,25 % von 375,20
c) 125 % von 25
d) 488 + 15 %
e) 6 870 – 8 %
f) (874 + 5 %) – 8 %
g) (2 458,50 + 12,5 %) + 14 %
h) (1 860 – 6 %) – 2 %

Speicherrechnungen

Beispiel 1:

18 · 17,50 = 315
+ 13 · 24,28 = 315,64
630,64

Eingabe	Anzeige
C 18 X 17.5 M+ 13 X 24.28 M+ MR	630.64

Beispiel 2:

25,2 · 32,5 = 819
+ 15,4 · 12,5 = 192,5
– 158,0 – 5% = 150,1
861,4

Eingabe	Anzeige
C 25.2 X 32.5 M+ 15.4 X 12.5 M+ 158 X 5 % – M– MR	861.4

Ermitteln Sie:

a) $425 \cdot 18 + 13{,}5 \cdot 4$
b) $184{,}3 \cdot 8{,}5 - 341{,}3 \cdot 12{,}4$
c) $52 \cdot 4 + 48 \cdot 5{,}5 + 84 \cdot 18{,}7$
d) $95 \cdot 18{,}95 + 218{,}9 \cdot 118{,}2 - 125 \cdot 25{,}8$
e) $24{,}8 \cdot 17{,}5 + 13{,}2 \cdot 4{,}2 - (325 + 20\,\%)$
f) $48 \cdot 20 + 12{,}2 \cdot 64{,}2 + (480 - 8{,}5\,\%)$
g) $(23{,}40 \cdot 2{,}5 + 6{,}4 \cdot 58{,}2 + 9{,}25 \cdot 18{,}4) - 15\,\%$
h) $1\,288{,}75 \cdot 25 - 8{,}2 \cdot 15 - 8{,}9 \cdot 32 + 18\,\%$

Vermischte Aufgaben

1

a) $13 \cdot 15\ \text{cm}^3 + 450\ \text{cm}^3$
b) $42 \cdot 45 + 18 + 14 + 8 \cdot 12{,}5 + 3{,}75$
c) $127{,}8 - 469{,}2 : 6 + 381{,}3 \cdot 4{,}75 - 85{,}80$
d) $(939{,}86 + 382{,}30 - 1\,696 : 12{,}5 + 185) + 20\,\%$

2 Ermitteln Sie den Gesamtbetrag:

12 ·	19,50 €	= ? €
16 ·	108,25 €	= ? €
28 ·	98,12 €	= ? €
8 ·	6,83 €	= ? €
Gesamtbetrag		= ? €

3 Karin geht mit 175,00 € zum Einkaufen. Zur Kontrolle hat sie alle Kassenzettel gesammelt. Im Einzelnen sind dies:
9,75 €, 12,85 €, 37,40 €, 10,45 €, 8,50 €, 3,50 €, 25,50 €, 29,75 €.

Wie viel € hat sie übrig?

4

a) $\frac{(72 + 32) \cdot 8 + 48}{32}$

b) $\frac{25\,(15 + 90) - 350}{35}$

c) $\frac{48\,(11{,}40 - 0{,}34 - 0{,}26)}{11{,}3 + 6{,}7}$

d) $\frac{18\,765 \cdot 12 \cdot 90}{100 \cdot 360}$

e) $\frac{(90 + 62) : 8 + 100}{10}$

f) $\frac{31\,865 \cdot 18{,}7 \cdot 90}{25 \cdot 87{,}5}$

5 Eine Konditoreiverkäuferin soll Bonbons in 125-g-Beutel abfüllen.

Wie viel Beutel ergibt dies bei einem Vorrat von

a) 20 kg,
b) 18,75 kg,
c) 7,5 kg ?

6 Doris will eine Hausratversicherung über 35 000,00 € abschließen. Die jährliche Versicherungsprämie beträgt bei Versicherung A 1,95 € je 1 000,00 € Versicherungssumme, bei Versicherung B 2,15 € je 1 000,00 € Versicherungssumme.

a) Um wie viel € ist Versicherung A günstiger?
b) Welchen Betrag wird Versicherung A in Rechnung stellen, wenn noch 15 % Versicherungssteuer zu berücksichtigen sind?

7 Eine Verkäuferin zahlt für eine 52 m^2 große Wohnung eine Miete von 325,00 €.

a) Wie hoch ist der Mietpreis pro m^2?
b) Wie viel € muss sie an den Vermieter monatlich überweisen, wenn zusätzlich Nebenkosten in Höhe von 77,00 € anfallen?
c) Wie hoch ist die jährliche Gesamtbelastung?

8 Welche Waschlotion ist am preiswertesten? Ermitteln Sie den Preis für 1 ml.

Lotion A: 1 000 ml für 7,45 €
Lotion B: 350 ml für 7,25 €
Lotion C: 300 ml für 10,50 €
Lotion D: 5 000 ml für 26,00 €

9 Auf dem Girokonto einer Verkäuferin befinden sich 418,37 € (Haben). Über welchen Betrag kann sie diesen Monat verfügen, wenn folgende Zahlungsvorgänge anfallen?

Gehaltsgutschrift 1 487,50 €, Dauerauftrag für Mietzahlung 600,00 €, Mitgliedsbeitrag für Fitness-Studio 45,00 €, Scheckausstellung über 128,90 €, verschiedene Lastschriften in Höhe von 315,80 €.

10 Rechnen Sie aus:

a) 128 − 13 − 17 + 28,75

b) 1 875,00 € − 25,50 € − 12,50 € − 375,03 €

c) 7,35 + 1 973,18 − 2,39 − 78,48

d) 88,00 € − 9,08 € + 687,25 € − 128,98 €

11 Eine Firma für Bäckereibedarf bietet an:

Hände-Pflegemittel

Reinigt schonend mild und pflegt Ihre Hände gleich beim Waschen:

Alkali- und seifenfreie Waschlotion für Haut und Hände.

pH-Wert 5,5, der natürliche Säureschutzmantel wird nicht gestört.

	€
250-ml-Sprühflasche **Best.-Nr. 50 043**	**6,10**
1-Ltr.-Griff-Flasche **Best.-Nr. 50 044**	**9,45**
5-Ltr.-Kanister **Best.-Nr. 50 055**	**38,50**

Welche Größe ist die preisgünstigste?

Ermitteln Sie die Kosten für 1 ml.

12

a) Ermitteln Sie den Gesamtwert der Bestellung.

b) Berechnen Sie den Rechnungsbetrag einschließlich Mehrwertsteuer von 19 %.

Bestellkarte

Bestell-nummer	Artikelbezeichnung	Größe	Farbe	Anzahl	Einzel-Preis	Gesamt-Preis
33072	Pappteller/je 250	13 x 20		12	3,98	?
33060	Pappteller/je 250	21 x 30		7	11,80	?
30980	Tragetaschen. Polyb.			1500	0,05	?
11629	Backhandschuhe/je Paar			2	24,98	?
Alle Preise in € zuzüglich MwSt.						

Stuttgart — Ort
10. 3. … — Datum
Fischer — Unterschrift

13 Ermitteln Sie die fehlenden Angaben.

Bestellkarte

Bestell-nummer	Artikelbezeichnung	Größe	Farbe	Anzahl	Einzel-Preis	Gesamt-Preis
31895	Eisbecher/je 1000	100 ccm		?	34,45	172,25
29127	Eislöffelchen/je 1000	68 mm		?	6,25	37,50
18462	Eiskelch m. Glaseinsatz	Ø80 mm		?	13,80	552,00
18501	Früchtebecher	Ø77 mm		?	13,45	403,50
18505	Bananensplitschale	180 x 80 mm		?	13,10	262,00
Alle Preise in € zuzüglich MwSt.						?

Ludwigsburg — Ort
19. 2. … — Datum
Burger — Unterschrift

5 Größen und Einheiten

Alle **Größen** bestehen aus dem **Zahlenwert** und der **Einheit.**

Größe	=	**Zahlenwert**	·	**Einheit**
z.B.		z.B.		z.B.
– Masse – Länge	= =	15 2,5		Kilogramm Meter

Durch das **Internationale Einheitensystem SI** (= **S**ystème **I**nternational d'Unités) wurden die meisten Einheiten international genormt. Die Grundlage bilden 7 Basisgrößen.

Hierzu **3 Beispiele:**

SI-Basisgrößen	**Basiseinheiten**	
	Grundeinheit	Einheitenzeichen
Länge (l)	Meter	m
Masse (Gewicht) (m)	Kilogramm	kg
Stromstärke (I)	Ampere	A

Für viele Fachgebiete sind diese Grundeinheiten zu klein oder auch zu groß. Sehr kleine Längen, wie beispielsweise den Durchmesser eines Haares, kann man schlecht in Metern angeben. Nach internationaler Übereinkunft verwendet man deshalb „Vorsätze" von Einheiten. Vor den Namen der jeweiligen Einheit gesetzt, bezeichnen sie dezimale Teile oder Vielfache dieser Einheit.

Vorsätze vor Einheiten

Teil bzw. Vielfaches der Einheit	**Zahl**	**Zehnerpotenz Schreibweise**	**Vorsatz**	**Vorsatz-Zeichen**	**Beispiele**
das Milliardstel	0,000 000 001	10^{-9}	Nano	n	2 nm = 2 · 0,000 000 001 m = 0,000 000 002 m
das Millionstel	0,000 001	10^{-6}	Mikro	µ	4 µm = 4 · 0,000 001 m = 0,000 004 m
das Tausendstel	0,001	10^{-3}	Milli	m	4 mg = 4 · 0,001 g = 0,004 g
das Hunderstel	0,01	10^{-2}	Zenti	c	18 cm = 18 · 0,01 m = 0,18 m
das Zehntel	0,1	10^{-1}	Dezi	d	9 dm = 9 · 0,1 m = 0,9 m
das Zehnfache	10	10^{1}	Deka	da	5 dag = 5 · 10 g = 50 g
das Hundertfache	100	10^{2}	Hekto	h	4 hl = 4 · 100 ℓ = 400 ℓ
das Tausendfache	1 000	10^{3}	Kilo	k	3 kg = 3 · 1000 g = 3 000 g
das Millionenfache	1 000 000	10^{6}	Mega	M	2,5 Mt = 2,5 · 1 000 000 t = 2 500 000 t
das Milliardenfache	1 000 0000 000	10^{9}	Giga	G	3 Gg = 3 · 1 000 000 000 g = 3 000 000 000 g

5.1 Längeneinheiten

1 km	=	1 000 m	=	10 000 dm	=	100 000 cm	=	1 000 000 mm
		1 m	=	10 dm	=	100 cm	=	1 000 mm
				1 dm	=	10 cm	=	100 mm
						1 cm	=	10 mm

Sehr kleine Längeneinheiten werden in µm (Mikrometer) oder in nm (Nanometer) gemessen.

1 mm = 1 000 µm = 1 000 000 nm

Beispiel 1: Wie viel mm sind 280 cm? ⇒ 280 cm · **10** = 2 800 mm

Beispiel 2: Wie viel m sind 15 dm? ⇒ 15 dm : **10** = 1,5 m

Beispiel 3: Wie viel m sind 4,7 km? ⇒ 4,7 km · **1 000** = 4 700 m

Beachten Sie:

Die **Länge** hat **eine Dimension** (Ausdehnung). Deshalb hat die Umwandlungszahl **eine Null.** Zur Umwandlung in die nächstkleinere Einheit müssen Sie mit **10** multiplizieren. Wandeln Sie in die nächstgrößere Einheit um, dividieren Sie durch **10.**

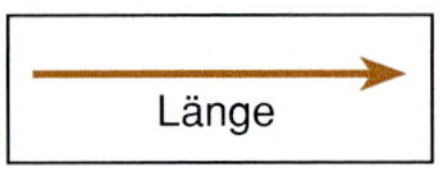

Ausnahme: Umwandlungszahl bei km: 1 000.

Aufgaben

1 Wandeln Sie in m um:

a) 50 cm c) 7 200 cm e) 252 dm
b) 410 cm d) 750 mm f) 24,6 km

2 Geben Sie in cm an:

a) 15 mm c) 8 dm e) 800 mm
b) 3,8 m d) 53,2 m f) 12 km

3 Setzen Sie das Komma an der richtigen Stelle:

a) in *m*: 8 500 cm
b) in *m*: 6 800 000 mm
c) in *km*: 88 000 000 mm
d) in *km*: 500 cm
e) in *km*: 48,7 m
f) in *m*: 0,6 cm
g) in *m*: 0,8 km
h) in *m*: 0,007 km

4 Addieren Sie und geben Sie das Ergebnis in cm an:

a) 3,72 m + 7 m + 24 cm + 0,75 cm
b) 2 m + 66 cm + 3,5 dm + 48 mm
c) 85 mm + 6,25 m + 8 mm + 115 cm
d) 2,84 m + 78 mm + 2,67 m + 45 cm

5 Addieren Sie und wandeln Sie um:

a) in *dm*: 4,2 m + 4,07 dm + 34 mm + 8,5 cm
b) in *m*: 28 dm +72 cm + 2,3 km + 95 mm + 6 m
c) in *mm*: 25 cm + 52 dm + 40 mm + 12 m
d) in *cm*: 8,2 m + 50 mm + 20 cm + 12 dm

6 In der Bäckerei Frank werden neue Brotregale eingebaut. Die Wand ist 4,50 m breit und 2,80 m hoch. Unter die Regale soll ein Zubehörschrank mit 60 cm Höhe gestellt werden. Darüber sollen 50 cm als Arbeitsbereich frei bleiben.

Wie viel Meter Brotregal werden insgesamt benötigt, wenn sie im Abstand von 30 cm installiert werden und zur Decke 80 cm frei bleiben sollen?

7 Die menschliche Lunge enthält etwa 350 Millionen Lungenbläschen. Aneinander gereiht ergäbe dies eine Länge von etwa 87,5 km.

Ermitteln Sie den Durchmesser eines Lungenbläschens und drücken Sie das Ergebnis in Mikrometern (μm) aus.

5.2 Flächeneinheiten und Flächenberechnungen

1 km²	= 100 ha	= 10 000 a	= 1 000 000 m²	= 100 000 000 dm²	= 10 000 000 000 cm²
	1 ha	= 100 a	= 10 000 m²	= 1 000 000 dm²	= 100 000 000 cm²
		1 a	= 100 m²	= 10 000 dm²	= 1 000 000 cm²
			1 m²	= 100 dm²	= 10 000 cm²
				1 dm²	= 100 cm² = 10 000 mm²
					1 cm² = 100 mm²

Beispiel 1: Wie viel m² sind 88 dm²? ⇒ 88 dm² : **100** = 0,88 m²

Beispiel 2: Wie viel mm² sind 12 cm²? ⇒ 12 cm² · **100** = 1 200 mm²

Beachten Sie:

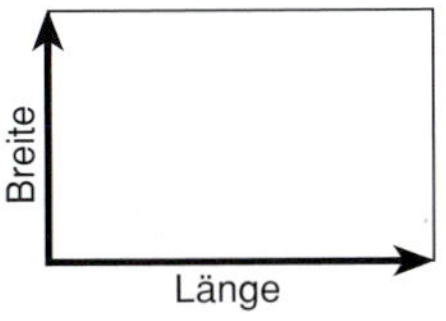

Eine **Fläche** hat **zwei Dimensionen** (Ausdehnungen). Deshalb hat die Umwandlungszahl **zwei Nullen.** Wollen Sie eine Fläche in die nächstkleinere umwandeln, dann multiplizieren Sie mit **100.** Wandeln Sie in die nächstgrößere Einheit um, dividieren Sie durch **100.**

Aufgaben

1 Wandeln Sie um in mm²:

a) 18 cm²
b) 18,5 dm²
c) 0,3 m²
d) 4,25 m²

2 Geben Sie in cm² an:

a) 1 800 mm²
b) 9 dm²
c) 2,53 m²
d) 0,4 dm²

3 Rechnen Sie in m^2 um:

a) 3,8 ha
b) 874 dm^2
c) 28,5 a
d) 0,75 km^2

4 Addieren Sie und wandeln Sie um:

a) in *dm^2*: 2,5 m^2 + 325 dm^2 + 2000 mm^2
b) in *m^2*: 3,8 m^2 + 834 dm^2 + 4200 cm^2 + 900000 mm^2
c) in *mm^2*: 21 dm^2 + 38 cm^2 + 750 mm^2
d) in *cm^2*: 0,5 cm^2 + 42 dm^2 + 8500 mm^2

Formeln für Flächenberechnungen

Form	Fläche (A)	Umfang (U)
Quadrat 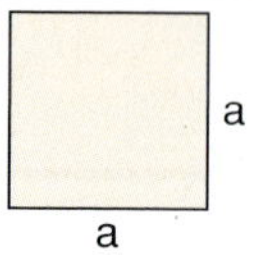	$A = a \cdot a$	$U = 4 \cdot a$
Rechteck 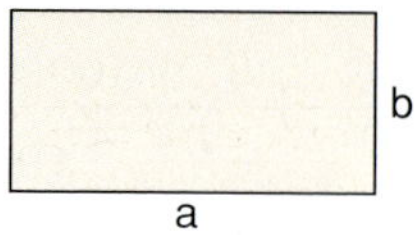	$A = a \cdot b$	$U = 2 \cdot (a + b)$
Dreieck 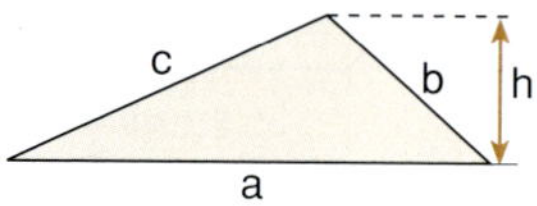	$A = \frac{a \cdot h}{2}$	$U = a + b + c$
Kreis 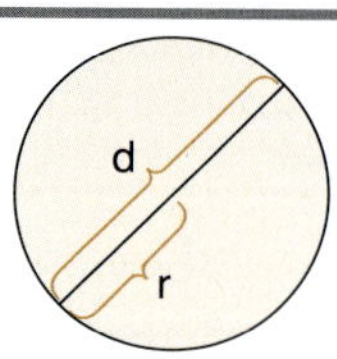 d = Durchmesser r = Radius	$A = \pi^* \cdot r^2$ oder $A = \frac{\pi \cdot d^2}{4}$	$U = 2\pi \cdot r$ oder $U = \pi \cdot d$

* π ist ein griechischer Buchstabe, der „Pi" ausgesprochen wird.
π beträgt 3,14. So oft ist der Durchmesser eines Kreises in seinem Umfang enthalten.

Aufgaben

1 Eine Toilette soll neue Wand- und Bodenfliesen erhalten. Folgende Abmessungen sind zu berücksichtigen:

Länge 2,40 m, Breite 1,80 m, Höhe 2,55 m.
Auf Fenster und Tür entfallen 2,45 m^2.

Ermitteln Sie die Renovierungskosten (ohne Verschnitt), wenn eine Fliese (10 cm x 10 cm) 0,85 € kostet und für Verlegearbeiten ein Pauschalbetrag von 580,00 € vereinbart wurde.

2 In einem Pausenraum, der 3,60 m breit und 4,25 m lang ist, soll der Teppichboden erneuert werden.

Berechnen Sie die anfallenden Kosten (ohne Verschnitt), wenn für 1 m^2 28,00 € einschließlich des Verlegens anfallen.

3 Im Verkauf der Bäckerei Schick werden Bleche mit 58 cm x 98 cm zum Auslegen der Waren verwendet. Die Blechkuchen werden in der Bäckerei in Stücke von 7 cm x 11 cm Größe geschnitten.

a) Wie viel Stück Blechkuchen können **theoretisch** auf ein Verkaufsblech gesetzt werden?

b) Wie viel Stück Blechkuchen können **tatsächlich** auf ein Blech gesetzt werden ?

4 Damit sie ein Wochenendhaus bauen kann, kauft Frau Bauer ein Grundstück, das die Form eines Dreiecks hat.
Der Kaufpreis beträgt 82 500,00 €.

Wie hoch ist der Preis für 1 m²?

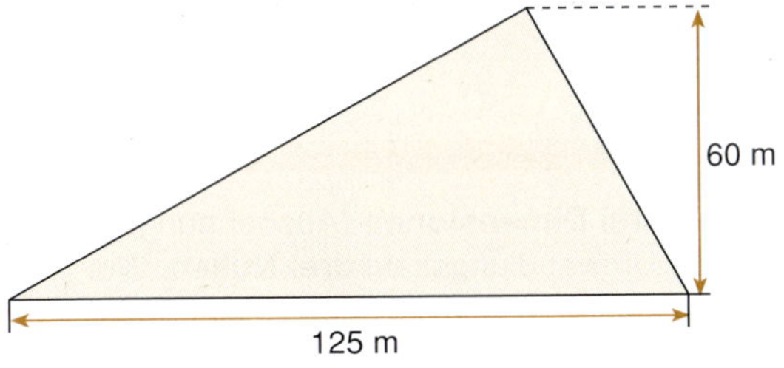

5 Die Oberfläche eines roten Blutkörperchens beträgt rund 0,000 13 mm².

Wie viel m² beträgt die gesamte Oberfläche aller 25 Billionen roten Blutkörperchen eines erwachsenen Menschen?

6 Der Verkaufsraum der Bäckerei Meistermann misst 8,40 m x 3,80 m.

a) Welche Grundfläche hat der Verkaufsraum?

b) Wie viel Stellfläche verbleibt für Regale, wenn die Vitrine einschließlich des Wegebereiches 4,80 m x 1,95 m beansprucht und wenn der Eingangsbereich 4,5 m² beträgt?

7 Eine Torte mit 26 cm Durchmesser soll eingeteilt werden.

Wie breit wird ein Stück Torte (gemessen am äußeren Rand), wenn

a) 14 Stücke geschnitten werden?

b) 16 Stücke geschnitten werden?

c) 18 Stücke geschnitten werden?

8 Im Interesse des Arbeitsschutzes müssen beim Bau oder beim Einrichten einer Bäckerei-Konditorei zahlreiche Vorschriften beachtet werden. So hängt nach der Arbeitsstättenverordnung die Höhe eines Arbeitsraumes von dessen Grundfläche ab.

In § 23 **Arbeitsstättenverordnung** ist festgelegt:

Grundfläche von Arbeitsräumen	Mindesthöhe von Arbeitsräumen
unter 50 m²	2,50 m
über 50 m²	2,75 m
über 100 m²	3,00 m
über 2 000 m²	3,25 m

Ermitteln Sie anhand des abgebildeten Grundrisses der Bäckerei-Konditorei Baumann, welche Mindesthöhe nach der Arbeitsstättenverordnung folgende Arbeitsräume haben müssen:

a) die Backstube

b) der Laden

c) der Lagerraum für Rohstoffe

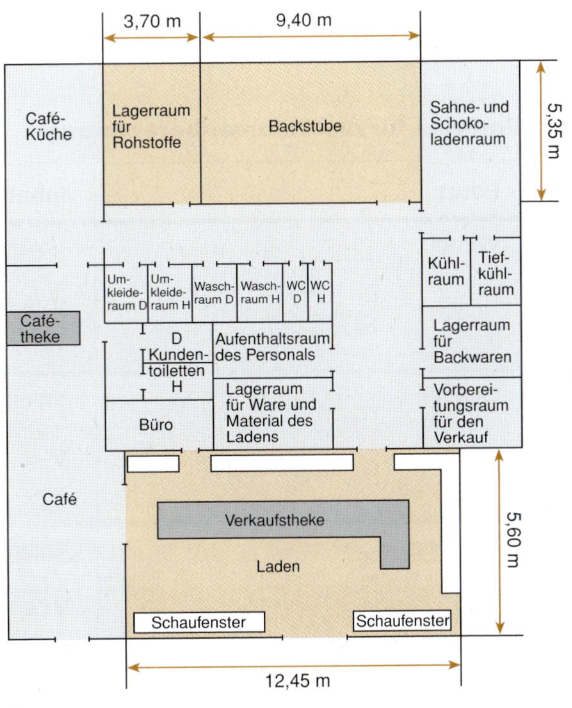

5.3 Volumeneinheiten und Volumenberechnungen

1 m³	=	1 000 dm³	=	1 000 000 cm³	=	1 000 000 000 mm³
		1 dm³	=	1 000 cm³	=	1 000 000 mm³
				1 cm³	=	1 000 mm³

Rauminhalte (Volumen) werden in Kubikmetern (m^3) gemessen. Volumen, die kleiner sind als 1 m^3, können in Kubikdezimetern (dm^3), Kubikzentimetern (cm^3) oder in Kubikmillimetern (mm^3) angegeben werden.

Beispiel 1: Wie viel cm^3 sind 12 dm^3? ⇒ $12\ dm^3 \cdot \mathbf{1000} = \underline{\underline{12000\ cm^3}}$

Beispiel 2: Wie viel m^3 sind 125 dm^3? ⇒ $125\ dm^3 : \mathbf{1000} = \underline{\underline{0{,}125\ m^3}}$

Beachten Sie:

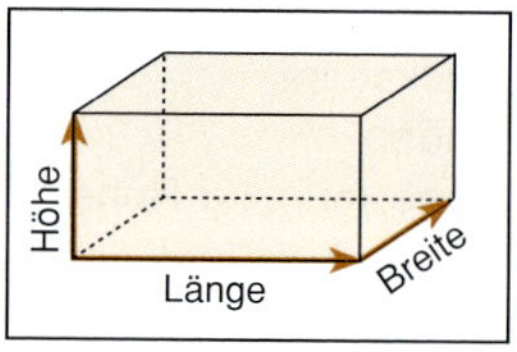

Ein **Körper** hat **drei Dimensionen** (Ausdehnungen). Deshalb hat die Umwandlungszahl **drei Nullen.** Wollen Sie eine Volumeneinheit in die nächstkleinere umwandeln, dann multiplizieren Sie mit **1 000**. Rechnen Sie in die nächstgrößere Einheit um, dann dividieren Sie durch **1 000**.

Formeln für die Volumenberechnung

Form	Inhalt (Volumen)
Würfel 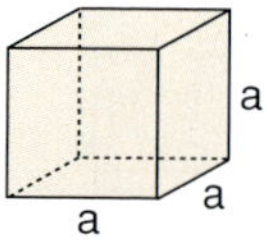	Volumen = Grundfläche · Höhe $\mathbf{V = a \cdot a \cdot a}$ $\mathbf{V = a^3}$
Quader 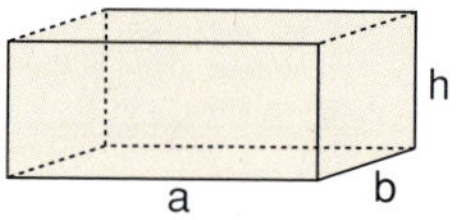	Volumen = Grundfläche · Höhe $\mathbf{V = a \cdot b \cdot h}$
Zylinder 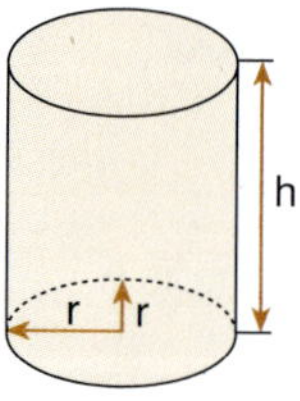	Volumen = Grundfläche · Höhe $\mathbf{V = \pi \cdot r^2 \cdot h}$

Das Volumen von Flüssigkeiten wird in Liter angegeben (ℓ). Kleinere Einheiten sind Zentiliter (cl) und Milliliter (ml). Eine größere Einheit ist der Hektoliter (hl).

1 hl	=	100 ℓ	=	100 000 cm^3
1 ℓ	=	1 dm^3	=	1 000 cm^3
1 ℓ	=	100 cl	=	1 000 ml
1 ml	=		=	1 cm^3
1 000 ℓ	=	1 000 dm^3	=	1 m^3

Beispiel: Wie viel ℓ sind 150 ml?

1 ℓ = 1 000 ml

⇒ 150 ml = 150 : 1000 = 0,15 ℓ

Aufgaben

1 Wandeln Sie in m^3 um:

a) 3 700 dm^3
b) 752 000 cm^3
c) 23 dm^3
d) 27 500 cm^3

2 Geben Sie in cm^3 an:

a) 2,34 m^3
b) 0,07 m^3
c) 17,2 dm^3
d) 4 500 mm^3

3 Setzen Sie das Komma an der richtigen Stelle:

a) in *m^3*: 7 500 dm^3
b) in *cm^3*: 9 752 mm^3
c) in *mm^3*: 0,78 cm^3
d) in *dm^3*: 28 750 mm^3

4 Addieren Sie und geben Sie das Ergebnis an:

a) in *mm^3*: 16 mm^3 + 0,25 cm^3 + 0,02 dm^3
b) in *cm^3*: 0,25 cm^3 + 8,3 dm^3 + 0,015 m^3 + 3 750 mm^3
c) in *m^3*: 310,75 dm^3 + 3,3 m^3 + 249 750 cm^3
d) in *dm^3*: 0,5 m^3 + 7 580 cm^3 + 325 000 mm^3
e) in *ml*: 1,5 ℓ + 320 cm^3 + 82 ml + 0,05 ℓ
f) in *ml*: 82 cm^3 + 2,5 ℓ + 815 ml + 0,007 ℓ

5 Rechnen Sie in die gesuchte Einheit um:

a) 7 dm^3 = ? cm^3
b) 4 m^3 = ? dm^3
c) 84 cm^3 = ? mm^3
d) 1,8 ℓ = ? ml
e) 12 hl = ? ℓ
f) 1 895 ml = ? cm^3

6 Der durchschnittliche Wasserverbrauch eines Bundesbürgers beträgt 145 ℓ pro Tag.

a) Wie teuer ist der tägliche Wasserverbrauch, wenn 3,25 € je m^3 bezahlt werden müssen?

b) Wie viel m^3 Wasser verbraucht eine vierköpfige Familie im Monat (= 30 Tage)?

7 Vor dem Eingang zur Konditorei Putzig soll ein Blumentrog aufgestellt werden.

Wie viel ℓ Erde muss die Auszubildende Diana bestellen, wenn folgende Abmessungen zugrunde liegen?

Länge 1,60 m, Breite 30 cm, Höhe 45 cm.

8 Ein Reinigungsmittel wird aus einem durchsichtigen rechteckigen Kanister abgefüllt.

Ermitteln Sie den Inhalt.
Maße: Länge 25 cm, Breite 12,5 cm, Flüssigkeitsstand 16 cm.

9 Ein Tortenring hat einen Durchmesser von 28 cm und eine Höhe von 7,5 cm.

Wie viel ℓ Biskuitmasse fasst ein Ring, wenn er zu $^2/_3$ gefüllt werden soll?

10 Eine Torte erhält eine Marzipandecke von 0,3 cm Dicke. Der Durchmesser der Torte beträgt 26 cm.

Wie viel Marzipan wird benötigt, wenn ein Block mit 5 cm x 4 cm x 12 cm ein Gewicht von 200 g hat?

11 Aus Gründen der Verkaufspsychologie sind Dosen für Cremes meist doppelwandig.

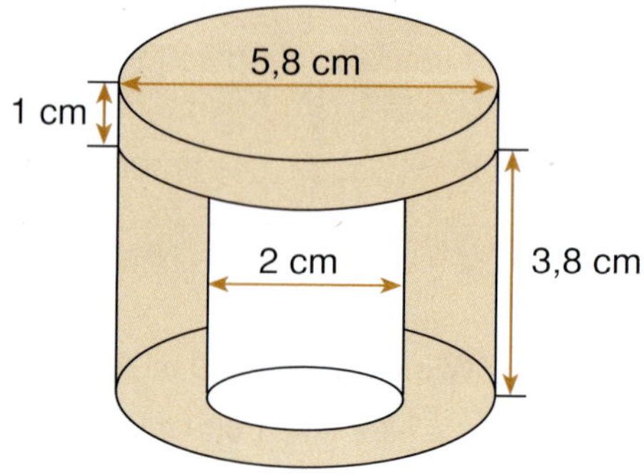

a) Berechnen Sie den Rauminhalt, bezogen auf die Außenmaße.

b) Ermitteln Sie den eigentlichen Rauminhalt.

c) Wie viel % mehr Inhalt wird durch diese Verpackungsart vorgetäuscht?

12 Die **Arbeitsstättenverordnung** schreibt vor, dass in Arbeitsräumen für jeden ständig anwesenden Beschäftigten ein bestimmter Mindestluftraum vorhanden sein muss, und zwar:

empfohlener Mindestluftraum nach der Arbeitsstättenverordnung	
12 m^3	bei überwiegend sitzender Beschäftigung
15 m^3	bei überwiegend nicht sitzender Beschäftigung
18 m^3	bei überwiegend schwerer körperlicher Beschäftigung

Wie viele ständig anwesende Mitarbeiter dürfen demnach in der Backstube der Bäckerei-Konditorei Baumann höchstens beschäftigt werden?

Legen Sie Ihrer Berechnung den Grundriss auf Seite 35 zugrunde und gehen Sie davon aus, dass die Arbeit in der Backstube normalerweise als überwiegend nicht sitzende Tätigkeit eingestuft wird und dass die Backstube 2,80 m hoch ist.

5.4 Masseneinheiten (Gewichte)

In der Alltagssprache bezeichnet man Massen als Gewichte. Gemessen werden Massen in Kilogramm (kg). Massen, die kleiner als ein kg sind, werden in Gramm (g) oder in Milligramm (mg) angegeben. Für sehr große Massen verwendet man die Einheit Tonne (t).

1 t	= 1 000 kg	= 1 000 000 g	= 1 000 000 000 mg
	1 kg	= 1 000 g	= 1 000 000 mg
		1 g	= 1 000 mg

Beispiel 1: Wie viel g sind 1,35 kg? $\Rightarrow$ 1,35 kg · **1 000** = 1 350 g

Beispiel 2: Wie viel g sind 832 mg? $\Rightarrow$ 832 mg : **1 000** = 0,832 g

Beachten Sie:

Die Umwandlungzahl bei Masseneinheiten ist **1 000.** Wenn Sie in die nächstkleinere Einheit umwandeln wollen, dann müssen Sie mit **1 000** multiplizieren. Um in die nächstgrößere Einheit umzurechnen, müssen sie durch **1 000** dividieren.

Im Handel sind folgende Bezeichnungen üblich:

Das **Bruttogewicht** ist das Gesamtgewicht einer Ware einschließlich der Verpackung.
Als **Nettogewicht** bezeichnet man das reine Warengewicht.
Die **Tara** ist das Gewicht der Verpackung.

Bruttogewicht – Tara = **Nettogewicht**

Bruttogewicht – Nettogewicht = **Tara**

Beispiel: Das Gewicht der Verpackung einer Lieferung beträgt 3,5 kg, das Bruttogewicht beläuft sich auf 31,5 kg.

Wie hoch ist das Nettogewicht?

Lösung:

	Bruttogewicht	31,5 kg
–	Tara	3,5 kg
	Nettogewicht	28,0 kg

Aufgaben

1 Rechnen Sie in kg um:

a) 7 500 g
b) 125 g
c) 12 t
d) 40 g
e) 0,5 t

2 Geben Sie in t an:

a) 8 000 kg
b) 24 300 kg
c) 758 000 g
d) 850 kg

3 Wandeln Sie um und setzen Sie das Komma an der richtigen Stelle:

a) in kg: 1800 g
b) in kg: 340 g
c) in kg: 0,3 t
d) in t: 2 020 kg
e) in t: 67 500 kg
f) in t: 78 000 g
g) in t: 25 kg

4 Addieren Sie und geben Sie das Ergebnis in kg an:

a) 0,75 t + 7 500 g + 180 kg
b) 27 500 g + 3,2 t + 78,75 kg

5 Wie hoch war das Bruttogewicht einer Lieferung, wenn die Tara 225 g und das Nettogewicht 1,75 kg betrug?

6 Eine Konditorei erhält eine 27,5 kg schwere Lieferung. Die Tara beträgt 2,2 kg.

Ermitteln Sie das Nettogewicht der Sendung.

7 Wandeln Sie in die jeweils gesuchte Einheit um:

a) 12,35 kg = ? t
b) 0,125 kg = ? g
c) 0,7 g = ? mg
d) 28,7 g = ? kg
e) 12 kg = ? t

8 Ein Pkw hat eine Zuladung von 0,445 t.

Wie viel kg Reisegepäck können eingeladen werden, wenn die Fahrgäste 78 kg, 56 kg und 84,5 kg wiegen?

9 Silke hat die Probepackung eines neuen Make-ups gekauft. Das Tubengewicht beträgt 5 g, dies sind 20 % des Bruttogewichts.

Wie viel g wiegt der Inhalt?

10 Berechnen Sie die Rezepturgewichte in kg für die nachfolgenden Produkte. Gehen Sie davon aus, dass das Gewicht von 1 ℓ Milch bzw. Wasser rund 1 kg entspricht.

	a)	b)	c)	d)	e)
Bestandteile	Weizenbrot	Brötchen	Kuchenteig	Berliner	Windbeutel
Weizenmehl	50,0 kg	30,0 kg	12,0 kg	5000 g	1500 g
Wasser	33,0 kg	18 ℓ	–	–	1 ℓ
Milch	–	–	5700 g	2,15 ℓ	2 ℓ
Vollei	–	–	300 g	750 g	2,40 kg
Eigelb	–	–	–	175 g	–
Fett	–	600 g	1200 g	0,50 kg	0,75 kg
Zucker	–	–	1,20 kg	500 g	–
Hefe	2,0 kg	1500 g	720 g	400 g	–
Backmittel	1,0 kg	0,75 kg	–	–	–
Salz	0,9 kg	540 g	150 g	60 g	15 g

Vermischte Aufgaben

1 Wandeln Sie in kg um:

a) 500 g
b) 2,5 t
c) 3756 g
d) 125 000 mg
e) $^1/_2$ t

2 Wie viel g sind

a) 0,125 kg,
b) 0,00354 t,
c) 0,45 kg,
d) 10,02 kg ?

3 Rechnen Sie in m um:

a) 325 cm
b) 0,3 km
c) 4580 mm
d) 87965 cm
e) 72,45 km
f) 64 mm

4 Wandeln Sie in m^2 um:

a) 4 000 cm^2
b) 250 000 mm^2
c) 0,85 km^2
d) 65,2 cm^2

5 Addieren Sie und geben Sie das Ergebnis an:

a) in m: 1,25 m + 120 mm + 75 cm + 0,395 km
b) in m^2: 18,6 m^2 + 2500 cm^2 + 12400 mm^2 – (12,5 m · 1,2 m)
c) in ℓ: 1,2 ℓ – 120 ml – 0,5 ℓ + 2,4 dm^3
d) in g: $^1/_2$ kg + 3,25 kg – 700 g – 14500 mg + $^1/_4$ kg

6 Ein Wohnzimmer mit den abgebildeten Abmessungen soll einen neuen Teppichboden erhalten.

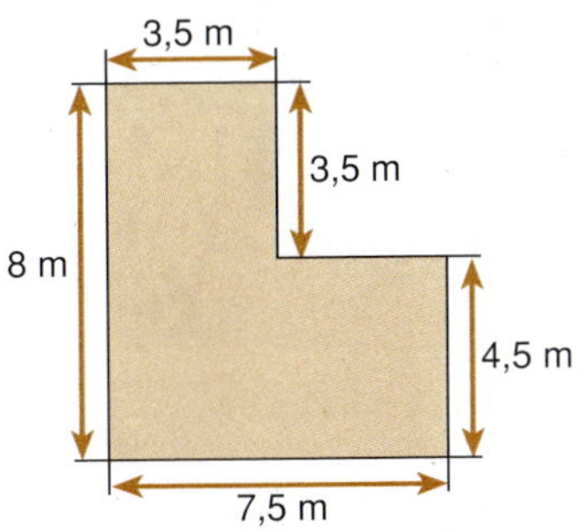

Wie viel muss für den neuen Teppichboden ausgegeben werden, wenn 1 m^2 29,00 € kostet?

7 Karin soll 80 ℓ Rum in einen anderen Behälter umfüllen. Das hierfür vorgesehene Fass hat einen Durchmesser von 36 cm und eine Höhe von 50 cm.

Prüfen Sie, ob das Fass für die vorgesehene Menge groß genug ist.

8 Für ein Blech mit 78 cm · 58 cm werden 4,5 kg Hefeteig benötigt.

Wie viel kg Hefeteig benötigt man für eine Blechgröße von

a) 98 cm · 58 cm?
b) 28 cm Durchmesser?

9 Das Büro soll neu tapeziert werden.

a) Ermitteln Sie die zu tapezierende Fläche, wenn folgende Abmessungen berücksichtigt werden müssen:
Länge 4,80 m, Breite 4,20 m, Höhe 2,60 m, Anteil von Fenstern und Türen 4,2 m².

b) Das gewünschte Tapetenmuster ist in Rollen erhältlich, die ausgerollt 10 m lang und 54 cm breit sind. Wie viele dieser Rollen müssen gekauft werden?

10 Das Schaufenster einer Konditorei hat eine Auslagefläche von 3,80 m Länge und 1,25 m Breite. Die gesamte Fläche soll mit Dekorationsstoff bespannt werden. Damit er ringsum befestigt werden kann, soll der Stoff an jeder Seite 5 cm überstehen.

Wie viel m² Dekorationsstoff müssen bestellt werden?

11 Der Swimmingpool von Herrn Klotz ist 12 m lang, 4,50 m breit und 1,60 m tief.

a) Wie viel ℓ Wasser fasst das Becken?

b) Wie teuer ist eine Wasserfüllung, wenn der Kubikmeterpreis 3,40 € beträgt?

c) Eine Eintrittskarte für das städtische Hallenbad kostet 2,40 €. Wie viele Eintrittskarten könnten mit dem Preis einer Füllung gekauft werden?

12 Bei einem Verkehrsunfall hat ein Pkw die Schaufensterscheibe eines Cafés zertrümmert. Die Scheibe ist 1,85 m hoch und 2,80 m breit. Der Glasermeister berechnet für das Einsetzen der Scheibe einen Pauschalbetrag von 225,00 € je m².

Wie hoch ist der Rechnungsbetrag?

13 Der Kessel einer Rühr- und Anschlagmaschine hat ein Fassungsvermögen von 35 ℓ.

Wie viel kg Kremmargarine dürfen höchstens zum Aufschlagen eingefüllt werden, wenn die fertig geschlagene Kremmargarine ein Litergewicht von 280 g hat und der Kessel dabei nur zu $^5/_7$ gefüllt sein darf?

14 Die Inhaberin des Rathauscafés will die wöchentliche Reinigung ihrer beiden Schaufenster einer Gebäudereinigungsfirma übertragen.

Welche Kosten fallen jährlich an, wenn die Firma für die Reinigung von einem m² Schaufensterfläche 1,40 € verlangt?

Die Abmessungen der Schaufenster betragen:
Fenster 1: 1,75 m · 2,80 m,
Fenster 2: 1,75 m · 3,40 m.

15

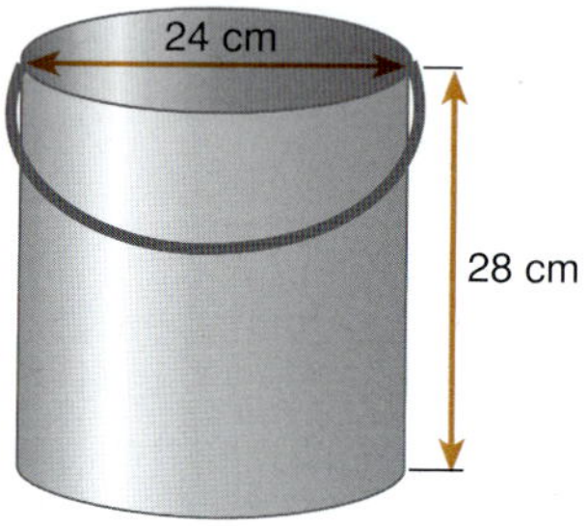

a) Wie viel ℓ fasst der abgebildete Putzeimer?

b) Bis 8 cm unterhalb der Oberkante soll der Eimer mit einer 1,5%igen Desinfektionslösung gefüllt werden.

Wie viel Wasser und wie viel Desinfektionskonzentrat werden benötigt?

16 Für den Verkaufsraum ist eine elektronische Kasse geliefert worden, die ausgepackt 4,65 kg wiegt. Laut Frachtbrief beträgt das Bruttogewicht 6 kg.

Welchem Prozentsatz entspricht die Tara?

6 Das Dreisatzrechnen

6.1 Einfacher Dreisatz mit geradem Verhältnis

Beispiel: 400 g Pralinen werden für 16,00 € verkauft.
Wie viel kosten 250 g Pralinen?

Lösung:

gegebene Menge →	400 g Pralinen kosten	$= 16{,}00\ €$
Einheit →	1 g Pralinen kostet den **400. Teil**	$= \frac{16{,}00\ €}{400}$
gesuchte Menge →	250 g Pralinen kosten **250-mal mehr**	$= \frac{16 \cdot 250}{400}$
		$= \underline{\underline{10{,}00\ €}}$

Ergebnis: 250 g Pralinen kosten 10,00 €.

Der Rechenweg führt also von der **gegebenen Menge** über die **Einheit** zur **gesuchten Menge.** Einfachheitshalber rechnet man die Einheit nicht sofort aus, sondern fasst alle Zahlen in einem Bruch, dem **Bruchsatz,** zusammen.

Kurzlösung:

400	g Pralinen	=	16,00	€	① Bedingungssatz
250	g Pralinen	=	x	€	② Fragesatz

$$x = \frac{16 \cdot 250}{400} = \underline{\underline{10{,}00\ €}}$$ ③ Bruchsatz

Rechenweg: ① **Bedingungssatz:** Die gegebenen Größen stehen in der ersten Zeile.

② **Fragesatz** in die zweite Zeile setzen. Gleiche Einheiten untereinander schreiben. Die gesuchte Einheit steht **rechts.**

③ **Bruchsatz** folgendermaßen ermitteln:

400 g Pralinen kosten 16,00 €.	⇒	16 auf den Bruchstrich
1 g kostet 400-mal **weniger.**	⇒	400 **unter** den Bruchstrich
250 g Pralinen kosten 250-mal **mehr.**	⇒	250 **auf** den Bruchstrich

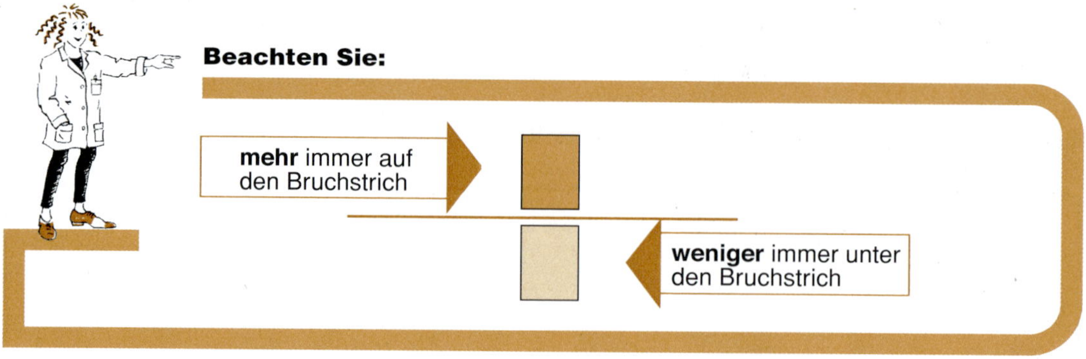

Verändert sich die linke Seite des Dreisatzes in der gleichen Richtung wie die rechte Seite, dann spricht man von einem **geraden Verhältnis.**

Beispiel: Werden **weniger** Pralinen verkauft, dann kosten sie **weniger** €.

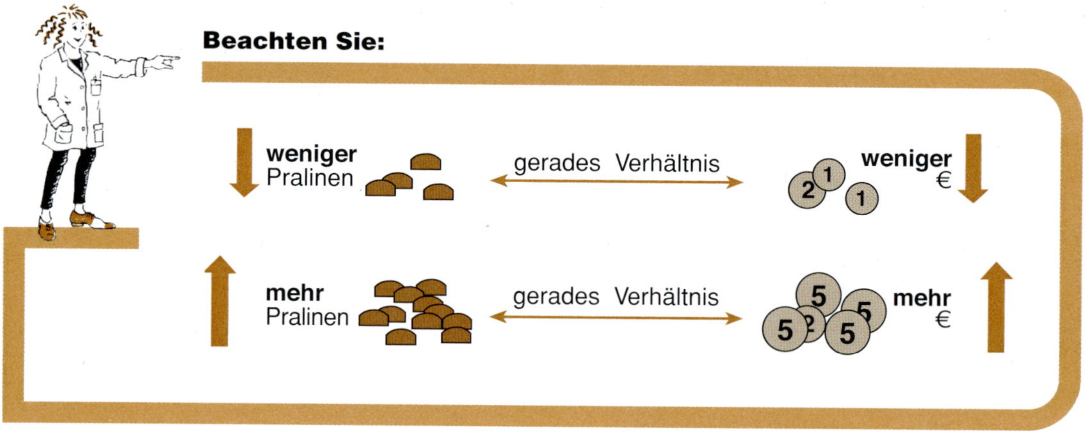

Aufgaben

1 4 kg Backmargarine kosten 8,36 €.

Wie viel € kosten 96 kg Backmargarine?

2 Eine Bäckereieinkaufsgenossenschaft bietet an:

a) 1000 Stück Pappteller, 7 cm x 14 cm, 6,40 €
b) 250 Stück Pappteller, 13 cm x 20 cm, 11,80 €
c) 200 Tragetaschen 9,00 €

Ermitteln Sie den Preis für jeweils 50 Stück.

3 Das Auto einer Bäckereifachverkäuferin verbraucht auf 100 km durchschnittlich 7,8 ℓ Benzin.

Wie viel Liter werden für eine Urlaubsfahrt über 1 850 km benötigt?

4 7,6 kg Mandeln kosten 48,64 €.

Wie teuer sind 250 g Mandeln?

5 Ein Ballen mit 40 Metern Vorhangstoff kostet 740,00 €.

Was kostet die Neuausstattung eines Cafés, wenn hierfür 90 m Stoff benötigt werden? Berücksichtigen Sie hierbei zusätzlich 525,00 € für die Vorhangschienen sowie 162,85 € für anfallende Arbeitslöhne.

6 Martina Grün verkauft in ihrem „Bio-Laden" einen selbst hergestellten Kräuteressig. Für 150 ℓ Kräuteressig verwendet sie 2,1 ℓ Kräuteressenz.

Wie viel ℓ Essenz benötigt sie für 250 ℓ Essig?

7 Für 6,75 € erhält eine Bäckermeisterin 50 Eier.

Welchen Preis muss sie für 4 Kartons mit je 360 Eiern bezahlen?

8 Für das Ausschießen und Abstreichen von 96 Broten benötigt ein Bäcker 12 Minuten.

Wie lange braucht er für 44 Brote?

9 Aus 28,9 kg Teig werden 510 Brötchen hergestellt.

Welche Teigmenge benötigt man für 750 Brötchen?

10 Bäckermeister Gruber erwägt die Anschaffung eines Pkw der gehobenen Preisklasse. Laut Testberichten in Fachzeitschriften verbraucht das Auto auf 100 km ca. 14 ℓ Benzin.

a) Welche Benzinkosten fallen jährlich an, wenn die Fahrleistung 32 000 km und der Benzinpreis 1,42 €/ℓ betragen?

b) Welche Benzinkosten könnte Herr Gruber einsparen, wenn er einen Mittelklassewagen mit einem Benzinverbrauch von 8,5 ℓ auf 100 km kaufen würde?

11 Der Besitzer des Cafés „Waldblick" bestellt 12 kg Früchtetee zu 12,00 € je Kilogramm.

Welche Menge erhält er für den gleichen Betrag, wenn der Lieferant mitteilt, dass aufgrund einer Preiserhöhung der Kilopreis inzwischen 14,40 € beträgt?

12 Bäckerei Clever bietet an: „Neuer Wein und Zwiebelkuchen". Zu diesem Zweck soll ein Fässchen mit 90 ℓ neuem Wein zum Preis von 230,40 € in 0,7-ℓ-Flaschen umgefüllt werden.

a) Was kostet eine Flasche, wenn mit 0,4 ℓ Abfüllverlust gerechnet werden muss?

b) Was hätte ein Fass mit 115 ℓ gekostet?

13 Um 15 Pralinenschachteln zu verpacken, werden 4,05 m^2 Folie benötigt.

Wie viele Schachteln können mit einer Rolle verpackt werden, wenn eine Rolle 100 m^2 Folie enthält?

14 In einem Monat (= 170 Arbeitsstunden) verdient eine Verkäuferin 1 360,00 €.

Wie viel verdient sie an einem achtstündigen Arbeitstag?

15 Beim Backen von 360 Berlinern werden 1,8 kg Siedefett verbraucht.

Welche Fettmenge ist erforderlich, wenn 570 Berliner gebacken werden sollen?

16 In 3 Tagen verarbeitet die Bäckerei Malz 384 kg Weizenmehl der Type 1050.

Wie viel kg Weizenmehl der gleichen Sorte werden in 3 Wochen und 2 Tagen verarbeitet? Gehen Sie bei Ihrer Rechnung davon aus, dass eine Woche 6 Arbeitstage hat.

17 Die monatlichen Benzinkosten einer selbstständigen Konditormeisterin belaufen sich auf 158,98 €. Nach dem Fahrtenbuch wurden insgesamt 1 224 km gefahren, wovon 742 km geschäftlich erfolgten und der Rest privat.

Stellen Sie fest, wie viel € an Benzinkosten auf Geschäftsfahrten entfallen und wie viel € für Privatfahrten angesetzt werden müssen.

18 Der Auslieferungsfahrer einer Brotfabrik kann bei einer täglichen Arbeitszeit von 8 Stunden 32 Geschäfte beliefern.

Wie viele Geschäfte können von einem Aushilfsfahrer, der 3 Stunden täglich arbeitet, beliefert werden?

6.2 Einfacher Dreisatz mit ungeradem Verhältnis

Beispiel: Für die Renovierung einer Konditorei sind 8 Handwerker mit 5 Arbeitstagen vorgesehen. Auf Drängen des Konditormeisters stellt die Renovierungsfirma 10 Handwerker für die Arbeiten ab.

Wie viele Tage werden nun benötigt?

Lösung:

gegebene Menge →	8 Handwerker benötigen	$= 5$ Tage
Einheit →	1 Handwerker benötigt **8-mal mehr**	$= 5$ Tage $\cdot 8$
gesuchte Menge →	10 Handwerker benötigen den **10. Teil**	$= \frac{5 \cdot 8}{10}$
		$= \underline{\underline{4 \text{ Tage}}}$

Ergebnis: 10 Handwerker benötigen 4 Tage.

Kurzlösung:

8	Handwerker	=	5	Tage	① Bedingungssatz
10	Handwerker	=	x	Tage	② Fragesatz

$x = \frac{5 \cdot 8}{10} = \underline{\underline{4 \text{ Tage}}}$ ③ Bruchsatz

Rechenweg:

① **Bedingungssatz:** Die gegebenen Größen stehen in der ersten Zeile.

② **Fragesatz** in die zweite Zeile setzen. Gleiche Einheiten untereinander schreiben. Die gesuchte Einheit steht **rechts.**

③ **Bruchsatz** folgendermaßen ermitteln:

8 Handwerker benötigen 5 Tage.	⇒	5 auf den Bruchstrich
1 Handwerker benötigt 8-mal **mehr.**	⇒	8 **auf** den Bruchstrich
10 Handwerker benötigen 10-mal **weniger.**	⇒	10 **unter** den Bruchstrich

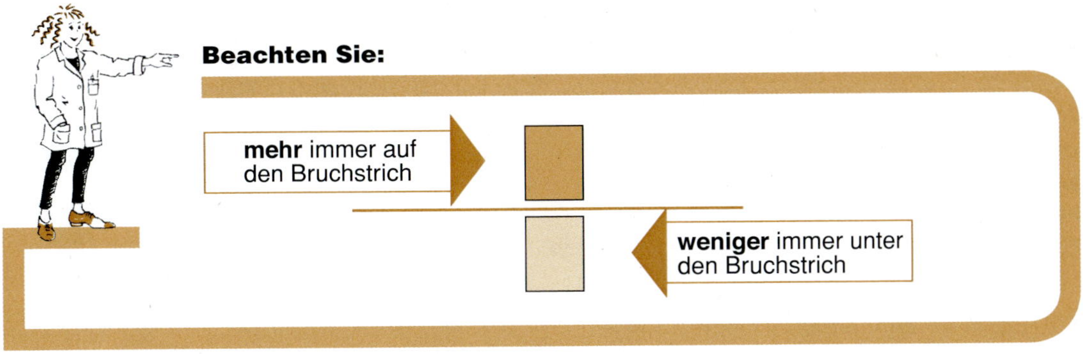

Verändert sich die linke Seite des Dreisatzes in entgegengesetzter Richtung zur rechten Seite, dann spricht man von einem **ungeraden Verhältnis.**

Beispiel: Erledigen **mehr** Handwerker die gleiche Arbeitsmenge, dann benötigen sie **weniger** Zeit.

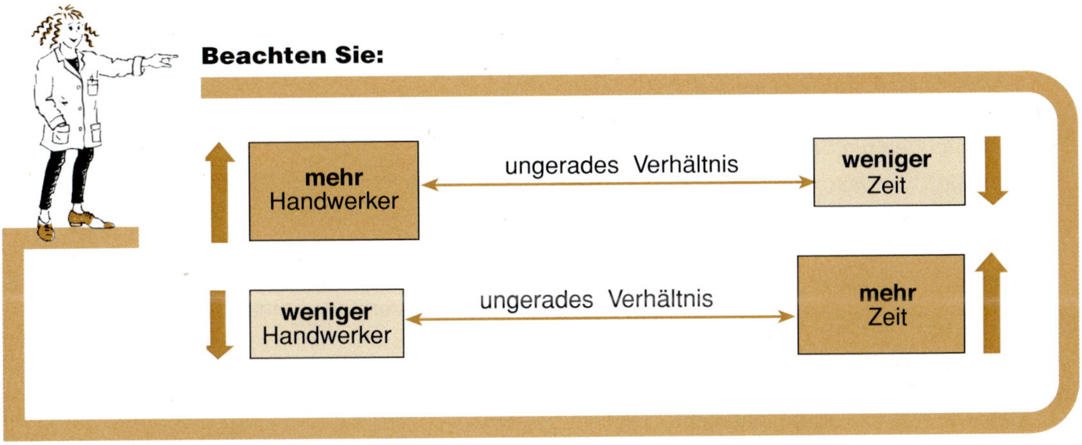

Aufgaben

1 Drei Verkäuferinnen benötigen 40 Minuten für das Reinigen der Vitrinen.

Wie lange brauchen 2 Verkäuferinnen für die gleiche Arbeit?

2 Der Vorrat an Seidenpapier, das zum Verpacken der Brote benötigt wird, reicht bei 300 Broten täglich für 40 Tage.

Wie lange reicht der Vorrat, wenn täglich 480 Brote verpackt werden müssen?

3 Bäckermeister Fuchs stellte bisher aus einem Teig 1 500 Brötchen mit 50 g Gewicht her. Jetzt sollen die Brötchen nur noch 40 g wiegen.

Ermitteln Sie, wie viele Brötchen er jetzt aus einem Teig erhält.

4 Drei Gesellen benötigen für die Aufarbeitung eines Brezelteiges 1 Stunde und 12 Minuten.

Wie lange brauchen 4 Gesellen?

5 Eine Auszubildende muss 19 Monate lang jeweils 37,50 € sparen, bis sie sich eine Stereoanlage kaufen kann.

Welchen Betrag müsste sie monatlich zurücklegen, wenn sie die Anlage bereits nach 15 Monaten kaufen wollte?

6 Bei einer Tagesproduktion von 2400 Brötchen reicht eine Silofüllung Weizenmehl für 5 Arbeitstage.

Berechnen Sie, wie lange die Silofüllung reicht, wenn die Tagesproduktion auf 3000 Brötchen erhöht wird.

7 Mit einer Füllung Siedefett können bei einem Fettverbrauch von 6 g pro Stück 300 Berliner hergestellt werden. Nach Umstellung der Rezeptur genügen 5 g Siedefett pro Stück.

Ermitteln Sie, wie viele Berliner nun mit einer Füllung hergestellt werden können.

8 Bei einem Wechselkurs von 0,87 € für einen amerikanischen Dollar erhält Kira auf der Bank 1 260 $. Im Hotel wird zu einem Wechselkurs von 0,82 € je Dollar umgetauscht.

Wie viele $ erhält Kira, wenn sie denselben €-Betrag im Hotel umtauscht?

9 Um mit 8 Angestellten einen Gewinn zu erzielen, musste eine Bäckermeisterin eine Arbeitsstunde mit 31,50 € kalkulieren. Nach aufwendigen Rationalisierungsmaßnahmen kann sie zwar eine Arbeitskraft einsparen, muss aber immer noch denselben Umsatz erreichen.

Wie verrechnet sie jetzt eine Arbeitsstunde?

10 Bei einer Klassenfahrt wird der Fahrpreis auf alle 22 teilnehmenden Schülerinnen umgelegt. Dies ergibt pro Schülerin 28,00 €.

Wie viel € entfallen auf eine Teilnehmerin, wenn wegen Krankheit 4 Schülerinnen absagen müssen?

11 Ein Teig für Butterzwieback enthält 9 kg Butter. Bäckermeister Reinike ersetzt Butter durch Butterreinfett.

Welche Menge Butterreinfett muss dem Teig zugegeben werden?
(Fettgehalt von Butter: 82 %)

12 Eine Auszubildende hat im Schreibwarengeschäft 500 Blatt 60 g schweres Schreibmaschinenpapier gekauft. Auf Wunsch der Chefin bringt sie es wieder zurück, um es in 80 g schweres Papier umzutauschen.

Wie viel Blatt dieses Papiers erhält sie, wenn beide Papiersorten den gleichen Grammpreis haben?
(Anmerkung: Das Papiergewicht bezieht sich auf 1 m^2.)

13 Bei einer Ofennutzfläche von 16 m^2 benötigt man zum Abbacken der Brötchen 1 Stunde und 40 Minuten.

Wie lange braucht man, wenn 25 m^2 Ofennutzfläche zur Verfügung stehen?

14 12 Bäckermeister von Berghausen haben sich entschlossen, in einer gemeinsamen Anzeige im „Berghausener Stadtanzeiger“ auf die große Bedeutung des Bäckerhandwerks hinzuweisen. Der Kostenanteil jedes Teilnehmers beträgt 123,50 €.

Wie viel € muss jeder Bäcker bezahlen, wenn 4 Meister von der Aktion zurücktreten, die Anzeige aber dennoch in der vorgesehenen Aufmachung erscheinen soll?

15 Eine Ölheizungsanlage verbraucht während einer Heizperiode von 160 Tagen 3760 ℓ Heizöl.

Wie lange würde der Ölvorrat reichen, wenn

a) durch einen strengen Winter täglich 3 ℓ mehr verbraucht würden?

b) aufgrund von Isolierungsmaßnahmen täglich 2 ℓ Öl eingespart werden könnten?

16 Für eine Betriebskantine werden 1 275 kg Kartoffeln zum Preis von 9,80 € je 50 kg bestellt.

Welche Menge erhält die Kantine, wenn der Lieferant mitteilt, dass infolge einer Preiserhöhung inzwischen 10,50 € für 50 kg Kartoffeln bezahlt werden müssen?

17 12 Beschäftigte eines Supermarktes wollen durch Teilzeitarbeit drei zusätzliche Arbeitsplätze schaffen.

Um wie viel Stunden müsste jede einzelne Beschäftigte ihre Arbeitszeit reduzieren, wenn die reguläre wöchentliche Arbeitszeit 40 Stunden beträgt?

Gemischte Aufgaben

1 18 kg Rosinen kosten 34,56 €.

a) Ermitteln Sie, wie viel für 7 kg Rosinen verlangt wird .

b) Geben Sie an, welche Dreisatzart vorliegt.

2 In einer Bäckerei reicht eine bestimmte Anzahl Pappteller 14 Tage, wenn täglich 88 Stück verbraucht werden.

a) Wie lange reicht der Vorrat, wenn täglich 112 Pappteller benötigt werden?

b) Um welche Dreisatzart handelt es sich?

3 Ein Rührkessel mit Biskuitmasse reicht für 31 Ringe zu je 250 ml Fassungsvermögen.

a) Wie viel Kapseln mit 155 ml Fassungsvermögen könnten aus einem Rührkessel Biskuitmasse gefüllt werden?

b) Welche Dreisatzart liegt vor?

4 Der Vertreter eines Bäckereimaschinenherstellers erhält im April 2 968,00 € Verkaufsprämie für einen erzielten Umsatz von 148 400,00 €.

a) Wie hoch ist seine Prämie im August, wenn der Umsatz um 24 200,00 € gestiegen ist?

b) Geben Sie die richtige Dreisatzart an.

5 Ein Ölvorrat von 5 400 ℓ reicht 90 Tage.

a) Wie lange reicht der Vorrat, wenn zusätzlich ein Tank mit 12 000 ℓ angeschafft wird?

b) Um welche Dreisatzart handelt es sich bei dieser Aufgabe?

6 Der Vorrat an Papptellern einer Konditorei reicht 30 Tage, wenn täglich durchschnittlich 200 Stück verbraucht werden. Durch eine Verlängerung der Ladenöffnungszeit erhöht sich der Tagesverbrauch um 25 %.

a) Wie viel Tage reicht der Vorrat jetzt?

b) Geben Sie die entsprechende Dreisatzart an.

7 An die Bäckerei Brezel wurden bisher pro Monat 1 800 Exemplare der Kundenzeitschrift „Das neue Bäckerblatt“ geliefert. Hierfür wurden 108,00 € bezahlt. Wegen der großen Nachfrage werden für den nächsten Monat 400 Exemplare mehr bestellt.

a) Um wie viel € wird sich die Rechnung erhöhen?

b) Welche Dreisatzart liegt vor?

8 Die Glasversicherungsprämie richtet sich nach der Größe der Glasfläche. Der Inhaber des Rathauscafés bezahlt für seine 2 Schaufenster jährlich insgesamt 66,00 €. Beide Fenster haben zusammen eine Fläche von 12 m².

a) Errechnen Sie die jährliche Versicherungsprämie, wenn nach einer Modernisierung die Schaufensterfläche 4 m² größer ist als vorher.

b) Geben Sie die richtige Dreisatzart an.

9 Ein Konditor stellt einen Likör her, den er in seinem Café als „Grubers Heidelbeerlikör" vertreibt. Laut Rezeptur sind für eine bestimmte Menge Heidelbeerlikör 14 ℓ 60%iger Alkohol vorgesehen. Da kein 60%iger Alkohol am Lager ist, muss er 70%igen verwenden.

a) Welche Menge wird hiervon benötigt?

b) Um welche Dreisatzart handelt es sich?

10 Martina will einen Bankkredit über 5 000,00 € aufnehmen. Die jährlichen Zinsen betragen 575,00 €.

a) Um wieviel € steigt die jährliche Zinsbelastung, wenn das Darlehen auf 6 500,00 € erhöht wird?

b) Geben Sie die richtige Dreisatzart an.

11 Für 3 750 g Teig benötigt man 25 Eier.

Wie viel Eier werden benötigt, wenn das Teiggewicht 4,8 kg beträgt?

12 Bei einer Teigeinlage von 1 150 g ergibt ein Teig 85 Brote.

Welche Anzahl Brote erhält man aus dem Teig bei einer Teigeinlage von 1 740 g?

13 14 Arbeiter brauchen für den Umbau einer Konditorei 12 Tage.

In welcher Zeit erledigen 6 Arbeiter den Auftrag?

14 Eine Gemeinschaftswerbung von 24 Bäckereien kostet 16 800,00 €.

Wie hoch wäre der Kostenanteil jedes Geschäftes, wenn sich nur 20 Betriebe an der Aktion beteiligt hätten?

15 250 g Pralinen kosten 6,75 €.

Wie teuer sind 600 g Pralinen?

16 Bei einer täglichen Arbeitszeit von 8 Stunden kann der Auslieferungsfahrer einer Brotfabrik durchschnittlich 24 Supermärkte beliefern.

Wie viele Supermärkte könnten während einer 7-stündigen Arbeitszeit beliefert werden?

17 Um 18%igen Heidelbeerlikör in $^3/_8$-ℓ-Flaschen abzufüllen, werden 80 Flaschen benötigt.

Ermitteln Sie die Anzahl der Flaschen, wenn 0,2-ℓ-Flaschen verwendet werden.

6.3 Zusammengesetzter Dreisatz

Beispiel: In 15 Stunden können 4 Arbeitskräfte 900 Geschenkpackungen Pralinen herrichten. Für einen Großauftrag werden 1 260 Geschenkpackungen benötigt, außerdem fällt eine Arbeitskraft wegen Krankheit aus.

Wie viele Stunden müssen die restlichen Arbeitskräfte für diesen Auftrag abgestellt werden?

Lösung: Ein **zusammengesetzter Dreisatz** besteht aus **mehreren einfachen Dreisätzen.** Man löst einen zusammengesetzten Dreisatz, indem man ihn in einfache Dreisätze aufteilt und jeweils feststellt, ob es sich um ein gerades oder um ein ungerades Verhältnis handelt. Anschließend werden die einzelnen Dreisätze auf einen Bruchstrich übertragen.

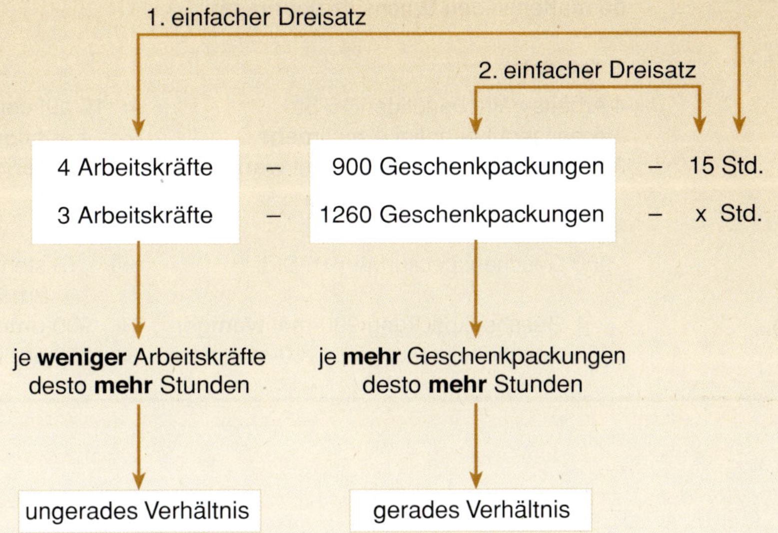

$$x = \frac{15 \cdot 4 \cdot 1260}{3 \cdot 900} = \underline{\underline{28\ \text{Std.}}}$$

Ergebnis: 3 Arbeitskräfte benötigen 28 Stunden.

Kurzlösung:

4	Arbeitskräfte –	900	Geschenkpackungen – 15 Std.	① Bedingungssatz
3	Arbeitskräfte –	1260	Geschenkpackungen – x Std.	② Fragesatz

$$x = \frac{15 \cdot 4 \cdot 1260}{3 \cdot 900} = \underline{\underline{28\ \text{Std.}}}$$

③ Bruchsatz

Rechenweg: ① **Bedingungssatz:** Die gegebenen Größen stehen in der 1. Zeile.

② **Fragesatz** in die 2. Zeile setzen. Gleiche Einheiten untereinander schreiben. Die gesuchte Einheit steht **rechts.**

③ **Bruchsatz:** Zuerst für jeden Dreisatz feststellen, ob ein gerades oder ein ungerades Verhältnis vorliegt. Anschließend werden die einzelnen Dreisätze folgendermaßen in den Bruchsatz übertragen:

1. Dreisatz

4 Arbeitskräfte benötigen 15 Std.	⇒	15 auf den Bruchstrich
1 Arbeitskraft benötigt 4-mal **mehr**	⇒	4 **auf** den Bruchstrich
3 Arbeitskräfte benötigen 3-mal **weniger**	⇒	3 **unter** den Bruchstrich

2. Dreisatz

900 Geschenkpackungen 15 Std.	⇒	15 steht schon auf dem Bruchstrich
1 Geschenkpackung 900-mal **weniger**	⇒	900 **unter** den Bruchstrich
1260 Geschenkpackungen 1260-mal **mehr**	⇒	1260 **auf** den Bruchstrich

Beachten Sie:

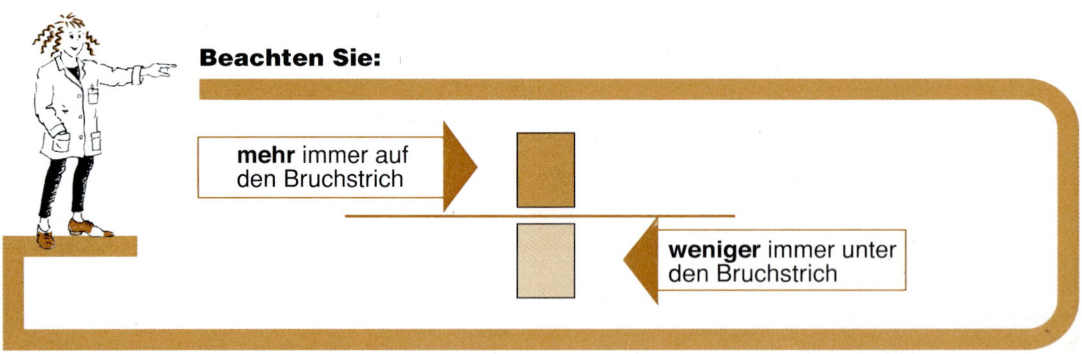

Aufgaben

1 Zwei Bäckereifachverkäuferinnen verdienen an einem Arbeitstag zusammen 129,00 €. Gehen Sie bei folgenden Berechnungen davon aus, dass alle Verkäuferinnen gleich bezahlt werden.

a) Wie viel € verdienen 5 Verkäuferinnen an einem Arbeitstag?

b) Welchen Betrag verdienen 3 Verkäuferinnen in einer Woche (1 Woche = 6 Arbeitstage)?

2 4 Arbeitskräfte verpacken in 3 Stunden 180 Geschenkpackungen Pralinen.

Berechnen Sie, wie viele Geschenkpackungen 5 Arbeitskräfte in 5 Stunden verpacken können.

3 4 Verkäuferinnen verdienen in einer Woche bei einer 7-stündigen Arbeitszeit zusammen 1 575,00 € (1 Woche = 6 Arbeitstage).

Ermitteln Sie, wie viele Verkäuferinnen in 3 Tagen bei 8-stündiger Arbeitszeit denselben Betrag verdienen würden.

4 2 Gesellen verarbeiten 240 kg Roggenmehl in 8 Stunden.

Welche Menge Roggenmehl können 3 Gesellen bei einer 7-stündigen Arbeitszeit verarbeiten?

5 Um 2 Tonnen Weizenmehl zu verarbeiten, benötigen 4 Gesellen 6 Tage.

Wie lange brauchen 3 Gesellen für 2,5 dt (dt = Dezitonne = 100 kg)?

6 In der Bäckerei Pfeiffer wurden bisher mit 2 Öfen 900 Brote in 5 Stunden gebacken. Nach Zukauf eines weiteren Ofens wird täglich nur noch 4 Stunden lang gebacken.

Wie viele Brote werden jetzt pro Tag gebacken, wenn jeder Ofen dieselbe Backfläche hat?

7 In drei Bäckereifilialen werden jährlich 675 000,00 € umgesetzt.

Wie groß ist der Umsatz von 2 Filialen in 5 Monaten, wenn jede Filiale denselben Umsatz erbringt?

8 Die Bäckerei/Konditorei Mahler bezahlt in 4 Monaten für 3 Verkaufsfahrzeuge 3 588,00 € an Leasinggebühren.

Welcher Betrag ist in einem Jahr für 5 Fahrzeuge zu bezahlen?

9 Im Zuge von ausgedehnten Renovierungsarbeiten beabsichtigt eine Konditorin, die gesamte Beleuchtung ihrer Geschäftsräume zu modernisieren. Bisher wurde die Konditorei mit 10 Glühlampen zu je 100 Watt beleuchtet. Im Schaufenster wurden drei weitere Glühlampen zu je 100 Watt eingesetzt.
Sämtliche Glühlampen sollen nun durch 6 Leuchtstoffröhren in den Räumen und 2 Leuchtstoffröhren im Schaufenster mit jeweils 75 Watt ersetzt werden.

Ermitteln Sie die zu erwartende jährliche Kostenersparnis, wenn die Stromkosten bisher 475,00 € betragen haben.

10 Bei einer Gesprächsdauer von 15 Minuten können 2 Vertreter täglich 28 Bäckermeister aufsuchen. Für die Vorstellung eines neuen Produktes stellt die Firma zusätzlich 3 Reisende ein. Außerdem wird die Besuchszeit pro Betrieb auf 10 Minuten begrenzt.

Wie viele Bäckermeister können jetzt täglich besucht werden?

11 Aus Anlass ihrer erfolgreichen Abschlussprüfung wollen 18 Schülerinnen einer Berufsschulklasse für 4 250,00 € einen 5-tägigen Ausflug unternehmen. Bei einer 4-tägigen Fahrt würden alle 25 Schülerinnen teilnehmen.

a) Wie viel würde eine 4-tägige Klassenfahrt kosten?

b) Ermitteln Sie die Ersparnis je Teilnehmerin, wenn sich alle für einen 4-tägigen Ausflug entscheiden.

12 Mit den Jahresinventurarbeiten eines Hotels waren im vergangenen Jahr 2 Arbeitskräfte je 18 Stunden lang beschäftigt. Dieses Jahr soll die Inventur von 3 Arbeitskräften übernommen werden, da sich das aufzunehmende Inventar um $^1/_3$ vergrößert hat.

a) Wie viel Stunden hat jede Arbeitskraft zu arbeiten?

b) Eine Arbeitskraft kann nur mit 12 Stunden eingesetzt werden.
Welche Mehrarbeit müssen deshalb die anderen Arbeitskräfte leisten?

13 8 Näherinnen stellen in 6 Tagen bei einer achtstündigen Arbeitszeit 192 Schürzen her. Damit ein dringender Auftrag über 252 Schürzen in 4 Tagen erledigt werden kann, wird die Arbeitszeit um eine Stunde täglich verlängert.

Wie viele Arbeitskräfte müssen trotzdem zusätzlich an dem Auftrag arbeiten?

14 In einem Café reicht ein Vorrat von 7 000 Papierservietten 30 Tage lang.

Nach wie viel Tagen ist der Vorrat erschöpft, wenn noch 560 Servietten vorhanden sind und gleichzeitig wegen des Betriebsurlaubs eines anderen Cafés 20 % mehr Gäste bedient werden müssen?

15 Der Heizölverbrauch des Cafés „Waldblick“ beträgt 4 250 ℓ während einer Heizperiode.

Wie hoch ist der Ölverbrauch, wenn die Geschäftsräume um $^1/_4$ vergrößert werden und wenn gleichzeitig die Raumtemperatur von 21 °C auf 20 °C gesenkt wird?

16 Bei einer täglichen Arbeitszeit von 8 Stunden wurden von 7 Gesellen bisher 8 400 Brote hergestellt. Nun hat Bäcker Malcher eine zusätzliche Arbeitskraft eingestellt.

Wie viele Brote können nun in 7,5 Stunden täglich hergestellt werden, wenn jeder Geselle dieselbe Arbeitsleistung erbringt?

7 Das Verteilungsrechnen

7.1 Verteilung nach ganzen Anteilen

Beispiel 1: Frau Sommer, die Inhaberin des Cafés „Waldblick“, und ihre beiden Bedienungen haben sich zu einer Lottogemeinschaft zusammengeschlossen. Gemeinsam setzen sie jede Woche insgesamt 10,00 € ein. Frau Sommer zahlt davon 5,00 €, Claudia 3,00 € und Gabi 2,00 €.

Wie muss ein Lottogewinn von 6 000,00 € gerecht auf die drei Spieler verteilt werden?

Lösung:

①	Frau Sommer	5 Teile	·	600 ④	=	3 000,00 €
	Claudia	3 Teile	·	600	=	1 800,00 €
	Gabi	2 Teile	·	600	=	1 200,00 €
②		10 Teile			=	6 000,00 €
③		1 Teil	=	$\frac{6\,000}{10}$	=	600,00 €

Ergebnis: Frau Sommer erhält 3 000,00 €, Claudia 1 800,00 € und Gabi 1 200,00 €.

Rechenweg:

① Stellen Sie das **Schema** auf und notieren Sie die Anteile.

② **Addieren** Sie die Teile.
⇒ Der Summe der Teile steht das zu Verteilende gegenüber.

③ Ermitteln Sie den **Wert eines Teiles.**
⇒ Dividieren Sie hierzu das zu Verteilende durch die Summe der Teile.

④ **Multiplizieren** Sie die Teile mit dem Wert eines Teiles.

⑤ Führen Sie die **Probe** durch, indem Sie die Ergebnisse zusammenzählen.

Beispiel 2: Drei Bäckermeister, A, B, und C, sind gemeinsam an einer Brotfabrik beteiligt. A hat 600 000,00 € eingebracht, B 400 000,00 € und C 200 000,00 €. Der diesjährige Reingewinn in Höhe von 975 000,00 € soll im Verhältnis der Kapitalanteile verteilt werden.

Lösung:

① : 200 000
Anteile kürzen

A: 600 000,00 € =	3 Teile ·	162 500,00	= 487 500,00 €
B: 400 000,00 € =	2 Teile ·	162 500,00	= 325 000,00 €
C: 200 000,00 € =	1 Teile ·	162 500,00	= 162 500,00 €
	6 Teile		= 975 000,00 €
	1 Teil		= 162 500,00 €

Ergebnis: A erhält 487 500,00 €, B 325 000,00 € und C 162 500,00 €.

Rechenweg: ① **Kürzen** Sie die Anteile.
⇒ Der weitere Rechenweg ist aus Beispiel 1 bekannt.

Aufgaben

1 Auf die Personen A, B und C sollen verteilt werden:

a) 720,00 € im Verhältnis 1 : 2 : 3.

b) 1 080,00 € im Verhältnis 2 : 3 : 5.

c) 2 750,00 € im Verhältnis 6 : 9 : 10.

2 Das Café Baumann hat 50-jähriges Geschäftsjubiläum. Aus diesem Anlass schüttet der Inhaber an seine 4 Mitarbeiter eine Jubiläumsprämie von 6 000,00 € aus. Der Betrag wird nach der Dauer der Betriebszugehörigkeit verteilt. Andrea Neumann ist 18 Jahre, Peter Müller 7 Jahre, Stefanie Baum 3 Jahre und Claudia Treiber 2 Jahre in der Firma.

Wie viel € erhält jeder Mitarbeiter?

3 Für ein Weizenmischbrot 60 : 40 sollen 28 kg Mehlmischung hergestellt werden.

Wie viel kg Weizenmehl und wie viel kg Roggenmehl sind dazu erforderlich?

4 Drei ehemalige Bäckereifachverkäuferinnen betreiben gemeinsam ein Bistro, wobei A mit 25 000,00 €, B mit 35 000,00 € und C mit 85 000,00 € beteiligt ist.

Verteilen Sie den diesjährigen Gewinn von 177 584,98 € entsprechend den Kapitaleinlagen.

5 Apotheker Alfred Grün stellt 14 kg Hustentee her. Im Rezept sind folgende Einzelmengen vorgesehen:

20 Teile Huflattichblätter
20 Teile Spitzwegerichkraut
10 Teile Thymiankraut
5 Teile Pfefferminzblätter
1 Teil Ringelblumen

Wie viel kg muss er von den einzelnen Zutaten auswiegen?

6 Bei einem Einbruch wurden in einer Konditorei 4 wertvolle Apparate gestohlen. Die Versicherung entschädigt nach dem Wiederbeschaffungswert.

Apparat A kostet 19 000,00 €,
B 15 750,00 €, C 9 500,00 € und
D 7 750,00 €.

Wie viel erhält der Konditormeister für jeden Apparat, wenn die Versicherung mitteilt, dass wegen erheblicher Unterversicherung nur 26 000,00 € insgesamt ersetzt werden?

7 Eine Konditorei erhält eine Lieferung von 6 Posten Rohstoffen. Nr. 1 mit 13 000 g, Nr. 2 mit 15 000 g, Nr. 3 mit 5 200 g, Nr. 4 mit 11 000 g, Nr. 5 mit 1 200 g und Nr. 6 mit 10 600 g. Die Bezugskosten der Lieferung betragen 25,20 € und sind nach dem Gewicht zu verteilen.

Wie viel € entfallen auf jeden Posten?

8 Vier Personen sind an einem Café beteiligt. Das Gesamtkapital der Unternehmung beläuft sich auf 237 800,00 €. Von dem Gewinn, der im Verhältnis der Kapitalanteile ausgeschüttet wurde, erhielt A 24 330,00 €, B 10 210,00 €, C 12 220,00 € und D 48 360,00 €.

Ermitteln Sie die Kapitaleinlagen der vier Gesellschafter.

9 Aus 5 verschiedenen Bonbonsorten soll eine Mischung von 1 200 g im Verhältnis 4 : 5 : 3 : 6 : 2 hergestellt werden.

1 kg von Sorte I	kostet 18,00 €
125 g von Sorte II	kosten 2,50 €
100 g von Sorte III	kosten 1,50 €
250 g von Sorte IV	kosten 4,00 €
500 g von Sorte V	kosten 7,50 €

a) Welche Mengen müssen von jeder Sorte verwendet werden?

b) Wie teuer ist ein 100-g-Beutel der Mischung?

10 Alfred Wunderlich bestimmt in seinem Testament, dass die hinterlassenen 750 000,00 € folgendermaßen zu verteilen sind: Das Studium von Klara und Ernst war sehr teuer, deshalb erhalten sie nur halb soviel wie Peter, Ursula und Thomas.

Wie viel erhalten Klara und Ernst und wie viel bekommen Peter, Ursula und Thomas?

11 Geselle Herbert stellt eine Mehlmischung für ein Fünfkornbrot her. Weizen-, Roggen-, Gersten-, Hafer- und Maismehl sollen im Verhältnis 60 : 20 : 10 : 5 : 5 enthalten sein.

a) Berechnen Sie die Mengenanteile der einzelnen Mehlarten für eine Gesamtmehlmenge von 48 kg.

b) Herbert sieht im Mehllager, dass nur noch 1,500 kg Maismehl vorrätig sind. Wie groß kann die Gesamtmehlmenge höchstens sein, wenn das Mischungsverhältnis gleich bleiben soll?

7.2 Verteilung nach Bruchteilen

Beispiel 3: An einer Großhandlung für Konditoreibedarf sind 4 Personen beteiligt. A mit $^1/_3$, B mit $^1/_4$, C mit $^1/_8$ und D mit dem Rest. Der Reingewinn beträgt 648 960,00 €. Er soll entsprechend den Anteilen verteilt werden.

Wie viel € erhält jeder?

Lösung:

	Bruch		Hauptnenner		Teile				Betrag
A:	1/3	=	8/24	=	8 Teile	·	27 040	=	216 320,00 €
B:	1/4	=	6/24	=	6 Teile	·	27 040	=	162 240,00 €
C:	1/8	=	3/24	=	3 Teile	·	27 040	=	81 120,00 €
D:	Rest	=	7/24	=	7 Teile	·	27 040	=	189 280,00 €
		=	24/24	=	24 Teile			=	648 960,00 €
					1 Teil			=	27 040,00 €

① Hauptnenner 24 ②

Ergebnis: A erhält 216 320,00 €, B 162 240,00 €, C 81 120,00 € und D 189 280,00 €.

Ergebnis: ① **Hauptnenner ermitteln** (hier: 24) und jeden Bruch auf den Hauptnenner erweitern. Anschließend den Restanteil ausrechnen.

⇒ $^8/_{24} + ^6/_{24} + ^3/_{24} = ^{17}/_{24}$

⇒ $^{24}/_{24} - ^{17}/_{24} = ^7/_{24}$ Restanteil

② Rechnung **vereinfachen.**

⇒ Die Zähler der Brüche ergeben die Teile.

⇒ Der weitere Rechenweg ist aus Beispiel 1 bekannt.

Aufgaben

1 Verteilen Sie auf die Personen A, B und C im Verhältnis der angegebenen Brüche:

a) 9 254,40 €: A = $^1/_4$, B = $^1/_2$, C = $^1/_4$

b) 19 489,80 €: A = $^1/_4$, B = $^1/_3$, C = $^5/_{12}$

c) 1 383,60 €: A = $^1/_4$, B = $^1/_3$, C = Rest

2 Von der Modernisierung einer Süßwarenfabrik übernahm Gesellschafter A $^1/_5$, Gesellschafter B $^3/_8$ und Gesellschafter C $^1/_4$ der Kosten. Der Rest in Höhe von 450 730,00 € wurde mit Kredit finanziert.

a) Ermitteln Sie den Kostenanteil jedes Beteiligten.

b) Berechnen Sie die Gesamtkosten der Modernisierung.

3 Die Konditormeister Maurer, Blüm, Vetter und Gruber veröffentlichen im „Berghausener Kurier“ eine Gemeinschaftsanzeige mit der Schlagzeile: „Wir backen Ihr Weihnachtsgebäck.“

Die Anzeigenkosten in Höhe von 900,00 € sollen in folgendem Verhältnis verteilt werden: Maurer $^1/_6$, Blum $^1/_5$, Vetter $^1/_4$ und Gruber den Rest.

Wie viel muss jeder Beteiligte bezahlen?

4 Aus 5 verschiedenen Mehlsorten soll eine Mehlmischung für einen Brotteig abgewogen werden. Die ersten 4 Mehle sollen im Verhältnis $^1/_5 : {}^1/_4 : {}^1/_6 : {}^1/_8$ in der Mischung enthalten sein. Von der 5. Mehlsorte wird ein Restbestand von 46,5 kg verarbeitet.

a) Welche Mengen werden von den 4 anderen Sorten benötigt?

b) Wie viel wiegt die gesamte Mehlmischung?

5 Vier verschiedene Pralinensorten sollen folgendermaßen zu einer Mischung zusammengestellt werden:

Sorte I: $^1/_5$ der Mischung zu einem Preis von 5,00 € je 100 g

Sorte II: $^3/_8$ der Mischung zu einem Preis von 48,00 € je kg

Sorte III: $^1/_4$ der Mischung zu einem Preis von 58,00 € je kg

Sorte IV: 875 g zu einem Preis von 60,00 € je kg

a) Errechnen Sie, mit welchen Mengen die ersten 3 Sorten in der Mischung enthalten sind und aus welcher Menge die Gesamtmischung besteht.

b) Wie teuer ist ein 125-g-Päckchen der Mischung? Runden Sie das Ergebnis praxisgerecht.

Vermischte Aufgaben

1 Drei Verkäuferinnen haben bei einem Versandhaus eine Sammelbestellung aufgegeben. Doris bestellt für 175,00 €, Regina für 225,00 € und Heike für 75,00 €.

Verteilen Sie die Versandkosten in Höhe von 24,70 € entsprechend dem Wert der bestellten Waren.

2 Beim Erwerb einer Hotelanlage beteiligt sich Herr Bielmann mit $^1/_6$, Frau Conz mit $^1/_5$, Herr Merkel mit $^1/_8$ und Frau Zerbel mit 779 580,00 € als Restsumme.

Ermitteln Sie, wie viel € jeder gab und wie teuer die Anlage war.

3 Auf die Beschäftigten einer Bäckerei sollen 2 750,00 € Lohnprämie verteilt werden, und zwar im Verhältnis der geleisteten Überstunden. Alber leistete 60 Überstunden, Bieling 48, Moser 32, Wolf 24 und Zinser 12.

Wie viel € erhält jeder?

4 5 Sorten Teegebäck sollen im Verhältnis 7 : 8,5 : 2,8 : 3,7 : 5 zu einer Mischung zusammengestellt werden. Von der 5. Sorte sind nur noch 2 000 g vorhanden.

a) Welche Menge muss von den anderen Sorten abgewogen werden?

b) Wie viel wiegt die gesamte Mischung?

5 Das Altstadtcafé befindet sich im Wohnhaus des Inhabers. Seine jährliche Stromabrechnung beträgt 1 272,00 €, die Heizkosten belaufen sich auf 1 687,50 €.

Ermitteln Sie, wie viel € insgesamt jeweils auf die Geschäftsräume und Privatwohnung entfallen.

Beachten Sie, dass der Stromverbrauch im Verhältnis 4 : 3 (Geschäftsräume: Privatwohnung) und die Heizkosten im Verhältnis 5 : 4 zu verteilen sind.

6 120 Eier werden auf drei verschiedene Teige wie folgt verteilt:

a) Teig 1 : Teig 2 : Teig 3 = 1 : 1 : 1

b) Teig 1 : Teig 2 : Teig 3 = 3 : 2 : 1

c) Teig 1 : Teig 2 : Teig 3 = 5 : 5 : 2

d) Teig 1 enthält 24 Eier mehr als jeder der beiden anderen Teige.

e) Teig 2 enthält doppelt so viele Eier wie Teig 1 und 3 zusammen, wobei Teig 1 und Teig 3 jeweils gleich viele Eier enthalten.

Wie viele Eier sind jeweils in den 3 Teigen enthalten ?

7 Für eine Weihnachtsfeier liefert die Konditorei Hintermoser 72 Päckchen Weihnachtsgebäck zu je 125 g. Das Weihnachtsgebäck wird aus 1-2-3-Mürbeteig hergestellt:

– 1 Teil Zucker zum kg-Preis von 0,86 €
– 2 Teile Fett zum kg-Preis von 2,12 €
– 3 Teile Mehl zum kg-Preis von 0,42 €

a) Welche Zutatenmengen an Zucker, Fett und Mehl werden für die Lieferung benötigt, wenn Verluste unberücksichtigt bleiben?

b) Berechnen Sie die Materialkosten für ein 125-g-Päckchen Weihnachtsgebäck.

8 Eine Bonbonmischung wird aus 5 Bonbonsorten verschiedener Hersteller zusammengestellt. Die ersten 4 Bonbonsorten sind im Verhältnis $^2/_{15} : {}^1/_6 : {}^1/_5 : {}^7/_{25}$ in der Mischung enthalten. Von der 5. Sorte sind nur noch 2,97 kg vorhanden.

a) Wie viel kg werden von den anderen 4 Bonbonsorten benötigt?

b) Aus wie viel kg besteht die gesamte Bonbonmischung?

8 Das Durchschnitts- und Mischungsrechnen

8.1 Das Durchschnittsrechnen

8.1.1 Einfacher Durchschnitt

Beispiel: In einer Bäckerei sind 5 Verkäuferinnen beschäftigt: Doris seit 8 Jahren, Beate seit 5 Jahren, Gabi seit $3\,^1/_2$ Jahren, Tina seit 2 Jahren und Elke seit $1\,^1/_2$ Jahren. Ermitteln Sie die durchschnittliche Betriebszugehörigkeit.

Lösung:

Doris:	8	Jahre
Beate:	5	Jahre
Gabi:	3 1/2	Jahre
Tina:	2	Jahre
Elke:	1 1/2	Jahre
	20	Jahre : 5 = 4 Jahre

$$\textbf{Einfacher Durchschnitt} = \frac{\text{Summe aller einzelnen Beträge}}{\text{Anzahl der Beträge}}$$

Aufgaben

1 Katrin erhielt folgende Klassenarbeitsnoten: 4, 3, 2, 5, 1.

Berechnen Sie den Notendurchschnitt.

2 Ute zahlt folgende Beträge auf ihr Sparkonto ein:

Januar 60,00 €, Februar 75,00 €, März 50,00 €, April 40,00 €, Mai 65,00 €, Juni 40,00 €, Juli 25,00 €, August 20,00 €, September 50,00 €, Oktober 95,00 €, November 55,00 €, Dezember 25,00 €.

Wie viel hat sie durchschnittlich in einem Monat gespart?

3 In der Konditorei Mohn sind 5 Verkäuferinnen beschäftigt, die folgende Bruttogehälter beziehen:

Heike M. 1 125,00 €, Carola B. 1 200,00 €, Claudia W. 1 275,00 €, Karin F. 1 350,00 €, Erna S. 1 400,00 €.

Berechnen Sie das durchschnittliche monatliche Bruttogehalt der Beschäftigten.

4 In einer Konditorei wird die folgende Anzahl von Papptellern verbraucht: Dienstag 137, Mittwoch 148, Donnerstag 156, Freitag 165, Samstag 115.

Ermitteln Sie den täglichen Durchschnittsverbrauch.

5 Berechnen Sie die durchschnittlichen jährlichen Arbeitsstunden eines Erwerbstätigen.

6 Die Bäckerei-Konditorei Schöninger erhält einmal pro Woche eine Eierlieferung. In der ersten Woche wurden 1 140 Stück benötigt, in der 2. Woche 1 340 Stück, in der 3. Woche 840 Stück und in der 4. Woche 980 Stück.

Ermitteln Sie, wie viele Eier durchschnittlich pro Woche geliefert wurden.

7 Die Lagerbestände einer Bäckereieinkaufsgenossenschaft betrugen:

01. 01. ..	235 720,00 €
31. 03. ..	348 950,00 €
30. 06. ..	312 180,00 €
30. 09. ..	410 215,00 €
31. 12. ..	318 430,00 €

Ermitteln Sie den durchschnittlichen Lagerbestand.

8.1.2 Gewogener Durchschnitt

Beispiel: Konditormeisterin Reineke stellt eine Pralinenmischung aus folgenden Sorten zusammen:

2500 g zu 58,00 € je kg
3500 g zu 38,00 € je kg
2250 g zu 50,00 € je kg
2750 g zu 60,00 € je kg

Ermitteln Sie den Durchschnittspreis für 1 kg dieser Mischung.

Lösung:

	Menge		Einzelpreis		
	2,5 kg	zu je	58,00 €	=	145,00 €
	3,5 kg	zu je	38,00 €	=	133,00 €
	2,25 kg	zu je	50,00 €	=	112,50 €
	2,75 kg	zu je	60,00 €	=	165,00 €
Gesamtmenge →	11,00 kg			=	555,50 € ← Gesamtwert
	1 kg			=	$\frac{555,50\text{ €}}{11}$ = 50,50 €

$$\textbf{Gewogener Durchschnitt} = \frac{\text{Gesamtwert}}{\text{Gesamtmenge}}$$

Es handelt sich deshalb um einen „gewogenen“ Durchschnitt, weil **zwei Größen** miteinander multipliziert werden müssen (z. B. die Mengen mit den Preisen).

Aufgaben

1 Ein Süßwarenhersteller hat von einem Rohstoff folgende Vorräte:

325 kg zu 1,60 € je kg,
480 kg zu 1,40 € je kg,
212 kg zu 1,75 € je kg,
1 t zu 1300,00 €,
150 kg zu 1,80 € je kg.

Berechnen Sie den Durchschnittspreis für 1 kg.

2 Eine Bonbonmischung besteht aus 5 verschiedenen Sorten.

Wie viel kostet ein 125-g-Beutel, wenn folgende Sorten verwendet werden?

3,25 kg zu 12,00 € je kg
4,50 kg zu 10,00 € je $^1/_2$ kg
0,50 kg zu 20,00 € je kg
6,75 kg zu 1,40 € je 100 g
7,20 kg zu 1,20 € je $^1/_8$ kg

3 Ein Apotheker stellt aus 4 verschiedenen Kräutern einen Hustentee zusammen. Als „Dr. Keuchs Hustenkiller“ vertreibt er diese Mischung in seiner Apotheke.

Hierzu werden folgende Mengen verwendet:
Sorte I: 800 g,
Sorte II: 1 600 g,
Sorte III: 1 800 g,
Sorte IV: 2 400 g.

a) Wie viel kostet ein 50-g-Beutel dieser Mischung, wenn folgende Preise zugrunde gelegt werden müssen?
Sorte I : 3,20 € je 100 g
Sorte II: 3,50 € je 100 g
Sorte III: 2,71 € je 100 g
Sorte IV: 2,90 € je 100 g

b) Wie viele Beutel können aus der vorhandenen Menge hergestellt werden?

4 Ermitteln Sie den Preis für 125 g der folgenden Gebäckmischungen:

a) 3 kg zu 30,80 € je kg
5 kg zu 29,40 € je kg
6 kg zu 26,60 € je kg

b) 1 225 g zu 1,40 € je100 g
1 750 g zu 17,50 € je kg
2 375 g zu 4,50 € je 250 g
2 750 g zu 2,60 € je 125g

5 Claudia füllt in einen 5-Liter-Kanister 1 ℓ 80%igen Alkohol, 1,5 ℓ 60%igen, 0,5 ℓ 50%igen und 1 ℓ 40%igen Alkohol.

Wie hoch ist der Alkoholgehalt des vollen Kanisters, wenn als Restmenge Wasser verwendet wird?

6 „Dr. Kribbels Nerventee“ soll in 125-g-Päckchen zu jeweils 1,98 € verkauft werden. Für die Mischung verwendet Dr. Kribbel 6 kg von Sorte I mit einem kg-Preis von 19,65 € und 6 kg von Sorte II zum Preis von 16,15 € je kg. Dazu sollen noch 8 kg von einer III. Sorte zugemischt werden.

Welche Teequalität (kg-Preis) darf höchstens dazugegeben werden, wenn aus Wettbewerbsgründen der Verkaufspreis der Mischung gehalten werden muss?

7 Aus 4 Kaffeesorten soll eine Haushaltsmischung zusammengestellt werden. Der kg-Preis der einzelnen Sorten beträgt: Sorte I 8,30 €, Sorte II 8,70 €, Sorte III 9,25 €, Sorte IV 11,40 €.

a) Wie teuer sind 500 g der Mischung, wenn von Sorte I 6,4 kg, von Sorte II 5,6 kg, von Sorte III 5 kg und von Sorte IV 1 kg verwendet werden?

b) Berechnen Sie die Anzahl der Päckchen, wenn aus der einen Hälfte der Mischung 500-g-Päckchen und aus der anderen Hälfte 250-g-Päckchen abgefüllt werden sollen.

Vermischte Aufgaben zum Durchschnittsrechnen

1 Bäckermeister Karl Kurz verarbeitete in der ersten Oktoberwoche folgende Mehlmengen:

Wochentag	Roggenmehl	Weizenmehl
Montag	125,300 kg	242,750 kg
Dienstag	97,450 kg	198,650 kg
Mittwoch	176,740 kg	286,340 kg
Donnerstag	169,330 kg	312,220 kg
Freitag	154,250 kg	264,720 kg
Samstag	188,930 kg	297,320 kg

Wie viel kg Roggenmehl und wie viel kg Weizenmehl wurden in dieser Woche durchschnittlich je Arbeitstag verarbeitet?

2 Der Friseur von Bäckermeister Clever gewährt bei einem vollen „Frisurenpass“ einen Treue-Bonus. Dieser beträgt die Hälfte des Durchschnittspreises und wird der nächsten Frisur gutgeschrieben.

a) Wie hoch ist der Nachlass?

b) Wie viel muss Herr Clever noch bezahlen, wenn der reguläre Bedienungspreis 18,00 € beträgt?

Datum	Ausführender	Bed.-Preis	Stempel
17.9	Tina	26,00	Ovi's Friseursalon
1.8	Tina	16,00	Ovi's Friseursalon
26.11	Tina	16,00	Ovi's Friseursalon
13.1	Sabine	17,50	Ovi's Friseursalon
4.3	Tina	20,50	Ovi's Friseursalon
27.4	Tina	17,00	Ovi's Friseursalon
13.7	Sabine	23,00	Ovi's Friseursalon
8.9	Tina	17,00	Ovi's Friseursalon
7.10	Tina	17,00	Ovi's Friseursalon
26.11	Sabine	22,00	Ovi's Friseursalon
22.12	Tina	18,00	Ovi's Friseursalon
5.2	Tina	18,00	Ovi's Friseursalon
Summe			
Halber Durchschnitt und damit Gutschrift			

3 Herr Glück erbt ein Vierfamilienhaus, in dem verschiedene Mietpreise gezahlt werden.

Wohnung Nr. 1: 81 m^2 zu 5,40 € je m^2
Wohnung Nr. 2: 64 m^2 zu 6,20 € je m^2
Wohnung Nr. 3: 74 m^2 zu 4,95 € je m^2
Wohnung Nr. 4: 44 m^2 zu 6,45 € je m^2

Wie hoch ist der durchschnittliche Mietertrag je m^2?

4 Es wird eine Dörrobstmischung hergestellt. Hierzu werden verwendet:

30 kg Zwetschgen zu 5,20 € je kg,
4 kg Aprikosen zu 8,44 € je kg,
5 kg Äpfel zu 5,40 € je kg und
2 kg Pfirsiche zu 9,06 € je kg.

a) Wie viel kostet ein 200-g-Beutel?

b) Wie viele Beutel ergibt die Mischung?

5 Wie hoch ist die durchschnittliche jährliche Preissteigerung in Deutschland?

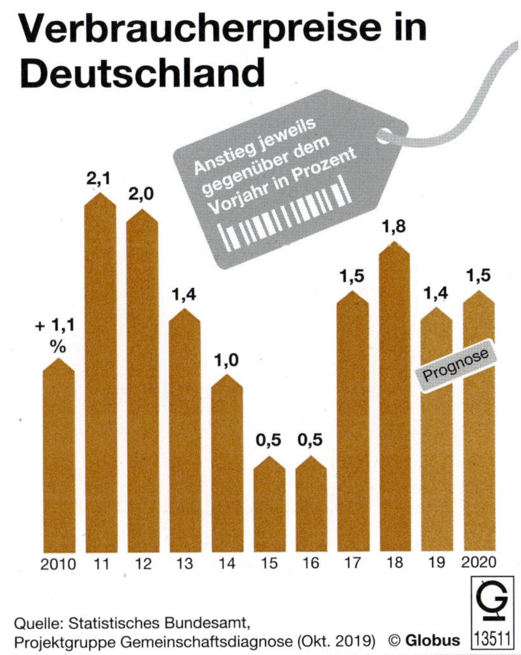

6 150 ℓ Alkohol von 70% werden mit 50 ℓ Wasser vermischt.

Wie viel Prozent hat die Mischung?

7 Berechnen Sie den Preis für 250 g einer Mischung, wenn Folgendes beachtet werden muss:

- von Sorte I, die 1,50 € pro 100 g kostet, werden 1 500 g verwendet,
- von Sorte II, die 2,00 € pro 125 g kostet, werden 1 750 g zugegeben,
- von Sorte III, die 13,50 € pro kg kostet, werden 1 400 g zugemischt.

8 12 kg Gebäckmischung zu 20,00 € je kg sollen zusammengestellt werden. Hierzu werden 3 Sorten gemischt: Sorte I 6 kg zu 18,00 € je kg, Sorte II 3,6 kg zu 19,00 € je kg.

Wie viel kg werden von der III. Sorte benötigt und was kostet diese je kg?

8.2 Das Mischungsrechnen

8.2.1 Mischung mit zwei Sorten

Beispiel: Eine Verkäuferin soll 2 Sorten Bonbons so mischen, dass 1 kg der Mischung für 15,00 € angeboten werden kann. Der Verkaufspreis von Sorte A beträgt 18,00 € je kg, Sorte B kostet 14,00 € je kg.

a) In welchem Verhältnis müssen die beiden Sorten gemischt werden?

b) Wie viel kg sind von jeder Sorte zu nehmen, wenn von der Mischung insgesamt 24 kg hergestellt werden sollen?

Lösung: a)

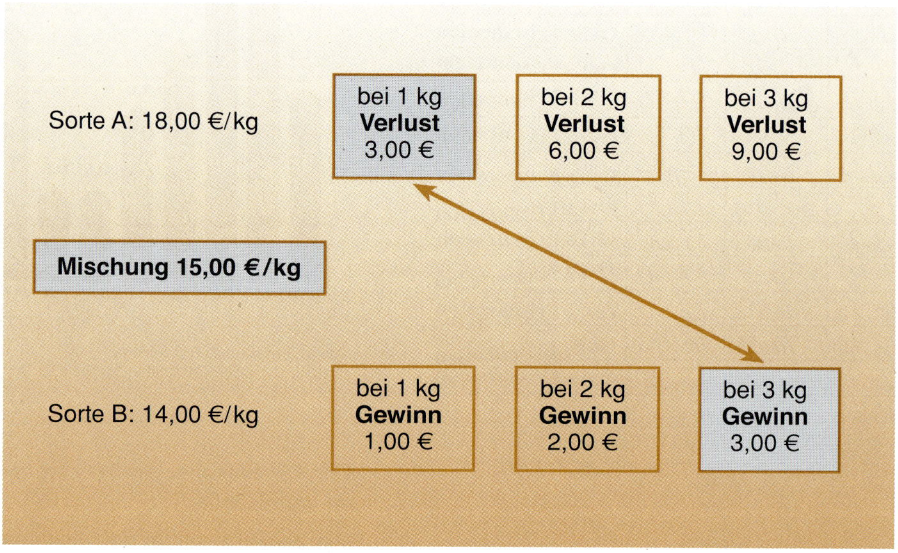

Sie sehen: Es müssen von jeder Sorte so viel kg verwendet werden, dass der Verlust, der sich bei Sorte A ergibt, genau durch den Gewinn bei der Sorte B ausgeglichen wird.

Es gilt: **Mischungsgewinn und Mischungsverlust müssen sich ausgleichen.**

In unserem Beispiel wird der Verlust bei 1 kg von Sorte A durch 3 kg von Sorte B ausgeglichen.

Man sagt: **Das Mischungsverhältnis ist 1 : 3**

b)

Sorte A:	1 Teil	=	6 kg
Sorte B:	3 Teile	=	18 kg
Gesamtmenge	4 Teile	=	24 kg
	1 Teil = $\frac{24}{4}$	=	6 kg

Ergebnis: Für eine Bonbonmischung von 24 kg benötigt man 6 kg von Sorte A und 18 kg von Sorte B.

Kurzlösung:

Sorte A:	18,00 €		1,00 € ≙ 1 Teil	= 6 kg
Mischung		15,00 €		
Sorte B:	14,00 €		3,00 € ≙ 3 Teilen	= 18 kg
			4 Teile	= 24 kg
			1 Teil	= 6 kg

Rechenweg:

1. **Stellen Sie das Schema auf.**
   ⇒ Die benötigte Mischung kommt in die Mitte.

2. **Berechnen Sie das Mischungsverhältnis.**
   ⇒ Hierzu stellen Sie die Differenzen zur Mischung fest und mischen sie „übers Kreuz", damit Mischungsgewinn und Mischungsverlust ausgeglichen sind. (Sofern möglich, kürzen.)

3. **Verteilen** Sie die Gesamtmenge nach dem ermittelten Mischungsverhältnis. (Siehe evtl. Kapitel „Das Verteilungsrechnen".)

Aufgaben

1 Ermitteln Sie das Mischungsverhältnis:

a) Sorte I: 2,10 €/kg,
   Sorte II: 1,40 €/kg,
   Mischungspreis 1,80 €/kg

b) Sorte I: 8,00 €/kg,
   Sorte II: 4,20 €/kg,
   Mischungspreis 6,00 €/kg

c) Sorte I: 1,42 €/kg,
   Sorte II: 1,68 €/kg,
   Mischungspreis 1,48 €/kg

2 Eine Teegebäckmischung wird zu 2,80 € je 100 g verkauft. Die Mischung besteht aus glasiertem Teegebäck zu 3,30 € je 100 g und gespritztem Teegebäck zu 2,40 € je 100 g.

In welchem Verhältnis sind die beiden Sorten zu mischen?

3 Eine Mischung aus Marzipanpralinen und Nougatpralinen soll für 5,20 € je 100 g verkauft werden.

In welchem Verhältnis muss gemischt werden, wenn die Marzipanpralinen 5,50 € je 100 g kosten und wenn der Preis der Nougatpralinen 5,05 € je 100 g beträgt?

4 Aus Sorte I zu 3,80 € je 100 g und Sorte II zu 1,40 € je 100 g sollen 2,8 kg Mischgebäck hergestellt werden, das für 3,20 € je 100 g verkauft werden soll.

a) Berechnen Sie das Mischungsverhältnis der beiden Sorten.

b) Berechnen Sie die Mengenanteile der Sorten.

5 Eine Bonbonmischung wird aus zwei Sorten zusammengestellt. Sorte I kostet 9,90 € je kg, Sorte II 7,50 € je kg.

a) Berechnen Sie das Mischungsverhältnis, wenn die Mischung 8,90 € je kg kosten soll.

b) Ermitteln Sie, wie viel kg von Sorte I genommen werden müssen, wenn von der II. Sorte noch ein Restbestand von 18 kg verarbeitet werden soll.

6 Für einen Teig werden 56 ℓ Wasser von 26 °C benötigt. Aus der Warmwasserleitung erhält man Wasser mit einer Temperatur von 50 °C, die Kaltwasserleitung liefert Wasser von 8 °C.

Ermitteln Sie die erforderlichen Warm- und Kaltwassermengen.

7 Wie viel Liter Wasser müssen 40 ℓ 75%igem Alkohol zugesetzt werden, damit 40%iger Alkohol entsteht?

8 Auf Wunsch eines Kunden soll eine Konditoreiverkäuferin zwei Pralinensorten so mischen, dass 100 g der Mischung 5,90 € kosten. Der Verkaufspreis von Sorte I beträgt 5,50 € je 100 g, der von Sorte II liegt bei 7,10 € je 100 g.

a) In welchem Verhältnis müssen die beiden Sorten gemischt werden?

b) Wie viel g werden von jeder Sorte benötigt, wenn der Kunde 400 g abgewogen haben möchte?

9 Die Verkaufsräume der Bäckerei-Konditorei Saubermann sollen desinfiziert werden. Die Auszubildende Erna Putzig soll deshalb 4 Liter einer 2,5%igen Desinfektionslösung herstellen. Zur Verfügung steht eine 40%ige Konzentration.

a) In welchem Verhältnis müssen Wasser und Desinfektionslösung gemischt werden?

b) Wie viel Liter Wasser und wie viel 40%ige Desinfektionslösung werden benötigt?

10 Für das Reinigen der Brotregale soll Wasser mit einer 3%igen Desinfektionslösung so vermischt werden, dass eine 0,5%ige Lösung entsteht.

a) Berechnen Sie das Mischungsverhältnis.

b) Welche Menge der 0,5%igen Lösung erhält man, wenn von der 3%igen Lösung noch 1,5 ℓ vorhanden sind?

11 Zwei Sorten Kaffee sollen gemischt werden: Sorte I zu 11,45 € je kg und Sorte II zu 12,70 € je kg. Die Mischung soll für 5,85 € je 500 g angeboten werden.

a) In welchem Verhältnis müssen die beiden Sorten gemischt werden?

b) Wie viel kg werden von jeder Sorte benötigt, wenn die Gesamtmenge der Mischung 28 kg betragen soll?

12 $6\,^3/_4$ ℓ 80%iger Alkohol sollen so verdünnt werden, dass der Alkoholgehalt noch 54 % beträgt.

a) Wie ist das Mischungsverhältnis?

b) Wie viel Liter Wasser müssen zugegeben werden?

c) Wie viel Flaschen zu 200 cm^3 können mit der Mischung gefüllt werden?

13 Aus einem Restbestand von 15 kg einer Gebäcksorte, die 18,00 € je kg kostet, soll unter Verwendung einer zweiten Sorte eine Gebäckmischung hergestellt werden. Die Mischung soll in 200-g-Beuteln zu jeweils 4,40 € verkauft werden.

a) Wie viel kg müssen von der zweiten Sorte zugegeben werden, wenn diese 2,80 € je 100 g kostet?

b) In welchem Verhältnis werden die Gebäcksorten vermischt?

c) Wie viel 200-g-Beutel können abgepackt werden?

14 Aus 2 Mehlsorten sollen 160 kg Mischmehl zum Preis von 29,00 € je 100 kg zusammengestellt werden. 50 kg der ersten Mehlsorte kosten 13,00 €, der Kilopreis der zweiten Sorte beträgt 0,32 €.

a) Ermitteln Sie das Mischungsverhältnis.

b) Wie viel kg müssen von jeder Mehlsorte abgewogen werden?

15 Um Milchbrötchen herzustellen, werden laut Rezeptur 31 ℓ (kg) Vollmilch (= 3,5 % Fettgehalt) benötigt. Da Bäckermeister Fuchs keine Vollmilch mehr vorrätig hat, verwendet er Magermilch (= 0,3 % Fett), die er mit Butterreinfett (= 99,5 % Fett) auf den erforderlichen Fettgehalt einstellt.

Wie viel kg Butterreinfett und wie viel Liter Magermilch benötigt Meister Fuchs anstelle der vorgesehenen 31 ℓ Vollmilch?

8.2.2 Mischung mit mehr als 2 Sorten

Beispiel: In der Konditorei Knobel wird eine Pralinenmischung aus 5 Sorten verkauft. Die Mischung kostet 54,00 € je kg und besteht aus folgenden Sorten:

Sorte I:	Haselnuss-Häufchen	zu 49,00 € je kg
Sorte II:	Pistazienpralinen	zu 51,00 € je kg
Sorte III:	Mandelsplitter	zu 52,00 € je kg
Sorte IV:	Weinbrandbohnen	zu 56,00 € je kg
Sorte V:	Champagner-Trüffel	zu 59,00 € je kg

In welchem Verhältnis müssen die Sorten gemischt werden und wie viel kg sind von jeder Sorte zu nehmen, wenn von der Mischung insgesamt 14,350 kg hergestellt werden sollen?

Lösung: Werden 3 oder mehr Sorten gemischt, dann ergeben sich unendlich viele Mischungsverhältnisse. Der vorgestellte Lösungsweg ist zwar das übliche Rechenverfahren, dennoch zeigt auch er nur ein mögliches Mischungsverhältnis von vielen anderen Möglichkeiten. Wie beim Mischen mit 2 Sorten wird zunächst für jede Sorte der Preisunterschied zum Mischungspreis ermittelt.

Auch hier gilt:
Mischungsgewinn und Mischungsverlust müssen sich ausgleichen.

Das heißt, die **Summe der Gewinne** von allen gewinnbringenden Sorten muss durch die **Summe der Verluste** aller verlustbringenden Sorten ausgeglichen werden. Dieser Ausgleich ergibt sich, wenn **über Kreuz** gemischt wird. Man erhält dadurch Mischungsverhältnisse, in denen alle „verlustbringenden Sorten“ die gleichen Mischungsanteile erhalten. Ebenso erhalten alle „gewinnbringenden Sorten“ die gleichen Mischungsanteile.

Lösung mit dem Mischungskreuz:

Sorten	Mischung	Differenzen		Teile		Menge
Sorte I : 49,00 €		2 }	7	7 Teile Sorte I	=	2,450 kg
Sorte II : 51,00 €		5 }		7 Teile Sorte II	=	2,450 kg
Sorte III: 52,00 €				7 Teile Sorte III	=	2,450 kg
Mischung	54,00 €					
Sorte IV: 56,00 €		5 }	10	10 Teile Sorte IV	=	3,500 kg
Sorte V: 59,00 €		3 }		10 Teile Sorte V	=	3,500 kg
		2 }				
				41 Teile	=	14,350 kg
				1 Teil = $\frac{14,350}{41}$	=	0,350 kg

Ergebnis: Das Mischungsverhältnis ist 7 : 7 : 7 : 10 : 10. Für die Mischung werden je 2,450 kg von Sorte I, II und III benötigt sowie jeweils 3,500 kg von den Sorten IV und V.

Rechenweg:

1. **Stellen Sie das Schema auf.**

⇒ Die benötigte Mischung kommt in die Mitte, d. h., sie steht zwischen den Sorten, die einen Gewinn erbringen, und den Sorten, die einen Verlust verursachen.

2. **Berechnen Sie das Mischungsverhältnis.**

⇒ Hierzu stellen Sie die Differenzen zur Mischung fest und mischen „übers Kreuz“.

⇒ Alle Werte der gewinnbringenden Sorten werden zusammengefasst; ebenso die Werte der verlustbringenden Sorten.
(Sofern möglich, kürzen.)

⇒ Alle gewinnbringenden Sorten erhalten die gleichen Mischungsanteile, ebenso erhalten alle verlustbringenden Sorten die gleichen Mischungsanteile.

3. **Verteilen** Sie die Gesamtmenge nach dem ermittelten Mischungsverhältnis. (Siehe evtl. Kapitel „Das Verteilungsrechnen“.)

Aufgaben

1 In der Bäckerei Mahler wird eine Teegebäckmischung aus 3 Sorten hergestellt.
100 g der Mischung werden für 1,59 € verkauft. Die Preise der einzelnen Sorten betragen 1,69 € je 100 g, 1,64 € je 100 g und 1,29 € je 100 g.

Berechnen Sie das Mischungsverhältnis für die verwendeten Sorten der Mischung.

2 Der Inhalt einer Geschenkpackung Pralinen besteht aus Nougatecken zu 5,90 € je 100 g, Nussplätzchen zu 5,22 € je 100 g, Krokantschnitten zu 5,70 € je 100 g und Mandelhäufchen zu 5,98 € je 100 g.

In welchem Verhältnis muss gemischt werden, wenn eine 250-g-Geschenkpackung 14,40 € kosten soll?

3 Ermitteln Sie das Mischungsverhältnis sowie die jeweils benötigten Mengen.

	Mischungspreis	gewünschte Menge	verwendete Sorten
a)	20,00 € je kg	15 kg	Sorte I: 16,00 € je kg Sorte II: 18,00 € je kg Sorte III: 22,00 € je kg Sorte IV: 24,00 € je kg Sorte V: 30,00 € je kg
b)	1,25 € je 100 g	7800 g	Sorte I: 0,85 € je 100 g Sorte II: 0,95 € je 100 g Sorte III: 1,20 € je 100 g Sorte IV: 1,45 € je 100 g Sorte V: 1,55 € je 100 g

4 Für eine Weihnachtsgebäckmischung werden Anisplätzchen (1,30 € pro 100 g), Spritzgebäck (1,55 € pro 100 g) und Vanillekipferl (1,59 € pro 100 g) gemischt.

a) In welchem Verhältnis müssen die einzelnen Sorten gemischt werden, wenn die Mischung für 1,85 € je 125-g-Beutel verkauft werden soll?

b) Es sollen 60 Päckchen zu je 125 g hergestellt werden. Berechnen Sie, welche Mengen der einzelnen Sorten benötigt werden.

5 Eine Pralinenmischung, die zu 5,90 € je 100 g verkauft werden soll, besteht aus

Williamskugeln	zu 6,80 € je 100 g,
Weinbrandbohnen	zu 5,50 € je 100 g und
Nusshäufchen	zu 3,90 € je 100 g.

a) Ermitteln Sie das Mischungsverhältnis.

b) In welchem Verhältnis sind die 3 Sorten zu mischen, wenn doppelt so viele Weinbrandbohnen wie Nusshäufchen in der Mischung enthalten sein sollen?

6 Aus 5 verschiedenen Gebäcksorten soll eine Mischung Teegebäck von 4,5 kg hergestellt werden. Die Mischung soll für 2,00 € je 100 g verkauft werden. Sorte I kostet 2,80 € je 100 g, Sorte II 2,70 € je 100 g, Sorte III 2,30 € je 100 g, Sorte IV 1,80 € je 100 g und Sorte V 1,60 € je 100 g.

a) Wie lautet das Mischungsverhältnis?

b) Wie viel g werden von jeder Sorte benötigt?

7 In der Bäckerei-Konditorei Schmackes wird aus Haselnusssplittern zu 4,80 € je 100 g, Mandelhäufchen zu 5,50 € je 100 g und Walnusspralinen zu 5,80 € je 100 g eine Pralinenmischung hergestellt, die für 5,40 € je 100 g verkauft werden soll.

a) In welchem Verhältnis müssen die drei Sorten gemischt werden, damit der gewünschte Verkaufspreis erzielt wird?

b) Wie viel Päckchen dieser Pralinenmischung zu je 250 g können hergestellt werden, wenn noch 1,8 kg Mandelhäufchen vorrätig sind?

Zusammenfassende Übungen zum Durchschnitts- und Mischungsrechnen

1 Eine Mischung Teegebäck besteht aus:

- 3 kg Teegebäck zu 1,90 € je 100 g
- 2,5 kg Teegebäck zu 2,10 € je 125 g
- 7 500 g Teegebäck zu 17,25 € je kg

Wie teuer ist ein 125-g-Päckchen der Mischung?

2 Eine Pralinenmischung, die für 5,60 € je 100 g verkauft wird, besteht aus der Sorte I zu 5,40 € je 100 g und der Sorte II zu 6,10 € je 100 g.

Ermitteln Sie, in welchem Verhältnis die beiden Sorten gemischt worden sind.

3 Eine Mehlmischung für Roggenmischbrot 80 : 20 enthält 8 kg Weizenmehl.

a) Wie viel kg Roggenmehl enthält die Mischung?

b) Wie viel kg umfasst die fertige Mischung?

4 Für eine Mischung Weihnachtsgebäck werden 2 Sorten gemischt. Sorte I kostet 2,25 € je 100 g, Sorte II kostet 1,50 € je 100 g.

In welchem Verhältnis müssen die beiden Sorten gemischt werden, wenn der Mischungspreis 1,75 € je 100 g betragen soll?

5 Aus Unachtsamkeit hat Geselle Hannes bereits 20 ℓ kaltes Wasser, das eine Temperatur von 8 °C hat, in den Kneter laufen lassen. Für den Brötchenteig, der jetzt hergestellt werden soll, benötigt er 32 ℓ Wasser mit einer Temperatur von 26 °C.

Wie warm müssen die restlichen 12 ℓ Wasser sein, damit für die Gesamtmenge die benötigte Temperatur von 26 °C erreicht wird?

6 Aus 5 Pralinensorten wird eine Mischung zusammengestellt, die für 4,50 € je 100 g verkauft werden soll. Sorte I kostet 41,25 € je kg, Sorte II 44,25 € je kg, Sorte III 4,80 € je 100 g, Sorte IV 51,00 € je kg und Sorte V 5,40 € je 100 g.

a) In welchem Verhältnis muss gemischt werden?

b) Wie viel wird von jeder Sorte benötigt, wenn von der Mischung 7 kg hergestellt werden sollen?

c) Welche Mengen ergeben sich, wenn von Sorte I ein Rest von 5 kg verarbeitet werden soll?

7 Für die Herstellung von Punschtorten benötigt Konditormeister Schleckermann 45%igen Rum. Im Lager befindet sich aber nur noch 80%iger Rum.

a) In welchem Verhältnis muss Meister Schleckermann Wasser und 80%igen Rum mischen, damit er 45%igen erhält?

b) Wie viel ℓ 45%igen Rum kann er herstellen, wenn noch 1,35 ℓ 80%iger Rum vorrätig sind?

8 Eine Spritzgebäckmischung wird zu 1,75 € je 100 g verkauft. Die Mischung besteht aus 2 Sorten, wobei Sorte I 1,95 € je 100 g und Sorte II 1,45 € je 100 g kostet.

Berechnen Sie das Mischungsverhältnis der beiden Sorten in der fertigen Spritzgebäckmischung.

9

a) Wie sind drei Gebäcksorten zu mischen, damit 4,5 kg der Mischung einen kg-Preis von 14,95 € erzielen, wenn der Kilopreis von Sorte I bei 17,50 € liegt, der von Sorte II bei 16,40 € und der von Sorte III bei 13,95 €?

b) Welche Mengen werden von den einzelnen Sorten benötigt?

10 Zu Weihnachten wird eine Gebäckmischung aus Zimtsternen, Spitzkuchen, Basler Leckerli und Elisenlebkuchen vorbereitet. 100 g der fertigen Mischung sollen 2,20 € kosten. Für die einzelnen Sorten gelten folgende Preise je 100 g: Zimtsterne 1,70 €, Spitzkuchen 2,85 €, Basler Leckerli 2,00 € und Elisenlebkuchen 2,95 €.

Berechnen Sie die Mengenanteile der einzelnen Gebäcksorten für 166,5 kg Weihnachtsgebäckmischung.

9 Das Prozentrechnen

In einer Berufsschule nahmen 160 Auszubildende an einer schulzahnärztlichen Untersuchung teil. 48 davon besaßen ein gesundes Gebiss.

Im Vorjahr waren es 63 von 180 Auszubildenden, die gesunde Zähne hatten.

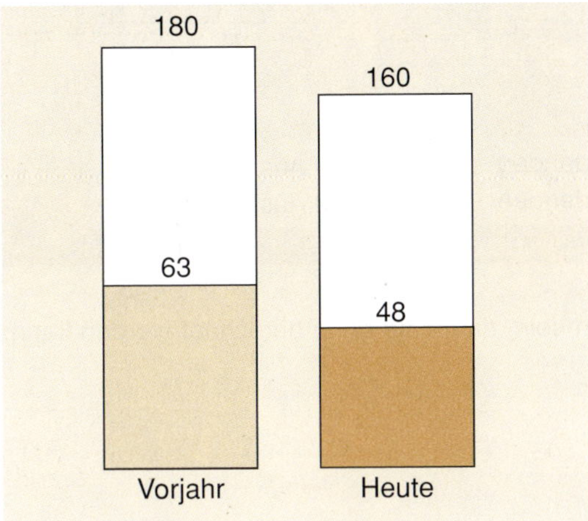

Der Schulzahnarzt, der beide Untersuchungsergebnisse vergleicht, stellt sich die Frage: Ist der Anteil der Auszubildenden mit gesundem Gebiss gestiegen?

Beide Untersuchungsergebnisse wären auf Anhieb nur dann vergleichbar, wenn die Zahl der Untersuchten gleich groß wäre. Ist dies – wie in unserem Beispiel – nicht der Fall, dann muss die Vergleichbarkeit erst geschaffen werden.

Bei der **Prozentrechnung** werden Zahlenwerte zur **Vergleichszahl 100** in Beziehung gesetzt. (lateinisch: pro centum = für hundert)

Lösung mithilfe des Dreisatzes:

180 Auszubildende = 63 gesundes Gebiss
100 Auszubildende = x gesundes Gebiss

$$x = \frac{63 \cdot 100}{180} = \underline{\underline{35}}$$

Von 100 Auszubildenden hatten 35 ein gesundes Gebiss.

$35 \text{ von } 100 = \frac{35}{100} = 35\,\%$

160 Auszubildende = 48 gesundes Gebiss
100 Auszubildende = x gesundes Gebiss

$$x = \frac{48 \cdot 100}{160} = \underline{\underline{30}}$$

Von 100 Auszubildenden hatten 30 ein gesundes Gebiss.

$30 \text{ von } 100 = \frac{30}{100} = 30\,\%$

Beachten Sie:

Die Prozentrechnung ist eine Vergleichsrechnung, bei der die Zahl 100 als Vergleichszahl dient. Für Prozent schreibt man abgekürzt das %-Zeichen oder v. H. (vom Hundert).

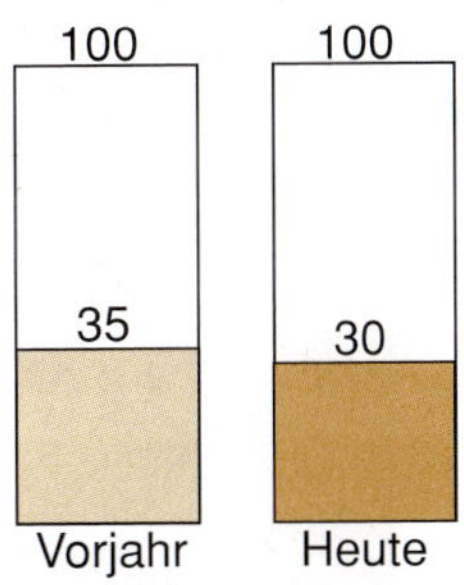

In der Prozentrechnung werden 3 Größen unterschieden:

Prozentsatz Er gibt die Anzahl der Teile von 100 an		**Grundwert** Er entspricht dem Ganzen oder 100 Hunderstel, also 100 %		**Prozentwert** Er ist ein Teil des Grundwertes, also des Ganzen
z. B.		z. B.		z. B.
35 %	von	180 Auszubildenden	=	63 Auszubildende
30 %	von	160 Auszubildenden	=	48 Auszubildende

Von diesen drei Größen müssen immer zwei gegeben sein, damit die dritte berechnet werden kann.

9.1 Berechnen des Prozentwertes

Beispiel: Meisterin Schnell erhält die Rechnung über 3975,00 € für das gelieferte Fettbackgerät. Bei Bezahlung innerhalb von 10 Tagen werden 2 % Skonto eingeräumt.

Wie viel € Skonto kann die Bäckermeisterin bei rechtzeitiger Zahlung von der Rechnung abziehen?

Lösung mit Dreisatz:

$$100\,\% = 3975{,}00\,€$$
$$2\,\% = x\,€$$

$$x = \frac{3975{,}00 \cdot 2}{100} = \underline{\underline{79{,}50\,€}}$$

Prozentrechnungen sind Dreisatzrechnungen mit geradem Verhältnis. Somit lässt sich folgende Formel ableiten:

$$\textbf{Prozentwert} = \frac{\text{Grundwert} \cdot \text{Prozentsatz}}{100}$$

Aufgaben

1 Wie viel sind

a) 6 % von 6 348,20 €,
b) $8^1/_2$ % von 5 437,25 €,
c) 37 % von 1 743,53 €,
d) 8,23 % von 15 250,00 €,
e) $15^2/_3$ % von 1 849,75 €,
f) 18,42 % von 318,20 €?

2 Der Inhaber des Bahnhofscafés räumt seinen Angestellten 8 % Personalrabatt ein. Martina kauft verschiedene Waren.

Wie viel € hat sie zu bezahlen, wenn der Ladenpreis 44,95 € beträgt?

3 Eine Gebäckfüllmaschine kostet 238,50 €. Ein Bäcker, der ein Modell mit 2 Kolben wünscht, muss 35 % Aufpreis bezahlen.

Ermitteln Sie den Preis für ein Modell mit 2 Kolben.

4 Das Bruttogehalt einer Verkäuferin beträgt 1 680,00 €. Durch Tarifvertrag erfolgt eine Erhöhung um 4,75 %.

Wie hoch ist jetzt das Monatsgehalt?

5 Im Jahr 2019 betrug das Abfallaufkommen in Deutschland rund 416,5 Millionen Tonnen (t).

Ermitteln Sie anhand des Schaubilds (rechts), wie viel Müll (in Mio. t)

a) auf einer Deponie gelagert
b) zur Beseitigung behandelt
c) verbrannt
d) zur Energiegewinnung verbrannt
e) recycelt

wurde.

6 Herr Pfeiffer benötigt 80 neue Stühle für sein Café. Er vergleicht deshalb drei verschiedene Angebote:

Angebot 1: 4 480,00 € (bar bei Lieferung)
Angebot 2: 4 960,00 € (mit 8,5 % Rabatt)
Angebot 3: 4 600,00 € (mit 3 % Skonto)

Ermitteln Sie, welches Angebot bei sonst gleichen Konditionen das günstigste ist.

7 Bei der Auszahlung eines Darlehens von 3 750,00 € wird eine Vermittlungsprovision in Höhe von 2 % abgezogen. Wie viel € erhält der Darlehensnehmer ausbezahlt?

8 Ein Konditor erwirbt auf einer Fachmesse eine elektrische Anschlagmaschine, die mit 425,00 € in der Preisliste steht. Wie viel € sind zu zahlen, wenn der Hersteller $23^3/_4$ % Messerabatt gewährt?

9 Konditormeisterin Schlecker kauft auf einer Messe eine Kuchentheke. Der Listenpreis beträgt 18 750,00 €. Sie erhält einen Messerabatt in Höhe von 7,5 %. Wie viel € muss sie für die Kuchentheke bezahlen?

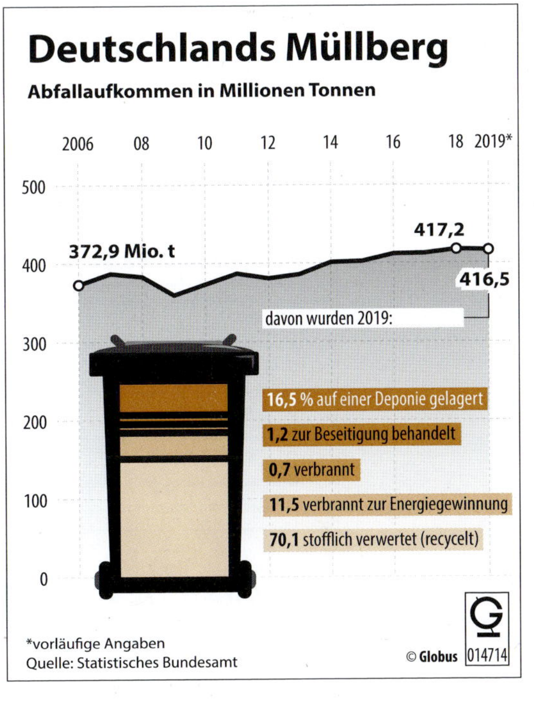

10 Ein Roggenmischbrot enthält nach dem Backen noch 31,5 % Wasser.

Wie viel g Wasser sind in 750 g Brot enthalten?

11 100 kg Weizenmehl kosteten bisher 37,00 €. Inzwischen muss man dafür 6 % mehr bezahlen.

a) Um wie viel € hat sich der Preis für 100 kg Mehl erhöht?

b) Wie viel kosten 1 250 kg Mehl nach der Preiserhöhung, wenn bei Barzahlung 2 % Skonto gewährt werden?

Rechenvorteile bei bequemen Prozentsätzen

Beispiel: Von einer Rechnung über 2 150,00 € werden 25 % Messerabatt abgezogen. Wie hoch ist der Rabattbetrag?

Herkömmlicher Rechenweg:

$$\textbf{Prozentwert} = \frac{\text{Grundwert} \cdot \text{Prozentsatz}}{100}$$

$$\textbf{Prozentwert} = \frac{2\,150{,}00\ € \cdot 25}{100} = \underline{\underline{537{,}50\ €}}$$

Vereinfachter Rechenweg:

Die Berechnung des Prozentwertes kann durch die Berücksichtigung von **bequemen Prozentsätzen** vereinfacht werden. So sind z. B. 50 % die Hälfte einer Zahl, 25 % ein Viertel, 75 % entsprechen $^3/_4$ usw. Dadurch lässt sich unser Eingangsbeispiel folgendermaßen vereinfachen:

$$25\ \% = \frac{25}{100} = \frac{1}{4} \Rightarrow 25\ \%\ \text{von}\ 2\,150{,}00\ € = 2\,150{,}00\ € : 4 = \underline{\underline{537{,}50\ €}}$$

Bequeme Prozentsätze

1 % = $^1/_{100}$	$4^1/_6$ % = $^1/_{24}$	$14^2/_7$ % = $^1/_7$
$1^1/_4$ % = $^1/_{80}$	5 % = $^1/_{20}$	$16^2/_3$ % = $^1/_6$
$1^1/_3$ % = $^1/_{75}$	$6^1/_4$ % = $^1/_{16}$	20 % = $^1/_5$
$1^2/_3$ % = $^1/_{60}$	$6^2/_3$ % = $^1/_{15}$	25 % = $^1/_4$
2 % = $^1/_{50}$	$8^1/_3$ % = $^1/_{12}$	$33^1/_3$ % = $^1/_3$
$2^1/_2$ % = $^1/_{40}$	10 % = $^1/_{10}$	50 % = $^1/_2$
$3^1/_3$ % = $^1/_{30}$	$11^1/_9$ % = $^1/_9$	$66^2/_3$ % = $^2/_3$
4 % = $^1/_{25}$	$12^1/_2$ % = $^1/_8$	75 % = $^3/_4$

Weitere Beispiele:

20 % von 350,00 € = 350,00 € : 5 = $\underline{\underline{70{,}00\ €}}$

$2^1/_2$ % von 940,00 € = 940,00 € : 40 = $\underline{\underline{23{,}50\ €}}$

Aufgaben

1 Ermitteln Sie mithilfe von bequemen Prozentsätzen:

a) 25 % von 2 370,00 €,
b) $12^1/_2$ % von 820,00 €,
c) $4^1/_6$ % von 5 628,00 €,
d) $16^2/_3$ % von 19 782,30 €,
e) $1^1/_3$ % von 224 532,00 €,
f) $11^1/_9$ % von 112,50 €.

2 Der Chor der Bäckerinnung Berghausen bestand im Mai aus 49 Mitgliedern. Nach einem Galaabend in der Berghausener Stadthalle erhöhte sich im Juni die Zahl um $14^2/_7$ %.
Wie viele Mitglieder waren dies?

3 Konditormeisterin Baum erhält eine Rechnung über 495,00 €. Von dem Rechnungsbetrag kann sie $2^1/_2$ % Skonto abziehen.

Ermitteln Sie, welchen Betrag sie von der Rechnung abziehen kann.

4 Eine Eistütenablage für 3 gefüllte Eistüten kostet 20,40 €. Für die Ausführung zum Abstellen von 4 Eistüten müssen $16^2/_3$ % Aufpreis bezahlt werden.

Wie teuer ist das Modell zum Abstellen von 4 Eistüten?

5 Ein Rechnungsbetrag beläuft sich auf 698,50 €.

Wie hoch ist der Zahlungsbetrag, wenn $8^1/_3$ % Rabatt gewährt werden?

6 Für den Kauf eines Gebrauchtwagens nimmt ein Bäckergeselle einen Kredit über 4 875,00 € auf. Die Bank berechnet eine Restschuldversicherung von $1^2/_3$ %. Diese wird bei Auszahlung des Kredits abgezogen.

a) Wie hoch ist die Restschuldversicherung in €?
b) Welchen Betrag erhält der Kreditnehmer ausbezahlt?

9.2 Berechnen des Prozentsatzes

Beispiel: Der Monatslohn eines Gesellen von 1 500,00 € wird um 120,00 € erhöht.
Wie viel % beträgt die Erhöhung?

Lösung mit Dreisatz:

$$1\,500{,}00\ € = 100\ \%$$
$$120{,}00\ € = x\ \%$$

$$x = \frac{120 \cdot 100}{1\,500} = \underline{\underline{8\ \%}}$$

$$\textbf{Prozentsatz} = \frac{\text{Prozentwert} \cdot 100}{\text{Grundwert}}$$

Aufgaben

1 Um wie viel % wurden die Preise jeweils reduziert?

	Alter Preis	Neuer Preis
a)	345,00 €	293,25 €
b)	840,00 €	693,00 €
c)	248,00 €	212,00 €
d)	470,00 €	420,00 €

2 Als Anerkennung für gute Arbeitsleistungen erhöht ein Konditor das Gehalt seiner Verkäuferin von 1 640,00 € auf 1 845,00 €.

Geben Sie an, um wie viel Prozent das Gehalt erhöht wurde.

3 Die Konsumgüterausgaben der privaten Haushalte in Deutschland betrugen im Jahr 2018 insgesamt 1678 Mrd. Euro.

Wie viel Prozent entfielen jeweils auf folgende Ausgaben?

a) Wohnung, Wasser, Heizung, Strom
b) Verkehr, Telekommunikation
c) Essen, Trinken, Takakwaren
d) Freizeit, Unterhaltung, Kultur
e) Möbel, Hausrat
f) Hotels, Gaststätten
g) Bekleidung, Schuhe

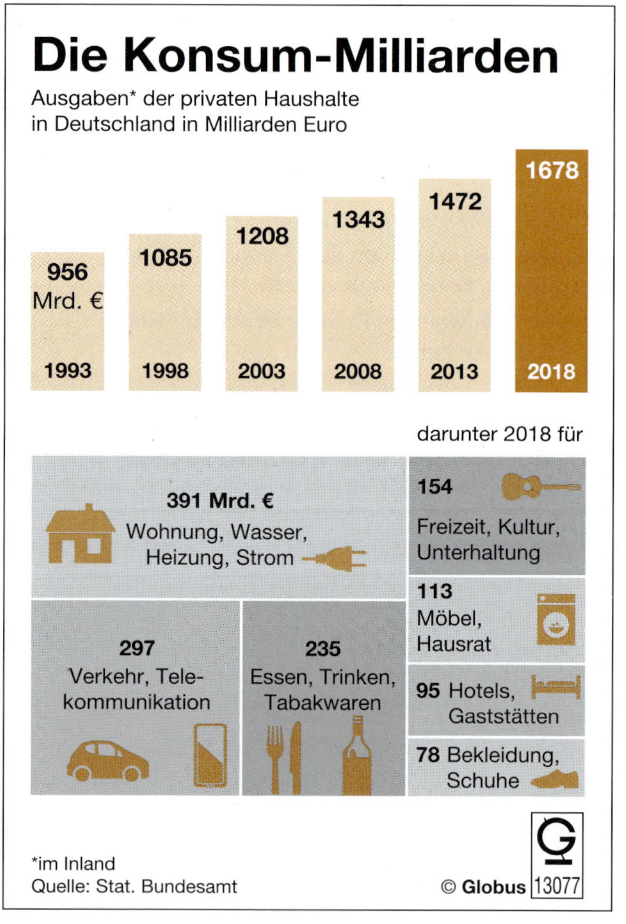

4 Die Renovierung eines Cafés wurde mit 35 000,00 € veranschlagt. Nach Fertigstellung sämtlicher Arbeiten ergab sich ein Betrag von 42 378,15 €.

Um wie viel Prozent wurde der Kostenvoranschlag überschritten?

5 Weltweit lebten im Jahr 2017 rund 356 Millionen Kinder und Jugendliche in extremer Armut.

Wie viel Prozent entfielen auf

a) Subsahara-Afrika
b) Südasien
c) Ostasien, Pazifik
d) Lateinamerika, Karibik
e) Naher Osten, Nordafrika
f) Europa, Zentralasien

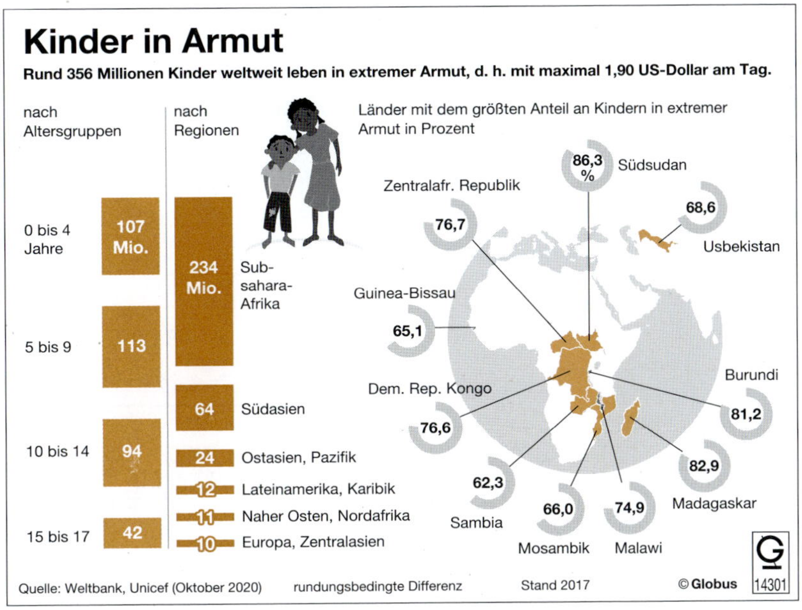

6 Waschlotion zur Händereinigung wird in zwei verschiedenen Größen angeboten:

1-Liter-Flaschen zu 9,40 €
5-Liter-Kanister zu 41,50 €

Wie viel € muss ein Bäcker aufwenden, wenn er anstatt eines 5-Liter-Kanisters die gleiche Menge in Liter-Flaschen bezieht?

Berechnen Sie zusätzlich die Ersparnis in % beim Kauf eines 5-Liter-Kanisters.

7 Eine Dose mit 400 g einer Bonbonmischung kostet 7,25 €. Die Herstellerfirma nimmt eine verdeckte Preiserhöhung vor, indem sie die Dose im Aussehen belässt, sie jedoch geschickt verkleinert. Die Dose fasst jetzt nur noch 350 g, kostet aber nach wie vor den gleichen Preis.

Ermitteln Sie die tatsächliche Preiserhöhung in Prozent.

8 Die Herstellungskosten für ein Brot betragen 2,40 €. Das Brot wird für 3,20 € verkauft.

Berechnen Sie den Unterschied in € und in %, bezogen auf den Verkaufspreis.

9 Von ihrem Monatslohn in Höhe von 1 760,00 € spart Karin 220,00 €.

Wie viel % ihres Monatslohnes spart sie?

10 Im Café „Schönblick“ bezahlte ein Gast seine Rechnung in Höhe von 8,55 € mit einem 10-€-Schein.

Wie viel % Trinkgeld hat er gegeben, wenn er 1,00 € zurückhaben wollte?

11 Bäckermeisterin Hitzler sparte beim Kauf einer kompletten Backanlage 1 625,00 €. Normalerweise hätte die Anlage 25 000,00 € gekostet.

Wie viel % hat sie gespart?

9.3 Berechnen des Grundwertes

Beispiel: Eine Bäckereiverkäuferin erhält eine Gehaltserhöhung von 6 % bzw. 78,00 €. Wie hoch war ihr früheres Gehalt?

Lösung mit Dreisatz:

$$6\,\% = 78{,}00\,€$$
$$100\,\% = x\,€$$

$$x = \boxed{\frac{78{,}00 \cdot 100}{6}} = \underline{\underline{1\,300{,}00\,€}}$$

$$\textbf{Grundwert} = \frac{\text{Prozentwert} \cdot 100}{\text{Prozentsatz}}$$

Aufgaben

1 Berechnen Sie den Grundwert:

a) 10 % = 112,00 €,

b) 15 % = 450,00 €,

c) $66^2/_3$ % = 120,00 €,

d) 75 % = 2 250,00 €,

e) 9 % = 145,80 €,

f) 2 % = 471,75 €.

2 Der Preis für ein Weizenmischbrot wurde um 0,15 € gesenkt. Das waren 6 % des vorherigen Preises.

Wie teuer war das Weizenmischbrot vor der Preissenkung?

3 Zum Jahresanfang lässt Martina auf ihrem Sparbuch die Zinsen nachtragen. Bei einem Zinssatz von $1^1/_2$ % erhält sie 31,20 € Zinsen gutgeschrieben.

Welche Höhe hatte das Sparguthaben zu Beginn des alten Jahres?

4 Von den Mitarbeitern einer Konditorei sind andauernd 3 Personen entweder erkrankt, in der Berufsschule oder im Urlaub. Dies sind 18,75 % des Personals.

Wie viele Personen sind in der Konditorei beschäftigt?

5 Ein Schrank wird mit leichten Beschädigungen geliefert. Der Lieferant räumt daraufhin einen Preisnachlass von 15 % ein. Dies entspricht 217,50 €.

Wie hoch war der ursprüngliche Kaufpreis?

6 Im letzten Geschäftsjahr erwirtschaftete die Konditorei Waldeck einen Gewinn von 31 450,00 €. Dies waren 8,5 % des Umsatzes.

Ermitteln Sie den Umsatz der Konditorei Waldeck.

7 Die tropischen Regenwälder sind in Gefahr. Allein in Brasilien werden jedes Jahr rund 112600 km² gerodet. Das sind 20 % der Gesamtrodung der ganzen Welt.

Wie viel km² Regenwald werden weltweit jedes Jahr vernichtet?

8 Claudio erwirbt im Schlussverkauf eine Jacke, die um 93,00 € oder 37,5 % reduziert wurde.

Ermitteln Sie den vorherigen Verkaufspreis und den reduzierten Preis.

Vermischte Aufgaben

1 Berechnen Sie die jeweils fehlende Größe:

a) 5 % von 840,00 €,

b) $12^1/_2$ % von 284,20 €,

c) 60,00 € von 960,00 €,

d) 8 % entsprechen 382,00 €,

e) 75 % von 2 ℓ,

f) 30 Kunden von 125 Kunden,

g) 30,95 € entsprechen 2,5 %.

2 Berechnen Sie den Prozentsatz:

a) 3,60 € von 120,00 €,

b) 15,12 € von 168,00 €,

c) 10 Schülerinnen von 25 Schülerinnen,

d) 18,2 kg von 52 kg,

e) 12,00 € von 192,00 €,

f) 568,80 € von 3 160,00 €.

3 Die bestellte Werbeanzeige wird in der falschen Ausführung gedruckt. Die Bäckermeisterin erhält deshalb einen Preisnachlass von 16 % bzw. 50,80 €.

a) Wie hoch war der ursprüngliche Rechnungsbetrag?

b) Welche Größe der Prozentrechnung wurde ermittelt?

4 Männer verdienen mehr als Frauen. Ermitteln Sie in % und in €, wie viel der Verdienst der Frauen unter dem der Männer liegt.

a) für Finanz- und Versicherungsdienstleistungen

b) für den Handel

c) für das Gastgewerbe

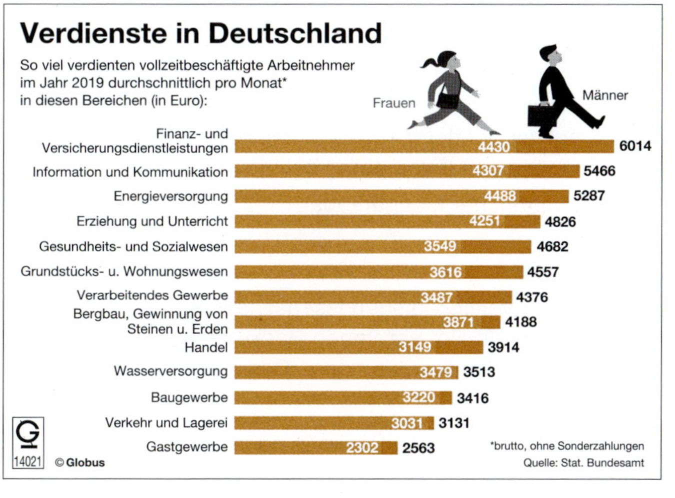

5 Bei einem Umsatz von 76856,00 € erhält ein Vertreter eine Umsatzprovision von 2689,96 € ausbezahlt.

a) Wie viel % seines Umsatzes beträgt diese Provision?

b) Nach welcher Größe der Prozentrechnung wurde gefragt?

6 Ein Konditor bezahlt für die zwei Schaufenster seiner Konditorei jährlich 117,60 € Glasversicherungsprämie.

Wie hoch ist die Versicherungsprämie in %, wenn die Schaufenster zusammen einen Wert von 4200,00 € haben?

7 „Sie sollten noch diesen Monat bestellen, damit Sie die Preiserhöhung von 4,5 % sparen. Das sind immerhin 89,75 €“, meint ein Vertreter.

Wie viel € macht die Bestellung aus?

8 Der Preis für ein Baguette wird von 2,50 € auf 2,80 € erhöht.

Wie viel % beträgt die Preiserhöhung?

9 Nach einer Tariferhöhung von 4,8 % erhält eine Bäckereiverkäuferin 76,80 € mehr Gehalt. Zusätzlich zahlt ihr Arbeitgeber freiwillig 15 % auf das neue Tarifgehalt.

Ermitteln Sie das neue Bruttogehalt.

10 Frau Baum bestellt 80 Flaschen Wein. Der Lieferant legt der Sendung 4 Flaschen unberechnet als Mengenrabatt (Draufgabe) bei.

Wie viel % beträgt der Mengenrabatt?

11 Eine Bäckereieinkaufsgenossenschaft verzichtete bei einer in Not geratenen Bäckermeisterin auf 55 % ihrer Forderungen. Das waren 1337,71 €.

Welchen Betrag musste die Bäckerin noch überweisen?

12 Rechtzeitig zum Herbstanfang stellt Bäckermeisterin Knitzig eine eigene Hustenbonbonmischung zusammen. Sie verwendet hierzu 35 % Malzbonbons, 20 % Honigbonbons, 30 % Eukalyptusbonbons und 15 % Spitzwegerichbonbons.

a) Wie viel kg kann sie von dieser Bonbonmischung herstellen, wenn sie von den Eukalyptusbonbons nur noch 9 kg am Lager hat?

b) Wie viel kg von jeder Sorte benötigt sie für die Mischung?

9.4 Prozentrechnen auf Hundert (vom vermehrten Grundwert)

Beispiel: Nach einer Preiserhöhung von 20 % kostet eine Teigwaage 195,00 €. Wie hoch war der ursprüngliche Preis?

Lösung: Die Preiserhöhung wurde vom alten Preis berechnet. Der alte Preis entspricht also 100 %, der neue 100 % + 20 % = 120 %.

100 % = **Grundwert** = alter Preis	**20 % Erhöhung** = Prozentwert
120 % = **vermehrter Grundwert** = neuer Preis	

gesucht →	alter Preis	100 %
	+ Preiserhöhung	20 %
gegeben →	neuer Preis	120 %

Berechnung mit Dreisatz:

120 % = 195,00 €
100 % = x €

$$x = \frac{195{,}00 \cdot 100}{120} = \underline{\underline{162{,}50\ €}}$$

Ergebnis: Der ursprüngliche Preis betrug 162,50 €.

Beachten Sie:

Der reine Grundwert entspricht 100 %. Sie erhalten ihn aus dem vermehrten Grundwert mithilfe der Dreisatzrechnung.

vermehrter Grundwert = Grundwert + Prozentwert

Aufgaben

1 Die folgenden Bruttopreise enthalten 19 % Mehrwertsteuer. Berechnen Sie den jeweiligen Nettopreis, also den Preis ohne Mehrwertsteuer.

a) 1 501,62 €

b) 46,11 €

c) 15 070,72 €

d) 28,94 €

e) 265,93 €

f) 12 441,58 €

2 Nach einer Preiserhöhung von 8 % kostet ein Christstollen 5,40 €.

Wie teuer war der Christstollen vor der Preiserhöhung?

3 Der Preis für eine Geschenkpackung Pralinen stieg um 8 % auf 16,20 €.

a) Welchen Preis hatte die Geschenkpackung vor der Preiserhöhung?

b) Um wie viel € stieg der Preis?

4 Der Jahresumsatz der Firma Hecht & Wal beträgt 979 784,50 €. Er liegt damit um 6 % höher als der Vorjahresumsatz.

Ermitteln Sie den Vorjahresumsatz und die Umsatzsteigerung in €.

5 Nach Aufschlag von 19 % Mehrwertsteuer verteuert sich eine elektronische Kleinwaage auf 299,28 €.

Wie viel kostet das Gerät ohne Mehrwertsteuer?

6 Nach einer Tariferhöhung von 4,75 % erhält eine Verkäuferin ein Bruttogehalt von 1 684,38 €.

Ermitteln Sie das frühere Bruttogehalt und die Erhöhung in €.

7 Die Personalkosten einer Konditorei betragen 139 174,20 €. Dies bedeutet eine Steigerung um 6,5 % gegenüber dem Vorjahr.

a) Wie hoch waren die Personalkosten im Vorjahr?

b) Berechnen Sie, um wie viel € die Personalkosten zugenommen haben.

8 Nach einer Erhöhung von 7,5 % müssen für ein Café 1664,10 € Pacht bezahlt werden.

Wie viel € betrug die alte Pacht?

9 Herr Burger verhandelt mit einem Vertreter wegen des Kaufs einer neuen Frosteranlage, die 16 720,00 € kosten soll. Während des Gesprächs bedauert der Vertreter, dass erst vor 3 Wochen die Preise um 4,5 % erhöht wurden.

Wie viel € hätte Meister Burger gespart, wenn er die Anlage bereits vor 4 Wochen bestellt hätte?

10 Der Preis für eine elektronische Waage wurde zweimal erhöht: zuerst um 6%, danach nochmals um 8 %.
Das Gerät kostet jetzt 847,15 €.

Wie teuer war die Waage vor der ersten Preiserhöhung?

9.5 Prozentrechnen im Hundert (vom verminderten Grundwert)

Beispiel: Wegen Teilzeitbeschäftigung wurde das Bruttogehalt einer Bäckereifachverkäuferin um 40 % reduziert. Es beträgt jetzt 1 031,25 €.

Welches Bruttogehalt bezog die Verkäuferin vor ihrer Teilzeitarbeit?

Lösung: Die 40 % Gehaltsreduzierung wurden vom alten Bruttogehalt berechnet. Das alte Bruttogehalt entspricht also 100 %, das neue 100 % − 40 % = 60 %.

100 % = **Grundwert** = altes Bruttogehalt	
60 % = **verminderter Grundwert** = neues Bruttogehalt	**40 % Verminderung** = Prozentwert

gesucht →	altes Bruttogehalt	100 %
	− Reduzierung	40 %
gegeben →	neues Bruttogehalt	60 %

Berechnung mit Dreisatz:

$$\begin{aligned} 60\,\% &= 1\,031{,}25\ € \\ 100\,\% &= x\ € \end{aligned}$$

$$x = \frac{1\,031{,}25 \cdot 100}{60} = \underline{\underline{1\,718{,}75\ €}}$$

Ergebnis: Das ursprüngliche Bruttogehalt betrug 1 718,75 €.

Beachten Sie:

Der reine Grundwert entspricht 100 %. Sie erhalten ihn aus dem verminderten Grundwert mithilfe der Dreisatzrechnung.

verminderter Grundwert = Grundwert − Prozentwert

Aufgaben

1 Wie viel € betrug der alte Preis?

a) Neuer Preis 420,00 €,
Preissenkung 20 %

b) Neuer Preis 1 089,48 €,
Preissenkung 12,5 %

c) Neuer Preis 782,04 €,
Preissenkung 2 %

d) Neuer Preis 4 931,24 €,
Preissenkung 6 %

2 Der Preis für ein Weizenmischbrot wurde um 5 % auf 2,80 € gesenkt.

Wie teuer war das Weizenmischbrot vor der Preissenkung?

3 Nach einer Preissenkung von 8,5 % kostet eine Schälmaschine 173,12 €.

Wie teuer war das Gerät vor der Reduzierung, und um wie viel € wurde der Preis ermäßigt?

4 Die Schlussabrechnung für die Renovierung eines Cafés ergab, dass die ursprünglich geplanten Renovierungskosten um 3,5 % unterschritten werden konnten.

Wie hoch war der Kostenvoranschlag, wenn die Endabrechnung einen Betrag von 24 819,80 € ergab?

5 Handcreme kann sich bei längerer Lagerdauer zersetzen. Ein Vorrat muss deshalb schnell verkauft werden.

Der Preis pro Dose wird daher um 20 % reduziert und diese nunmehr für 5,00 € verkauft.

Ermitteln Sie den früheren Preis der Creme.

6 Die Angestellte eines Bekleidungsgeschäftes erhält auf ihre Einkäufe 15 % Personalrabatt.

Wie hoch sind die Verkaufspreise, wenn ihr folgende Beträge berechnet werden?

1 Paar Damen-Pantoletten 19,21 €
1 Pikee-Shirt mit Kragen 16,83 €

7 Wie teuer war der Laptop vor der Preissenkung und um wie viel € wurde er im Preis reduziert?

8 Eine Bäckereifachverkäuferin verlangt bei einem Einstellungsgespräch ein Nettogehalt von 1 200,00 €.

Welches Bruttogehalt muss der Bäckermeister zahlen, wenn er Abzüge von ca. 31 % zu berücksichtigen hat?

9 Auf Anraten ihres Hausarztes entschließt sich die schwergewichtige Emma Winzig zu einer Abmagerungskur. Nach einem halben Jahr beträgt ihr Gewicht „nur" noch 92 kg und hat sich somit um 20 % vermindert.

Welches Gewicht hatte Emma Winzig vorher und wie viel kg hat sie abgenommen?

10 Aufgrund umfangreicher Rationalisierungsmaßnahmen kann der Hersteller eines Fettbackgerätes seinen Verkaufspreis um 5 % senken. Weitere Kosteneinsparungen ermöglichen eine zweite Preissenkung von 6 %. Der Verkaufspreis beträgt nun 2 143,20 €.

Wie hoch war der ursprüngliche Verkaufspreis, und wie hoch waren die Preissenkungen in €?

9.6 Rabatt und Skonto – Rechnungserstellung

9.6.1 Rabatt und Skonto abziehen

Beispiel: Konditormeister Braun bestellt einen Büroschrank für 925,00 € zuzüglich Mehrwertsteuer. Die Firma gewährt 8 % Rabatt. Für Zahlung innerhalb von 14 Tagen werden 2 % Skonto eingeräumt.

Welchen Barzahlungsbetrag muss Meister Braun überweisen, wenn er 8 Tage nach Erhalt der Lieferung bezahlt?

Lösung:

Rechnungssumme	925,00 €	100 %		
– 8 % Rabat	74,00 €	– 8 %		
= Nettorechnungsbetrag	851,00 €	92 %	100 %	
+ 19 % Mehrwertsteuer	161,69 €		+ 19 %	
= Bruttorechnungsbetrag	1012,69 €		119 %	100 %
– 2 % Skonto	20,25 €			– 2 %
= Barzahlungsbetrag	992,44 €			98 %

Aus unserem Einführungsbeispiel lässt sich das folgende allgemeine Schema ableiten:

Rechnungssumme
– Rabatt
= Nettorechnungsbetrag
+ Mehrwertsteuer
= Bruttorechnungsbetrag
– Skonto
= Barzahlungsbetrag

Erläuterungen:

Rabatt ist ein Preisnachlass, der eingeräumt wird. Je nach Anlass unterscheidet man:
Mengen-, Treue-, Wiederverkäufer-, Sonder-, Personal- und Naturalrabatt

Skonto, auch Barzahlungsrabatt genannt, wird eingeräumt, wenn der Kunde sofort oder innerhalb einer vereinbarten Zeit bezahlt.

Der **Nettorechnungsbetrag** entspricht dem Nettoverkaufspreis, d. h., er enthält keine Mehrwertsteuer.

Der **Bruttorechnungsbetrag** entspricht dem Bruttoverkaufspreis (Ladenpreis), d. h., er enthält die Mehrwertsteuer.

Der **Barzahlungsbetrag** ist der Betrag, der nach Abzug von Skonto bezahlt werden muss.
Der **Mehrwertsteuer** unterliegen Warenverkäufe und Dienstleistungen. Ihre Höhe beträgt derzeit (Stand: Juli 2021) 19 %. Für Lebensmittel und Verlagserzeugnisse gilt ein ermäßigter Steuersatz von 7 %.

Beachten Sie:

Werden Rabatt **und** Skonto **gewährt,** dann wird zuerst der Rabatt abgezogen und anschließend die Mehrwertsteuer zugeschlagen. Zuletzt wird der Skonto abgezogen.

Aufgaben

1 Ermitteln Sie den Barzahlungsbetrag unter Berücksichtigung der Mehrwertsteuer von 19 %:

	Listenpreis netto (Einkaufspreis)	Liefererrabatt	Liefererskonto
a)	2 350,00 €	15 %	2 %
b)	18 800,00 €	30 %	3 %
c)	925,00 €	5 %	3 %
d)	280,00 €	–	2 %
e)	540,00 €	8 %	$2\,^1/_2$ %

2 Bäcker Neumann kauft eine Teigausrollmaschine, die laut Listenpreis 9 870,00 € netto kostet. Er erhält einen Sonderrabatt von 5 %. Für Zahlung innerhalb von 14 Tagen kann er 2 % Skonto in Anspruch nehmen.

Wie viel € muss er für die Teigausrollmaschine bezahlen, wenn er innerhalb der Skontofrist bezahlt?

3 Die Bäckerei Meister erhielt folgende Lieferung:

- 750 kg Roggenmehl zu 39,10 € je 100 kg
- 1 250 kg Weizenmehl zu 38,20 € je 100 kg
- 35 kg Hefe zu 0,82 € je kg
- 150 kg Salz zu 0,23 € je kg
- 50 kg Backmittel zu 2,63 € je kg

Zu den angegebenen Preisen kommen noch 7 % Mehrwertsteuer hinzu. Bei Zahlung innerhalb von 10 Tagen kann Bäcker Meister 2 % Skonto abziehen.

Wie viel € muss er für die Lieferung bezahlen, wenn er innerhalb 10 Tagen bezahlt?

4 Auf eine Rechnung für eine Rohstofflieferung erhält Bäckerin Mager einen Preisnachlass von 3,5 %. Sie kann daher 27,30 € abziehen.

a) Berechnen Sie den ursprünglichen Rechnungsbetrag.

b) Wie viel € hat Bäckerin Mager tatsächlich bezahlt?

5 Der Ladenpreis einer Schwarzwälder Kirschtorte beträgt inklusive 7 % Mehrwertsteuer 43,20 €.

Wie viel € kostet die Torte ohne Mehrwertsteuer?

6 Ein Café verlangt für ein Stück Schokosahnetorte 3,50 €.

a) Berechnen Sie den Preis für eine ganze Torte mit 16 Stück, wenn die Torte im Laden (MwSt. 7 %) verkauft wird und das Café ohne Caféaufschlag kalkuliert.

b) Wie viel € muss Herr Meier für die ganze Torte bezahlen, wenn er 8 % Treuerabatt erhält?

7 Das Café „Weserblick“ wird renoviert. Für Mobiliar und Kuchentheke beträgt der Listenpreis 42 297,80 € (= netto). Auf den Listenpreis wird ein Gastronomierabatt von 25 % gewährt. Bei Bezahlung innerhalb von 30 Tagen dürfen 1,5 % Skonto abgezogen werden.

Wie viel € kosten Mobiliar und Kuchentheke, wenn innerhalb 30 Tagen gezahlt wird?

8 Nach Abzug von 3 % Skonto bezahlte Bäcker Herms für seine Knetmaschine 4 513,78 €.

a) Berechnen Sie den Preis ohne Skonto.

b) Wie teuer ist die Knetmaschine laut Listenpreis (ohne 19 % MwSt.)?

9 Das Café Weinmann bezahlte für eine Rohstofflieferung nach Abzug von 2 % Skonto und 10 % Mengenrabatt 2 168,24 €. (MwSt.-Satz 7 %).

Wie groß war die Rechnungssumme der Rohstofflieferung?

10 Ein Messerabstreif-Behälter kostet einschließlich 19 % Mehrwertsteuer 62,13 €.

Wie hoch ist der Nettorechnungsbetrag?

11 Frau Schick bestellt für sich und ihre Verkäuferinnen 12 Schürzen zu 32,00 € je Stück zuzüglich Mehrwertsteuer. Der Lieferant gewährt 10 % Mengenrabatt und 2 % Skonto.

Ermitteln Sie den Barzahlungsbetrag.

12 Der Barzahlungsbetrag einer Rechnung beträgt 429,69 €.

Wie hoch ist der Nettorechnungsbetrag, wenn 2 % Skonto und 7 % Mehrwertsteuer zu berücksichtigen sind?

Naturalrabatt

Der **Naturalrabatt** kann gewährt werden als **Draufgabe** oder als **Dreingabe.**

Naturalrabatt

Draufgabe

Der Verkäufer liefert kostenlos mehr, als der Käufer bestellt hat

Beispiel: Bestellung 8 Stück
Lieferung 10 Stück

Lieferung 10 Stück

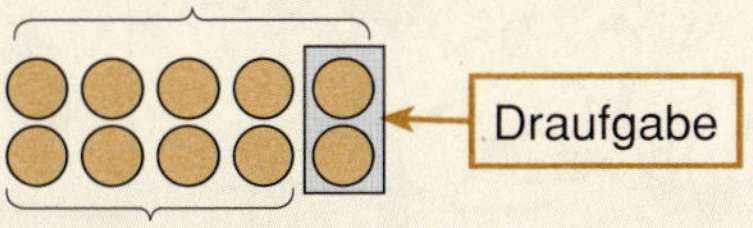

Bestellung und Berechnung 8 Stück

Umwandlung der Draufgabe in Prozent

Lieferung:	10 Stück	=	100 %
Draufgabe:	2 Stück	=	x %

$$x = \frac{100 \cdot 2}{10} = \underline{\underline{20\ \%}}$$

Dreingabe

Der Verkäufer liefert die bestellte Anzahl, berechnet jedoch nicht die gesamte Liefermenge

Beispiel: Bestellung 8 Stück
Lieferung 8 Stück

Lieferung und Bestellung 8 Stück

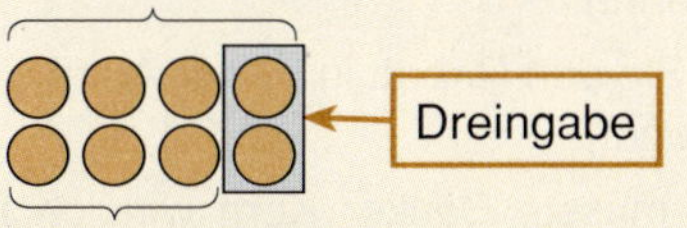

Berechnung 6 Stück

Umwandlung der Dreingabe in Prozent

Lieferung:	8 Stück	=	100 %
Dreingabe:	2 Stück	=	x %

$$x = \frac{100 \cdot 2}{8} = \underline{\underline{25\ \%}}$$

Beachten Sie:

Beim Umrechnen des Naturalrabattes in Prozent entspricht die **Liefermenge immer 100 %.**

Aufgaben

1 Auf 150 bestellte Fläschchen Magenbitter erhält das Waldcafé 18 Stück als Draufgabe (sog. Naturalrabatt).

Welchem Prozentsatz entspricht dies?

2 Einem Café werden 250 Fläschchen mit Heidelbeerlikör geliefert, aber nur 210 Fläschchen berechnet.

Welchem Prozentsatz entspricht diese Dreingabe?

3 Einer Käuferin werden statt der bestellten 24 Stück 30 Stück geliefert, aber nur die bestellte Anzahl berechnet.

Welchem Prozentsatz entspricht diese Draufgabe?

4 Bäckermeister Kern kauft beim Bauern 75 kg Äpfel und 45 kg Birnen für seine Obstkuchen. 1 kg Äpfel kostet 0,60 €,1 kg Birnen kostet 0,85 €. Beim Bezahlen der Rechnung erhält Bäcker Kern jeweils 5 kg Äpfel und Birnen als Naturalrabatt zusätzlich.

a) Berechnen Sie den Rabatt in € (für Äpfel und Birnen getrennt).

b) Berechnen Sie den Rabatt in % (für Äpfel und Birnen getrennt).

c) Wie viel € musste Bäcker Kern wirklich für 1 kg Äpfel und 1 kg Birnen bezahlen?

5 Wie viel % entsprechen die folgenden Naturalrabatte?

a) Bestellt und berechnet wurden 2 000 Stück, geliefert wurden 2 100 Stück.

b) Bestellt und geliefert wurden 500 Stück, berechnet wurden 470 Stück.

6 Von einer Ware wurden 60 Stück bestellt, der Lieferung liegt eine Draufgabe von 4 Stück bei.

Welchem Prozentsatz entspricht dieser Naturalrabatt?

7 Ein Lieferant bietet je 80 Stück eine Dreingabe von 12 Stück.

Wie viel % entspricht dies?

8 Frau Baum bestellt 40 Flaschen Wein. Der Lieferant legt der Sendung 2 Flaschen unberechnet als Mengenrabatt bei.

Wie viel beträgt der Mengenrabatt in %?

9.6.2 Rechnung erstellen

Beispiel: An das Hotel „Goldener Adler“ wurden folgende Waren geliefert:

- 4 Sahnetorten zu je 38,40 €
- 6 Obstkuchen zu je 28,00 €
- 30 Baguettes zu je 2,50 €
- 120 Pasteten zu je 1,10 €
- 10 Roggenbrote zu je 3,20 €

Alle Preise sind Nettopreise (Preise ohne Mehrwertsteuer). Es werden 7,5 % Rabatt und 2 % Skonto bei Zahlung innerhalb von 10 Tagen gewährt.

a) Erstellen Sie die Rechnung.

b) Welchen Betrag muss der Inhaber des Hotels überweisen, wenn er innerhalb von 10 Tagen bezahlt?

Lösung: a)

Menge	Ware		Einzelpreis		Gesamtpreis	
4	Sahnetorten	zu je	38,40 €	=	153,60 €	
6	Obstkuchen	zu je	28,00 €	=	168,00 €	
30	Baguettes	zu je	2,50 €	=	75,00 €	
120	Pasteten	zu je	1,10 €	=	132,00 €	
10	Roggenbrote	zu je	3,20 €	=	32,00 €	
					560,60 €	← Rechnungssumme
		– 7,5 % Rabatt			42,05 €	
					518,55 €	← Nettorechnungsbetrag
		+ 7 % Mehrwertsteuer			36,30 €	
					554,85 €	← Bruttorechnungsbetrag

b)

	Bruttorechnungsbetrag	554,85 €
–	2 % Skonto	11,10 €
=	Barzahlungsbetrag	543,75 €

Ergebnis: Bei Zahlung innerhalb von 10 Tagen müssen 543,75 € überwiesen werden.

Aufgaben

1 Elfriede Jung bestellt zur Feier ihres 80. Geburtstages folgende Waren:

5 Hefezöpfe	zu je 2,60 €
2 kg Teegebäck	zu 2,60 € je 100 g
50 Dessertstückchen	zu je 1,50 €
40 Plunderstückchen	zu je 0,90 €

Alle Preise sind Ladenpreise (einschließlich Mehrwertsteuer).

Ermitteln Sie den Rechnungsbetrag.

2 Ein Hotel erhält 120 Berliner zum Nettopreis von 1,20 € je Stück, abzüglich 15 % Rabatt. Die Mehrwertsteuer beträgt 7 %.

Ermitteln Sie den Bruttorechnungsbetrag.

3 Ergänzen Sie die folgende Rechnung:

Hans Gruber • Bäckerei – Konditorei

Firma
Hugo Dampf
Dieselstr. 48

73312 Saldhausen

Lange Straße 243
70174 Stuttgart
Tel. 0711/28 72 89

Rechnung Nr. *641* Datum *18. 5. ..*

180	*Tafelbrötchen*	*?*	*54,00 €*
90	*Laugenbrötchen*	*?*	*40,50 €*
160	*Laugenbrezeln*	*?*	*112,00 €*
20	*Roggenbrote*	*?*	*64,00 €*
20	*Bauernbrote*	*?*	*70,00 €*
		Summe	*?*
		– 12 % Mengenrabatt	*?*
		Nettorechnungsbetrag	*?*
		+ 7 % Mehrwertsteuer	*?*
		Bruttorechnungsbetrag	*?*

Bankverbindung:
Alpha-Bank
IBAN: DE96 6801 1199 0005 6780 03
BIC: ALPHDE71XXX

4 Erstellen Sie eine Rechnung für folgende Lieferung der Bäckerei Moser, Hauptstr. 54, in Berghausen:

4 500 Kaiserbrötchen	à 0,28 €,
2 250 Laugenbrezeln	à 0,65 €,
300 Roggenbrote	à 2,62 €,
900 Baguettes	à 2,34 €,
150 Vollkornbrote	à 3,55 €,
450 Apfeltaschen	à 1,03 €.

Die angegebenen Stückpreise sind Nettopreise, die Rechnung hat die Nr. 324. Der Kunde, Herr Heinz Koch, wohnt in Berghausen, Königstr. 23. Er erhält einen Großabnehmerrabatt von 7,5 % und kann bei Zahlung innerhalb von 14 Tagen 2,5 % Skonto abziehen (Mehrwertsteuer 7 %).

Orientieren Sie sich beim Aufbau der Rechnung an dem in Aufgabe 3 abgebildeten Vordruck.

5 Die Bäckerei Salzer, Droselgasse 12, in 23452 Neustadt, liefert an das Gasthaus „Zum Stern" folgende Waren für eine Hochzeitsgesellschaft:

120 Tafelbrötchen	à	0,23 €
10 Toastbrote	à	1,87 €
12 Landbrote	à	2,15 €
60 Hohlpasteten	à	0,84 €
3 Obstkuchen	à	31,40 €
1 Hochzeitstorte	à	124,30 €
5 Sahnetorten	à	41,87 €

Erstellen Sie die Rechnung.

Berücksichtigen Sie dabei, dass ein Treuerabatt von 12,5 % gewährt wird und die Mehrwertsteuer 7 % beträgt. Mit dem Gastwirt wurde Zahlung bei Lieferung vereinbart. Deshalb werden 2 % Skonto abgezogen. Der Gasthof „Zum Stern“ befindet sich in 23452 Neustadt, Finkenweg 38. Die Rechnung hat die Nummer 839.

Zusammenfassende Übungen zur Prozentrechnung

1 Für die Errichtung seines Betriebes hat ein Bäckermeister einen Kredit von 202 500,00 € aufgenommen. Mit diesem Betrag konnten 45 % der Gesamteinrichtung finanziert werden.

a) Wie hoch waren die Gesamtkosten?

b) Geben Sie an, welche Größe der Prozentrechnung ermittelt wurde.

2 Ein Smartphone, das vor einem Jahr für 267,00 € verkauft wurde, kostet jetzt 207,00 €.

a) Um wie viel % wurde der Preis gesenkt?

b) Geben Sie an, welche Größe der Prozentrechnung berechnet werden muss.

3 Von einem Fachversand für Bäckereibedarf wird ein Dosenöffner zum Nettopreis von 134,50 € angeboten.

a) Welchen Bruttobetrag muss ein Besteller bei einem Mehrwertsteuersatz von 19 % überweisen?

b) Welche Größe der Prozentrechnung wurde ermittelt?

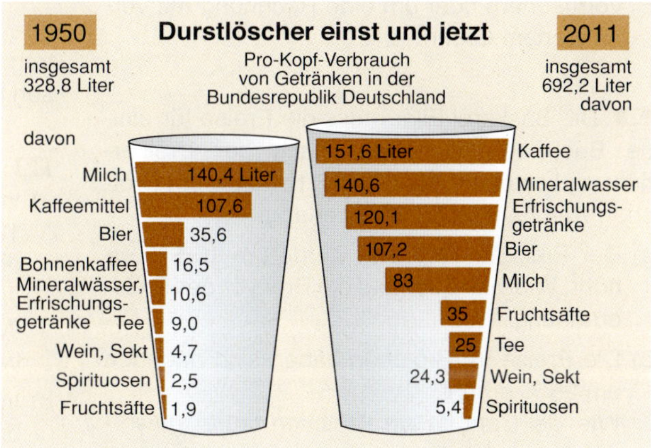

4 Die Verbrauchergewohnheiten verändern sich (siehe oberes Schaubild).

Wie viel % des Pro-Kopf-Verbrauches entfielen im Jahr 1950 und im Jahre 2011

a) auf Milch,

b) auf Kaffeemittel und Bohnenkaffee bzw. Kaffee

c) auf Bier,

d) auf Mineralwässer und Erfrischungsgetränke?

5 Ermitteln Sie auf Grundlage des Schaubilds rechts in Prozent, wie viel die Arbeitnehmer folgender Bundesländer mehr arbeiten als die Beschäftigten in Rheinland-Pfalz:

a) Sachsen-Anhalt

b) Hamburg

c) Baden-Württemberg

d) Bayern

e) Niedersachesn

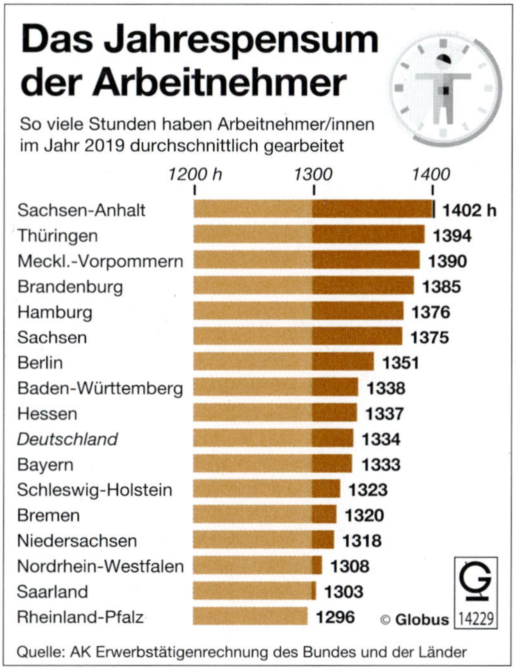

6 Nach einer „Aktionswoche“ steigt der Umsatz eines Supermarktes um 25 % und beläuft sich nun auf 81 567,50 €.

a) Wie hoch ist die Umsatzsteigerung in €?

b) Geben Sie an, ob eine Prozentrechnung mit vermehrtem oder mit vermindertem Grundwert vorliegt.

7 Für eine Lieferantenrechnung werden nach Abzug von 3 % Skonto 2 923,04 € überwiesen.

a) Wie viel € hätten ohne Ausnutzung von Skonto bezahlt werden müssen?

b) Handelt es sich um eine Prozentrechnung mit vermehrtem oder um eine Rechnung mit vermindertem Grundwert?

8 Die Bäckerei Eller muss die Preise für einige Backwaren anheben. Nach der Preiserhöhung kostet ein Weißbrot 2,10 €; für ein Brötchen werden jetzt 35 Cent verlangt.

a) Der Preis für Weißbrot wurde um 10,5 % erhöht. Wie viel € kostete ein Brot vor der Preiserhöhung?

b) Die Preise für Brötchen haben sich dagegen um 25 % erhöht.
Wie viel Cent ist ein Brötchen teurer geworden?

9 Ein Standmixer kostet einschließlich 19 % Mehrwertsteuer 458,20 €.

a) Ermitteln Sie den Preis ohne Mehrwertsteuer.

b) Geben Sie an, wie viel € Mehrwertsteuer in dem Preis enthalten sind.

c) Liegt eine Prozentrechnung mit vermehrtem oder mit vermindertem Grundwert vor?

10 Meisterin Schnell bestellt für 1 330,00 € eine Brotschneidemaschine, zuzüglich 19 % Mehrwertsteuer. Der Händler gewährt folgende Nachlässe: 8 % Mengenrabatt und 2 % Skonto für Barzahlung bei Lieferung.

Berechnen Sie den Barzahlungsbetrag.

11 Im letzten Geschäftsjahr erwirtschaftete die Konditorei Waldeck einen Gewinn von 40 885,00 €. Dies waren 8,5 % des Umsatzes.

Berechnen Sie den Umsatz der Konditorei Waldeck.

12 Nach einer berechtigten Mängelrüge durfte Meister Pingel vom Rechnungsbetrag 17,5 % als Nachlass abziehen.

Wie hoch war der ursprüngliche Rechnungsbetrag, wenn der Bäcker noch 575,85 € überweisen musste?

13

a) Im Februar hat die Bäckerei Malz insgesamt 18 900 Weizenbrötchen verkauft, damit wurden 5,5 % weniger Brötchen verkauft als im Januar.
Wie viele Brötchen wurden im Monat Januar verkauft?

b) Im Gegensatz dazu hat die Bäckerei im Februar 480 Brote mehr als im Januar verkauft; dies entspricht einer Steigerung um 9,6 %. Wie viele Brote wurden im Januar und wie viele im Februar verkauft?

14 Bäckermeister Bruch machte im März einen Umsatz von 22 785,00 €. Damit erzielte er 7 % weniger Umsatz als im Februar, aber 12 % mehr Umsatz als im März des Vorjahres.

a) Welchen Umsatz erreichte er im Februar?

b) Berechnen Sie den Umsatz vom März des Vorjahres.

15 Der Preis für ein Bauernbrot stieg von 3,00 € auf 3,20 €.

Wie viel % betrug die Preiserhöhung?

16 Nach Abzug von 30,5 % für Steuer und Versicherung erhält die Verkäuferin Helga Springer für ihre Teilzeitarbeit 681,10 € ausbezahlt.

Welchen Bruttolohn erhält sie?

10 Das Zinsrechnen*

Zinsen sind der Preis, den man für überlassenes Kapital bezahlen muss. So vergütet z. B. die Bank Zinsen, wenn bei ihr Geld angelegt wird, oder sie berechnet Zinsen für einen gewährten Kredit. Die Höhe der Zinsen wird in % (Prozent) angegeben und heißt Zinssatz. Der Zinssatz bezieht sich in der Regel auf ein Jahr.

Beispiel: Bei einem Zinssatz von 4 % erhält man in einem Jahr 4,00 € Zinsen für je 100,00 € Kapital.

Die Zinsrechnung ist also eine angewandte Prozentrechnung, bei der eine weitere Rechengröße – nämlich die **Zeit** – berücksichtigt wird.

In der Zinsrechnung werden 4 Größen unterschieden:

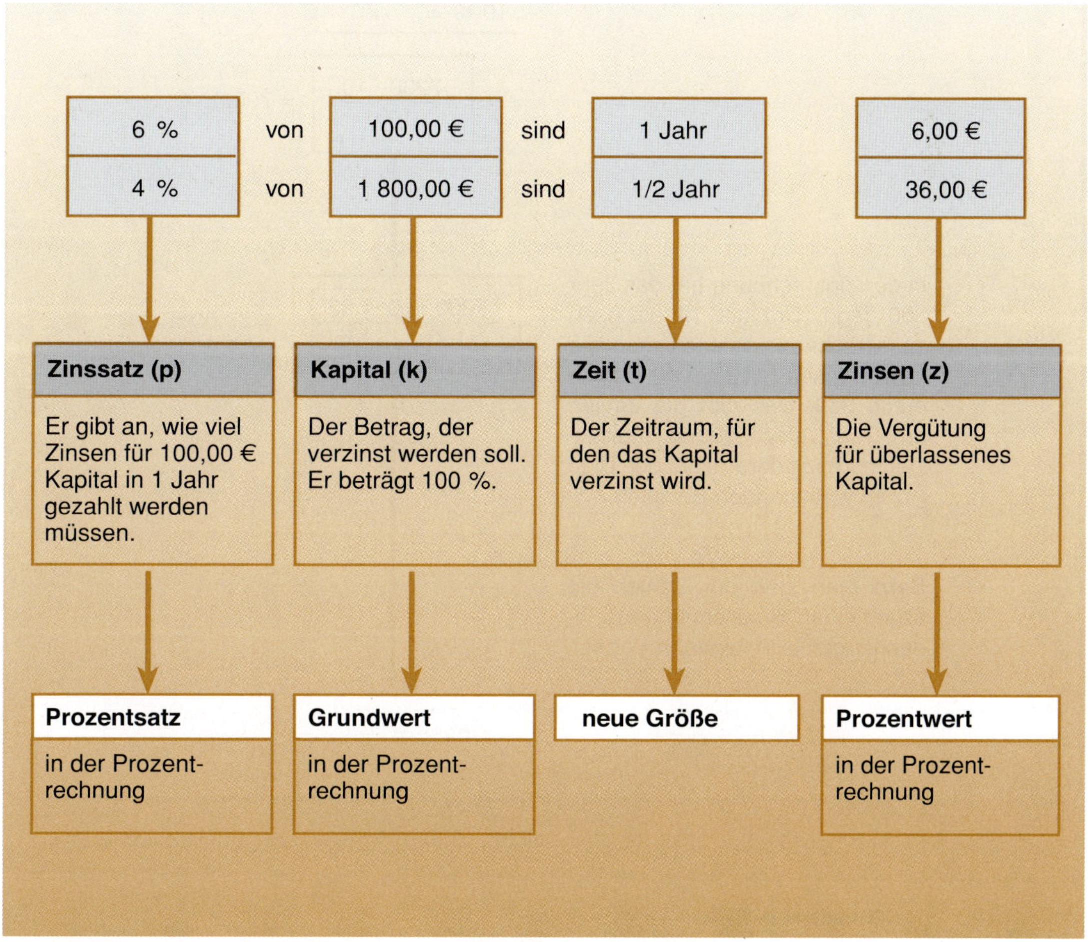

Von diesen vier Größen müssen immer drei gegeben sein, damit die vierte berechnet werden kann.

* Zinssätze ändern sich laufend. Maßgeblich wird deren Höhe von der Europäischen Zentralbank (EZB) beeinflusst. Deshalb können aktuelle Zinssätze teils erheblich von den im Buch verwendeten Werten abweichen. Auf den Rechenweg hat dies jedoch keinen Einfluss.

10.1 Berechnen der Zinsen

Beispiel: Wegen unvorhergesehener Ausgaben hat Frau Braun ihr laufendes Konto für 32 Tage mit 7200,00 € überzogen.

Berechnen Sie die Zinsen, mit denen das Konto belastet wird, wenn der Zinssatz 10 % beträgt.

Lösung mit Dreisatz:

Die Zinsen für 1 Jahr können mit der Prozentrechnung ermittelt werden.

$$\begin{aligned} 100\,\% &= 7200{,}00\ € \\ 10\,\% &= x\ € \end{aligned}$$

$$x = \boxed{\frac{7200 \cdot 10}{100}} = 720{,}00\ €$$

In der Zinsrechnung hat das Jahr 360 Tage. Um die Tageszinsen zu berechnen, ermittelt man die Jahreszinsen und teilt diese durch 360. Das gibt die Zinsen pro Tag. Anschließend multipliziert man mit der Anzahl der Tage (32 im vorliegenden Beispiel).

$$\frac{7200 \cdot 10 \cdot \boxed{32}}{100 \quad \boxed{360}} = \underline{\underline{64{,}00\ €}}$$

Setzt man statt der Zahlen die allgemeinen Bezeichnungen ein, dann ergibt sich folgende Formel:

$$z = \frac{\mathbf{k \cdot p \cdot t}}{\mathbf{100 \cdot 360}}$$

$$\textbf{Zinsen} = \frac{\text{Kapital} \cdot \text{Zinssatz} \cdot \text{Tage}}{100 \cdot 360}$$

Beachten Sie:

Die Centbeträge des Kapitals werden bei der Zinsrechnung nicht berücksichtigt.

Berechnen der Zinstage*

Für die Berechnung der Zinstage gelten folgende Grundsätze:

- **1 Jahr = 360 Tage**   **1 Monat = 30 Tage**
- Der 31. eines Monats wird nicht gezählt.
- Der Februar wird mit 30 Tagen angesetzt. **Ausnahme:** Ist der Fälligkeitstag der 28. 2. oder der 29. 2., dann rechnet man mit 28 bzw. 29 Tagen.
- Bei der Berechnung der Tage wird der erste Tag nicht mitgerechnet, wohl aber der letzte.

Beispiel 1: *Zinstage vom 10. 4. – 15. 8.*

	10. 4. – 10. 8.	= 4 Monate	= 120 Tage
+	10. 8. – 15. 8.		= 5 Tage
	10. 4. – 15. 8.		= 125 Tage

Beispiel 2: *Zinstage vom 26. 7. – 21. 12.*

	26. 7. – 26. 12.	= 5 Monate	= 150 Tage
–	26. 12. – 21. 12.		= 5 Tage
	26. 7. – 21. 12.		= 145 Tage

Beispiel 3: *Zinstage vom 1. 4. – 31. 10.*

	1. 4. – 1. 10.	= 6 Monate	= 180 Tage
+	1. 10. – 31. 10.		= 29 Tage
	1. 4. – 31. 10.		= 209 Tage

Beispiel 4: *Zinstage vom 12. 1. – 28. 2.*

	12. 1. – 12. 2.	= 1 Monat	= 30 Tage
+	12. 2. – 28. 2.		= 16 Tage
	12. 1. – 28. 2.		= 46 Tage

* In manchen Fällen (z. B. bei Termingeldeinlagen oder bei der Wechseldiskontierung) ermitteln die Banken die Zeit anhand der **Euro-Zinsmethode.** Dabei werden die Monate genau nach dem Kalender berechnet. Dadurch wird z. B. der Januar oder der März mit 31 Tagen gezählt, der Februar mit 28 bzw. 29 Tagen. In der Zinsformel hat das Jahr jedoch weiterhin 360 Tage.

Aufgaben

1 Ermitteln Sie die Zinstage:

a) 3. 1. – 15. 6.
b) 13. 4. – 21 .7.
c) 5. 1. – 28. 2.
d) 31. 1. – 30. 5.
e) 12. 5. – 10. 12.
f) 16. 5. – 31. 10.
g) 28. 2. – 1. 4.
h) 2. 5. – 1. 9.
i) 18. 4. 15 – 12 .3. 16
j) 21. 2. 15 – 25. 6. 17
k) 12. 5. 14 – 11. 6. 16
l) 15. 8. 15 – 31. 3. 16

2 Wann werden die folgenden Festgeldanlagen fällig?

	angelegt am:	angelegt für:	fällig:
a)	2. 5.	30 Tage	?
b)	28. 2.	75 Tage	?
c)	22. 4.	160 Tage	?
d)	31. 3.	90 Tage	?

3 Wie viel Zinsen bringen bei einem Zinssatz von 2,5 %

a) 2 587,00 € in 92 Tagen,
b) 7 283,90 € in 48 Tagen,
c) 1 237,75 € in 83 Tagen,
d) 729,00 € in 65 Tagen?

4 Das Waldcafé soll modernisiert werden. Für diesen Zweck nimmt sein Inhaber am 17. 3. einen Bankkredit über 152 000,00 € zu einem Zinssatz von 3,5 % auf. Er zahlt der Bank am 30. 6. und am 30. 9. jeweils die Hälfte des Darlehens zurück sowie die jeweils fälligen Zinsen.

a) Welchen Betrag muss er an jedem der beiden Zahlungstermine überweisen?
b) Berechnen Sie die Zinsen, die insgesamt zu zahlen sind.

5 Berechnen Sie, wie viel Zinsen jeweils zu zahlen sind:

	Kapital	Zinssatz	Zeit	Zinsen
a)	4 860,00 €	$4^1/_2$ %	2. 4. – 13. 10.	?
b)	2 734,25 €	$3^3/_4$ %	2. 2. – 11. 5.	?
c)	6 121,00 €	6,25 %	17. 8. – 31. 10.	?

6 Frau Knicker ist mit dem Begleichen einer Rechnung über 875,00 € insgesamt 72 Tage in Zahlungsverzug geraten.

Welchen Betrag muss sie an den Gläubiger überweisen, wenn sie 8,17 % Verzugszinsen zu zahlen hat?

7 Frank überzieht vom 6. 4. – 30. 4. sein Girokonto um 934,00 €.

Ermitteln Sie, mit wie viel Sollzinsen sein Konto belastet wird, wenn die Bank einen Zinssatz von 10,75 % berechnet.

8 Ein Konditormeister kauft am 12. 4. ein Fettbackgerät zum Preis von 4 212,50 €. Die Lieferfirma räumt folgende Zahlungsbedingungen ein: Zahlung innerhalb 30 Tagen, bei Zahlung innerhalb 10 Tagen 2 % Skonto, bei verspäteter Zahlung 6 % Verzugszinsen.

Berechnen Sie den Überweisungsbetrag:

a) bei Zahlung am 21. 4.;

b) bei Zahlung am 28. 6.

9 Zum Barpreis von 29 925,00 € bekommt Frau Proß am 24. September ihr neues Auto angeliefert. 11 000,00 € hat sie sofort zur Verfügung, für den Restbetrag muss sie einen Bankkredit in Anspruch nehmen. Der vom Autohaus vermittelte Bankkredit bietet folgende Konditionen:

- Zinssatz 6,9 %
- Vermittlungsprovision 0,75 %
- Auszahlung 98,5 %
- Tilgung 10 % zum Jahresende

Wie hoch sind die Kreditkosten zum 31. Dezember des 1. Jahres?

10 Herr Kraus legt bei seiner Bank 125 000,00 € für 90 Tage zu 2,1 % als Festgeld an.

Wie viel Zinsen zahlt die Bank aus?

11 Ein Darlehen über 18 250,00 € wird 7 Monate lang benötigt.

Wie hoch ist der Rückzahlungsbetrag bei 7,25 % Zinsen?

12 Eine Kaffeemaschine, deren Barverkaufspreis 2 950,00 € beträgt, wird auf Wunsch des Käufers mit einem Zahlungsziel von 3 Monaten geliefert.

Berechnen Sie den Zielverkaufspreis unter Berücksichtigung eines Zinsaufschlages von 7,5 %.

13 Ein Bäckermeister gerät in Zahlungsschwierigkeiten und erhält deshalb Zahlungsaufschub von seinen Gläubigern.

Welche Schuldbeträge einschließlich Zinsen muss er nach Ablauf der Frist zurückzahlen?

	Schuld	Zinssatz	Zahlungsaufschub
a)	3 691,00 €	$7^1/_2$ %	3 Monate
b)	4 870,00 €	$8^1/_4$ %	6 Monate
c)	4 874,00 €	$7^3/_4$ %	$2^1/_2$ Monate

14 Für den Kauf eines Gebrauchtwagens benötigt ein Geselle einen Kredit über 4250,00 € für $4^1/_2$ Monate. Er erkundigt sich bei 2 Banken nach deren Konditionen.

- Bank I berechnet 10,5 % für den benötigten Zeitraum.
- Bank II verlangt 8,5 % bei einer Mindestlaufzeit von 6 Monaten.

Welche Bank ist günstiger?

15 Eine Großhandlung versucht bei einem Bäcker eine ausstehende Rechnung über 3425,00 € durch einen Mahnbescheid einzutreiben. Die Firma berechnet 6 % Verzugszinsen für 4 Monate, 1 % Bearbeitungsgebühr sowie 29,00 € für Auslagen.

Ermitteln Sie den Gesamtbetrag, der in den Mahnbescheid eingesetzt werden muss.

16 Der Inhaber eines Cafés schuldet einem Lieferanten 9000,00 €. Dieser berechnet Verzugszinsen in Höhe von $6^1/_2$ %.

Wie viel € sind nach 8 Monaten einschließlich Zinsen zu zahlen, wenn der Schuldner 3 Monate nach Fälligkeit der Rechnung bereits 4500,00 € überwiesen hat?

17 Um die Anschaffung eines neuen Backofens zu finanzieren, hat ein Bäckermeister 35000,00 € zu einem Zinssatz von 8,5 % aufgenommen.

Wie viel Zinsen sind zu zahlen, wenn der Kredit in 4 gleichen Raten, die in vierteljährlichem Abstand fällig sind, getilgt wird?
Die erste Rate ist ein Vierteljahr nach der Darlehensaufnahme fällig.

18 Für den Kauf eines neuen Autos zum Preis von 10500,00 € fehlen einer Konditoreifachverkäuferin noch 6300,00 €. Der Autohändler bietet folgende Zahlungsmöglichkeiten an:

- Zahlung innerhalb von 10 Tagen bei 2 % Skonto,
- 4200,00 € Anzahlung, den Rest in 15 Monatsraten zu jeweils 456,72 €.

Bei ihrer Bank könnte sie ein 15-monatiges Anschaffungsdarlehen zu $7^3/_4$ % erhalten. Die Bank verlangt eine Restschuldversicherung von 2 %.

a) Wie viel € muss die Verkäuferin insgesamt bezahlen, wenn sie sich für den Ratenkauf entscheidet?

b) Wie viel € sind aufzubringen, wenn das Anschaffungsdarlehen gewählt wird?

c) Vergleichen Sie beide Angebote und geben Sie an, welche Zahlungsmöglichkeit günstiger ist.

10.2 Berechnen von Kapital, Zinssatz und Zeit

10.2.1 Berechnen des Kapitals

Für die Berechnung des Kapitals wird die Tageszinsformel entsprechend umgestellt.

$$z = \frac{k \cdot p \cdot t}{100 \cdot 360}$$

$$\mathbf{z \cdot 100 \cdot 360} = \frac{k \cdot p \cdot t \cdot \cancel{100} \cdot \cancel{360}}{\cancel{100} \cdot \cancel{360}} \qquad \mathbf{\cdot\ 100 \cdot 360}$$

$$z \cdot 100 \cdot 360 = k \cdot p \cdot t$$

$$\frac{z \cdot 100 \cdot 360}{\mathbf{p \cdot t}} = \frac{k \cdot \cancel{p} \cdot \cancel{t}}{\cancel{p} \cdot \cancel{t}} \qquad \mathbf{: (p \cdot t)}$$

$$\mathbf{k = \frac{z \cdot 100 \cdot 360}{p \cdot t}} \qquad \mathbf{Kapital} = \frac{\text{Zinsen} \cdot 100 \cdot 360}{\text{Zinssatz} \cdot \text{Tage}}$$

Beispiel: Am 18. 5. wurde eine Rechnung bezahlt, die bereits am 15. 2. fällig war. Der Kunde musste deshalb 13,02 € Verzugszinsen begleichen.

Wie hoch war der Rechnungsbetrag, wenn 6 % Verzugszinsen berechnet wurden?

Lösung: $k = \frac{13{,}02 \cdot 100 \cdot 360}{6 \cdot 93} = \underline{\underline{840{,}00\ €}}$

Aufgaben

1 Ermitteln Sie das Kapital:

	Zinsen	Zinssatz	Zeit	Kapital
a)	792,00 €	9 %	1. 7. – 29. 9.	?
b)	198,45 €	5,25 %	14. 4. – 8. 6.	?
c)	410,40 €	6 %	28. 3. – 30. 8.	?

2 Welches Kapital bringt in $2^1/_2$ Monaten 32,50 € Zinsen bei einem Zinssatz von 2,5 %?

3 Bei einem Zinssatz von 7,2 % bezahlte Bäckermeister Gerber für seinen Kredit in 9 Monaten 3 240,00 € an Zinsen.

Welchen Betrag hat er aufgenommen?

4 Markus musste kurzfristig sein Konto überziehen. Die Bank berechnet bei einem Zinssatz von 12 % 14,98 € für 30 Tage.

Berechnen Sie die Höhe des Überziehungskredites.

5 Ein Bäckermeister plant den Kauf eines Mietshauses. Er erwartet monatliche Mieteinnahmen in Höhe von 2 800,00 €.
Für Steuern, Abschreibungen und Reparaturen setzt er 5 100,00 € pro Jahr an.

Welchen Kaufpreis wird er höchstens bezahlen, wenn er erwartet, dass sich sein eingesetztes Kapital mit 5 % verzinst?

6 Eine Bäckereiverkäuferin im Ruhestand erhält von der Rentenversicherung eine monatliche Rente von 1 752,00 €.

Welches Kapital müsste sie in 4%igen festverzinslichen Wertpapieren angelegt haben, um jährlich denselben Betrag zu erhalten?

7 Wie hoch ist die Darlehenssumme, wenn bei einem Zinssatz von $13^1/_2$ % in 5 Monaten 4 725,00 € Zinsen gezahlt werden müssen?

8 Ein Möbelhaus bietet zum Kauf von Einrichtungsgegenständen ein Darlehen zu folgenden Bedingungen an:
Laufzeit 24 Monate, Zinssatz 5,76 %, keinerlei Anzahlung, aber 100,00 € Vermittlungsprovision.
Ein junges Brautpaar kauft Möbel und zahlt für Vermittlungsprovision und Zinsen insgesamt 676,00 €.

a) Wie hoch war der Kaufpreis der Einrichtungsgegenstände?

b) Berechnen Sie die Höhe der monatlich gleich bleibenden Raten.

10.2.2 Berechnen des Zinssatzes

Für die Berechnung des Zinssatzes wird die Tageszinsformel entsprechend umgestellt.

$$z = \frac{k \cdot p \cdot t}{100 \cdot 360}$$

$$z \cdot 100 \cdot 360 = \frac{k \cdot p \cdot t \cdot \cancel{100 \cdot 360}}{\cancel{100 \cdot 360}} \qquad \leftarrow \cdot\, 100 \cdot 360$$

$$z \cdot 100 \cdot 360 = k \cdot p \cdot t$$

$$\frac{z \cdot 100 \cdot 360}{k \cdot t} = \frac{\cancel{k} \cdot p \cdot \cancel{t}}{\cancel{k} \cdot \cancel{t}} \qquad \leftarrow :(k \cdot t)$$

$$\mathbf{p = \frac{z \cdot 100 \cdot 360}{k \cdot t}} \qquad \textbf{Zinssatz} = \frac{\text{Zinsen} \cdot 100 \cdot 360}{\text{Kapital} \cdot \text{Tage}}$$

Beispiel: Ein Kredit über 9 500,00 € wurde 224 Tage lang beansprucht. Hierfür wurden 532,00 € an Zinsen bezahlt.
Welcher Zinssatz wurde berechnet?

Lösung: $p = \frac{532 \cdot 100 \cdot 360}{9500 \cdot 224} = \underline{\underline{9\ \%}}$

Beachten Sie:

Wenn Sie die normale Zinsformel umstellen, um das **Kapital,** den **Zinssatz** oder die **Zeit** zu berechnen,

steht **$z \cdot 100 \cdot 360$** **immer auf den Bruchstrich.**

1 Ermitteln Sie den Zinssatz:

	Kapital	Zinsen	Zeit	Zinssatz
a)	32 400,00 €	1 015,20 €	9. 7. – 30. 11.	?
b)	12 960,00 €	350,55 €	5. 6. – 31. 12.	?
c)	40 500,00 €	398,25 €	1. 3. – 30. 4.	?

2 Für den Kauf eines Gebrauchtwagens erhält ein Geselle am 17. 9. einen Bankkredit in Höhe von 4 200,00 €. Am 17. 12. muss er 4 289,25 € zurückzahlen.

Wie hoch ist der Zinssatz?

3 Karin erhält den Katalog eines Versandhauses für Damenmode. Die Firma unterbreitet folgendes Angebot:
„Sie bezahlen bei Lieferung 270,00 € oder zahlen nach 3 Monaten 280,00 €."

Nun überlegt sie, ob ein Überziehungskredit zu 10,75 % bei ihrer Bank nicht billiger wäre.

4 In einer Tageszeitung liest Herr Grub folgende Anzeige:

> **Junger Unternehmer** sucht für die Produktion einer absoluten Weltneuheit 150 000,00 € auf 8 Monate (gegen Sicherheiten). Rückzahlung: 159 000,00 €. Tel. 0987/654321-1234

Er überlegt, welchem Zinssatz das Angebot entspricht.

5 Eine Rechnung über 1 536,00 € war am 24. 3. fällig. Am 29. 7. wurden einschließlich Verzugszinsen 1 560,00 € überwiesen.

Berechnen Sie, wie viel Prozent Verzugszinsen demnach vereinbart waren.

6 Für einen Kredit über 14 400,00 € vom 11. 4. – 1. 9. verlangt eine Bank 448,00 € Zinsen.

Mit welchem Zinssatz rechnet die Bank?

7 Frau Schramm legt ihr Geld in einem Mietshaus an. Den Kaufpreis von 590 000,00 € finanziert sie folgendermaßen:

Eigenkapital: 400 000,00 €
I. Hypothek: 190 000,00 € zu 3,5 % Zinsen

Reparaturen, Abschreibungen und Steuern veranschlagt sie mit 4 600,00 € jährlich. Die monatlichen Mieteinnahmen belaufen sich auf 2 600,00 €.

Wie wird das investierte Eigenkapital verzinst?

8 Die Geschäftsräume des Café Baumann sind mit einer Hypothek von 138 890,00 € belastet. Herr Baumann zahlt hierfür jedes Vierteljahr 972,23 € Hypothekenzinsen.

Welcher Zinssatz liegt hier zugrunde?

9 Eine jung verheiratete Bäckereifachverkäuferin hat eine Eigentumswohnung gekauft. Von ihrem Arbeitgeber erhielt sie am 30. 5. einen Kredit über 24 500,00 € bei 2,5 % Zinsen.

a) Wie viel Zinsen musste sie dafür bis 31. 12. bezahlen?

b) Zusätzlich nahm sie am 15. 7. bei der Volksbank ein Hypothekendarlehen in Höhe von 32 000,00 € auf. Hierfür waren bis 31. 12. 440,00 € Zinsen zu bezahlen.

   Mit welchem Zinssatz rechnete die Bank?

10.2.3 Berechnen der Zeit

Für die Berechnung der Zeit wird die Tageszinsformel entsprechend umgestellt.

$$z = \frac{k \cdot p \cdot t}{100 \cdot 360}$$

$$z \cdot 100 \cdot 360 = \frac{k \cdot p \cdot t \cdot \cancel{100} \cdot \cancel{360}}{\cancel{100} \cdot \cancel{360}} \qquad \leftarrow \cdot 100 \cdot 360$$

$$z \cdot 100 \cdot 360 = k \cdot p \cdot t$$

$$\frac{z \cdot 100 \cdot 360}{k \cdot p} = \frac{\cancel{k} \cdot \cancel{p} \cdot t}{\cancel{k} \cdot \cancel{p}} \qquad \leftarrow : (k \cdot p)$$

$$t = \frac{z \cdot 100 \cdot 360}{k \cdot p} \qquad \text{Tage (Zeit)} = \frac{\text{Zinsen} \cdot 100 \cdot 360}{\text{Kapital} \cdot \text{Zinssatz}}$$

Beispiel: Wie lange wurden 12800,00 € zu 2,5 % angelegt, wenn die Bank hierfür 200,00 € Zinsen gutschreibt?

Lösung: $t = \frac{200 \cdot 100 \cdot 360}{12800 \cdot 2{,}5} = \underline{\underline{225 \text{ Tage}}}$

Aufgaben

1 Wie viele Tage wurden die folgenden Beträge verzinst?

	Kapital	Zinsen	Zinssatz	Zeit
a)	4140,00 €	269,10 €	3 %	?
b)	3312,00 €	50,60 €	6,25 %	?
c)	10800,00 €	198,00 €	$5\,^1/_2$ %	?

2 Eine Bäckereieinkaufsgenossenschaft gewährt einem langjährigen Mitarbeiter einen Kredit von 17500,00 €.

Wie lang war die Laufzeit des Kredits, wenn bei einem Zinssatz von 3 % insgesamt 525,00 € Zinsen angefallen sind?

3 Für einen Kredit über 24000,00 € zu 9 % belastete uns die Bank am 31. 12. mit 912,00 €.

Wann wurde das Darlehen ausbezahlt?

4 Ein Sparguthaben von 4 000,00 € erbrachte bei einem Zinssatz von 1,5 % 50,00 € Zinsen.

Berechnen Sie, wie lange das Geld verzinst wurde.

5 Bäckermeister Lang legt 50 000,00 € zu 2 % als Festgeld an. Bei Fälligkeit erhält er 50 750,00 € zurück.

Wie lange hat er das Geld angelegt?

6 Am 12. 5. erhält ein Geselle eine Zinsgutschrift über 25,20 € für 5 600,00 €, die er zu 1,5 % angelegt hatte.

a) Wie lange war das Kapital angelegt?

b) An welchem Tag wurde der Betrag bei der Bank eingezahlt?

7 Eine Rechnung in Höhe von 2 820,50 € war am 24. 2. fällig. Einschließlich 6 % Verzugszinsen wurden 2 863,74 € überwiesen.

Wie viel Tage nach Fälligkeit wurde bezahlt?

8 Ein Kreditvermittler vermittelte Meister Blank am 15. 3. ein Darlehen von 29 250,00 €, das er einschließlich 7 % Zinsen und 1 % Vermittlungsprovision mit 31 590,00 € zurückzahlte.

Wann wurde der Kredit getilgt?

9 Die Inhaberin des Rathauscafés hat vergessen, eine Rechnung über 6 212,50 € rechtzeitig zu bezahlen.
Die Lieferfirma berechnet 9 % Verzugszinsen und belastet sie am 11. 7. mit 69,89 €.

Wann wurde die Rechnung ausgestellt, wenn ein Zahlungsziel von 60 Tagen nach Rechnungsstellung vereinbart war?

Vermischte Aufgaben

1 Berechnen Sie die Zinsen:

	Kapital	Zinssatz	Zeit	Zinsen
a)	3 450,00 €	4,75 %	9. 2. – 1. 12.	?
b)	4 375,80 €	3,25 %	10. 8. – 12. 10.	?
c)	9 342,00 €	6,5 %	14. 1. – 28. 2.	?

2 Welchen Zinssatz erhält Gabi, wenn sie 3 500,00 € am 1. April eingezahlt hat und am 26. September desselben Jahres 3 534,03 € abheben kann?

3 Bäckergeselle Herbert legt 4 800,00 € zu 1,5 % auf seinem Sparbuch an. Nach 10 Monaten hebt er den Gesamtbetrag ab.

Wie viel € werden Herbert ausbezahlt?

4 Bäckermeister Frank hat sich auf Kredit eine neue Teigausrollmaschine für 16 000,00 € gekauft. Nach 17 Monaten und 12 Tagen zahlt er den Kredit zurück.

Wie teuer war die Teigausrollmaschine einschließlich Zinsen, wenn ein Zinssatz von 9,1 % vereinbart war?

5 Anne hat ihr Weihnachtsgeld in Höhe von 450,00 € auf dem Sparbuch eingezahlt. Nach 240 Tagen erhält sie dafür 3,00 € Zinsen.

Welcher Zinssatz war vereinbart?

6 Bei einem Zinssatz von 2,25 % bekommt Sandra in 7 Monaten 73,50 € Zinsen.

Wie viel Geld hat sie angelegt?

7 Wie hoch sind die jährlichen Lagerzinsen, die für das Warenlager eines Fachversandes für Bäckerei- und Konditoreizubehör anfallen, wenn der durchschnittliche Lagerbestand 2 400 000,00 € beträgt und ein Zinssatz von 3,5 % zugrunde gelegt wird?

8 Eine Rechnung über 5 056,00 € sollte am 24. 5. bezahlt werden. Die Schuld wurde aber erst am 28. 9. beglichen. Zuzüglich 6,00 € Mahngebühren und Verzugszinsen wurden 5 157,78 € überwiesen.

Wie viel Prozent Verzugszinsen wurden berechnet?

9 Ein Bäckermeister benötigt für die Einrichtung einer weiteren Filiale für 200 Tage einen Kredit von 90 000,00 €.
Von seiner Bank wird ihm mitgeteilt, dass er nach 200 Tagen 93 875,00 € zurückzahlen muss.

Welchen Zinssatz hat die Bank bei ihrem Kreditangebot zugrunde gelegt?

10 Überprüfen Sie folgende Mahnung:

Rechnungsbetrag	785,30 €
+ 6 % Verzugszinsen	5,10 €
Schuld per 15. 10.	790,40 €

Die Rechnung ging dem Kunden am 6. 8. zu und war innerhalb von 30 Tagen zahlbar.

11 Frau Bauer benötigt ein Anschaffungsdarlehen in Höhe von 7 500,00 €. Hierzu vergleicht sie folgende Angebote:
- Bank A: Auszahlung 100 % bei 8,25 % Zins
- Bank B: Auszahlung 98 % bei 6,5 % Zins

Welches Angebot ist bei einer Laufzeit von 8 Monaten günstiger?

12 Martin zahlt seinen Lottogewinn in Höhe von 5 760,00 € auf sein Sparkonto ein. Das Kapital, das mit $1^1/_2$ % verzinst wird, ist bis Jahresende auf 5 796,96 € angewachsen.

a) Berechnen Sie, für wie viel Tage Zinsen gezahlt wurden.

b) Ab welchem Tag wurde der Betrag verzinst?

13 Eine Bäckergesellin nimmt am 2. 9. einen Kredit von 1 944,00 € auf. Am 3. 2. des nächsten Jahres zahlt sie 1 998,36 € zurück.

Wie hoch war der Zinssatz?

14 Bei Ratenkäufen muss bei manchen Anbietern die ganze Kaufsumme bis zur vollständigen Bezahlung verzinst werden. Ein Auszubildender kauft eine Stereoanlage im Wert von 1 440,00 €. Die Summe wird mit 8,5 % verzinst und in 18 Monatsraten abgezahlt.

a) Wie viel Zinsen müssen insgesamt gezahlt werden?

b) Der Auszubildende spart den Kaufpreis an und erhält 24,00 € Zinsen. Nun kann er die Anlage, die inzwischen 1 560,00 € kostet, bar bezahlen.
Wie viel € hat er durch die Barzahlung gewonnen?

15 Bei einem Zinssatz von $1^1/_2$ % schreibt die Bank Herrn Sauer am 31. Dezember 135,00 € Zinsen gut.

Berechnen Sie, wann sein Guthaben von 27 000,00 € eingezahlt wurde.

16 Am 6. 2. hat eine Bäckerin eine Schnellwaage für 1 850,00 € gekauft. Der Verkäufer gewährt 3 % Skonto bei Zahlung innerhalb 10 Tagen oder 30 Tage Zahlungsziel. Bei verspäteter Zahlung werden 6 % Verzugszinsen berechnet. Obwohl die Barmittel vorhanden sind, wird die pünktliche Zahlung versäumt.

a) Welcher Betrag wird mit der Mahnung vom 19. 6. fällig?

b) Wie viel € hätte die Bäckerin gespart, wenn sie am 15. 2. gezahlt hätte?

17 Für ein Darlehen in Höhe von 37 380,00 €, das zu 6 % verzinst wurde, zahlte ein Konditormeister am 24. 10. einschließlich Zinsen den Betrag von 37 753,80 € zurück.

Wann wurde das Darlehen ausbezahlt?

18 Meister Fuchs bestellt eine Gebäckformmaschine zum Preis von 5 750,00 €. Als Zahlungsbedingungen sind vereinbart:
Zahlung bei Lieferung mit 3 % Skonto oder Zahlung in 2 Monaten rein netto (= ohne Abzug).

Der Bäcker überlegt, ob es sich lohnt, für die Zahlung mit Skonto einen Überziehungskredit in der gleichen Höhe aufzunehmen. Das Kreditinstitut würde $11\,^1/_4$ % Zinsen berechnen.

19 Lena hat bei ihrer Sparkasse 1 500,00 € für die Zeit vom 28. 2. – 18. 9. zu 1,5 % angelegt.

Welchen Betrag müsste sie bei 2 % für den Zeitraum vom 12. 8. – 12. 11. anlegen, um die gleichen Zinsen zu erhalten?

20 Wegen einer Steuernachzahlung wurde ein Girokonto vom 7. 3. – 2. 4. mit 4 356,20 € überzogen.

Wie teuer war der Überziehungskredit, wenn Zinssatz und Überziehungsprovision insgesamt $10\,^3/_4$ % betragen haben?

21 Bäckermeister Reinhart möchte auf einer Ausstellung eine Brötchenanlage erwerben. Wenn er die Anlage während der Ausstellung kauft, erhält er den Messepreis, nämlich 12 % Rabatt auf den Originalpreis. Er müsste dann nur 30 360,00 € bezahlen. Da er den nötigen Betrag aber erst in 9 Monaten zur Verfügung hat, überlegt er, ob er die Anlage mit einem Kredit der Herstellerfirma finanzieren soll oder ob es günstiger ist, sie erst in 9 Monaten zum Originalpreis zu kaufen. Für den Kredit müsste er 2 % Vermittlungsprovision bezahlen, der Zinssatz würde 7 % betragen.

Wie wird er sich aus finanzieller Sicht entscheiden?

22 Die Konditorgesellin Katrin Mustermann eröffnet ein Sparkonto, auf das sie im Laufe des Jahres verschiedene Einzahlungen vornimmt (siehe Abbildung).

	Nr. 9999000019	Frau Katrin Mustermann				
	Unterschriften	Erläuterungen	Datum	Auszahlung S = Soll	Einzahlung H = Haben	Guthaben €
4		Einz.	03.01....		*500,--.	*500,--.
5		Einz.	01.03....		*100,--.	*600,--.
6		Einz.	14.04....		*400,--.	*1.000,--.
7		Einz.	01.05....		*100,--.	*1.100,--.
8	Landessparkasse	.	01.07....		*100,--.	*1.200,--.
9	Wiesenstrasse 5 27331 Obsthausen	Einz.	01.09....		*100,--.	*1.300,--.
10						
11						
12						
13						
14						
15						
2	Zinsen sind einkommenssteuerpflichtig					3

Wie hoch ist das Guthaben am 31. 12. einschließlich der Zinsen von 1,5 %?

10.3 Die effektive Verzinsung beim Ausnutzen von Skonto

Beispiel: Herr Schnorr erhält eine Rechnung über 9000,00 €. Der Lieferant räumt ein Zahlungsziel von 30 Tagen ein. Bei Zahlung innerhalb von 10 Tagen gewährt er 3 % Skonto. Um innerhalb der Skontofrist bezahlen zu können, müsste Herr Schnorr sein Bankkonto in voller Höhe überziehen. Die Bank würde dafür 10,75 % Zinsen berechnen.

a) Welche Zahlungsweise ist günstiger, die Zahlung mit Skontoabzug und Bankkredit oder die Zahlung des vollen Betrages nach 30 Tagen?

b) Welchem Zinssatz entspricht der Skontoabzug?

Lösung:

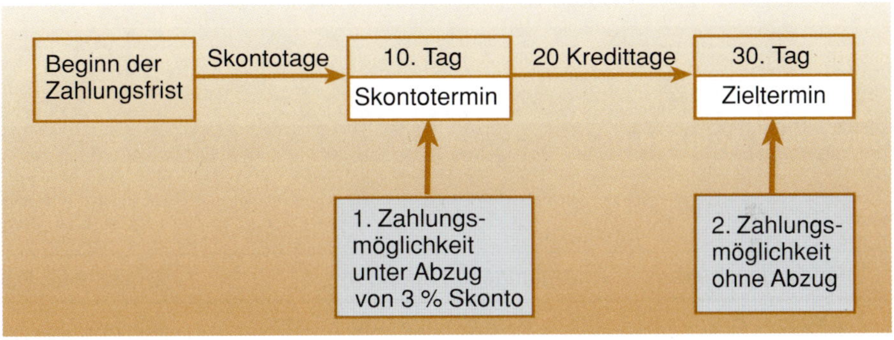

a)

Zahlungsziel:	30 Tage
– Skontofrist:	10 Tage
Kreditzeitraum:	20 Tage

Rechnungsbetrag	9000,00 €
– 3 % Skonto	270,00 €
Überweisungsbetrag/Kreditbetrag	8730,00 €

Kreditkosten: $z = \frac{k \cdot p \cdot t}{100 \cdot 360} = \frac{8730 \cdot 10{,}75 \cdot 20}{100 \cdot 360} = 52{,}14\ €$

Skontobetrag	270,00 €
– Kreditkosten	52,14 €
Finanzierungsgewinn	**217,86 €**

Ergebnis: Durch die Skontoausnutzung werden 217,86 € gespart.

b) $z = 270{,}00\ €$
$k = 8730{,}00\ €$
$t = 20$ Tage

$$p = \frac{z \cdot 100 \cdot 360}{k \cdot t} = \frac{270 \cdot 100 \cdot 360}{8730 \cdot 20} = \underline{\underline{55{,}67\ \%}}$$

Ergebnis: Der Skontoabzug entspricht einem Zinssatz von 55,67 %.

Beachten Sie:

Bei Berechnung des Skontoabzuges als Zinssatz ist:

z → Skontoabzugsbetrag

t → Zahlungsziel – Skontofrist

k → Rechnungsbetrag – Skontoabzugsbetrag

Vermischte Aufgaben

1

	Rechnungsbetrag	Zahlungsbedingungen	Zinssatz für Bankkredit
1	2800,00 €	3 % Skonto innerhalb 8 Tagen oder 30 Tage Ziel	8,5 %
2	9100,00 €	2 % Skonto innnerhalb 14 Tagen oder 60 Tage Ziel	9 %

a) Wie viel € beträgt jeweils der Vorteil, wenn mithilfe eines Bankkredits der Skontoabzug ausgenutzt wird?

b) Ermitteln Sie den effektiven Jahreszins, der dem Skontoabzug entspricht.

2 Eine Bäckermeisterin hat eine Schlagsahnemaschine zum Preis von 3600,00 € bezogen. Folgende Zahlungsbedingungen wurden vereinbart:
Zahlung innerhalb 10 Tagen abzüglich 2 % Skonto oder innerhalb 30 Tagen ohne Abzug. Aufgrund eines vorübergehenden finanziellen Engpasses hat die Bäckermeisterin den Rechnungsbetrag erst nach 30 Tagen zur Verfügung. Für die Zahlung mit Skonto müsste sie ihr Konto in voller Höhe überziehen, wofür die Bank 10,5 % Zinsen berechnen würde.

a) Um wie viel € müsste sie ihr Konto überziehen, wenn sie abzüglich Skonto bezahlen wollte?

b) Wie viel € könnte die Meisterin sparen, wenn sie zu diesen Bedingungen unter Ausnutzung von Skonto bezahlen würde?

3 Meister Kleinert kauft ein Fettbackgerät für 2250,00 €. Nach Erhalt der Rechnung kann er entweder innerhalb von 10 Tagen abzüglich 2 % Skonto oder innerhalb 30 Tagen ohne Abzug zahlen. Für eine Überschreitung des Zahlungszieles wird ein Zuschlag von 25,00 € erhoben.

a) Ermitteln Sie den Skontobetrag.

b) Herr Kleinert bezahlt 30 Tage nach dem eingeräumten Zahlungsziel.
Welchem Zinssatz entspricht der Aufschlag und der nicht ausgenutzte Skontobetrag?

4 Meister Knauser erhält eine Rechnung über 7 960,00 €, datiert vom 17. 8. Die Rechnung ist zahlbar innerhalb 10 Tagen nach Rechnungsdatum mit 3 % Skonto oder innerhalb 30 Tagen rein netto. Bei verspäteter Zahlung fallen 6 % Verzugszinsen an. Herr Knauser kann frühestens am 23. 10. zahlen. Würde er jedoch bei seiner Bank einen Überziehungskredit zu 10,5 % bis 23. 10. aufnehmen, dann könnte er abzüglich Skonto bezahlen.

a) Wie viel € muss er am 23. 10. bezahlen, wenn er keinen Bankkredit aufnimmt?

b) Wie viel € könnte er sparen, wenn er einen Überziehungskredit beanspruchen und abzüglich Skonto bezahlen würde?

5 Frau Protzke will für 150 000,00 € die gesamte Einrichtung ihres Cafés erneuern. Die Lieferfirma unterbreitet folgendes Angebot:

„Wir gewähren 5 % Rabatt. Bei Zahlung innerhalb von 10 Tagen räumen wir 3 % Skonto ein. Wird innerhalb von 30 Tagen gezahlt, darf kein Skontoabzug erfolgen. Bei verspäteter Zahlung berechnen wir 7,5 % Verzugszinsen."

Über ausreichende Mittel verfügt Frau Protzke erst 9 Monate nach Ablauf der Skontofrist.

a) Welcher Bankkredit muss aufgenommen werden, wenn innerhalb der Skontofrist bezahlt werden soll?

b) Wie teuer wäre dieser Kredit, wenn die Bank $9^1/_4$ % Zinsen verlangt?

c) Wie teuer wäre der „Lieferantenkredit"?

6 Ermitteln Sie, wie viel Prozent der Skontoabzug entspricht, wenn folgende Zahlungsbedingungen vereinbart wurden:

a) Zahlung innerhalb 10 Tagen abzüglich 2 % Skonto oder 30 Tage Ziel.

b) Zahlung innerhalb 14 Tagen abzüglich 3 % Skonto oder 60 Tage Ziel.

10.4 Die Effektivverzinsung

10.4.1 Die Effektivverzinsung bei Krediten

Beispiel: Bäckermeister Fuchs möchte seinen Verkaufsraum modernisieren. Ein Vertreter unterbreitet ihm folgendes Angebot:

- Kreditbetrag: 60 000,00 €
- Zinssatz: 6,5 %
- Auszahlung: 98 %
- Vermittlungsprovision: 1 %
- Laufzeit des Kredits: 270 Tage

Ermitteln Sie, welchen effektiven Zinssatz die Bank zugrunde legt.

Lösung: Der Nominalzinssatz gilt nur, wenn der Kredit voll, also zu 100 %, ausbezahlt wird. Häufig jedoch kürzen die Kreditgeber den Kreditbetrag um einen bestimmten Abschlag, um das so genannte **Disagio,** d. h., die Auszahlungsquote liegt unter 100 %. Die Folge: Der Kunde erhält weniger ausbezahlt, muss aber das Darlehen voll zurückzahlen (tilgen). Auch die Zinsen werden aus dem vollen Kreditbetrag berechnet. Dies führt dazu, dass sich der **effektive (tatsächliche) Zinssatz** erhöht. Nach dem BGB (Bürgerlichen Gesetzbuch) und nach der Verordnung über Preisangaben muss bei Ratenkrediten dieser effektive Zinssatz genannt werden.

Kreditbetrag → 60 000,00 € ← Grundlage für die Jahreszinsberechnung

Auszahlungsbetrag → 58 200,00 €

① **Berechnung des Auszahlungsbetrages:**

	Kreditbetrag	60 000,00 €
–	2 % Disagio	1 200,00 €
–	1 % Vermittlungsprovision:	600,00 €
=	Auszahlungsbetrag	58 200,00 €

② **Berechnung der Zinsen:**

$$z = \frac{k \cdot p \cdot t}{100 \cdot 360} = \frac{60\,000 \cdot 6{,}5 \cdot 270}{100 \cdot 360} = 2\,925{,}00\ €$$

③ **Berechnung der Kreditkosten:**

	Disagio	1 200,00 €
+	Vermittlungsprovision:	600,00 €
+	Zinsen	2 925,00 €
=	Kreditkosten	4 725,00 €

Berechnung des Effektivzinssatzes

Die Berechnung des Zinssatzes erfolgt nach der bereits bekannten Formel. Den effektiven Zinssatz erhält man allerdings nur, wenn die gesamten Kreditkosten sowie der verringerte Auszahlungsbetrag berücksichtigt werden.

Es gilt:

Kreditkosten → z

$$p_{eff} = \frac{z \cdot 100 \cdot 360}{k \cdot t} = \frac{4\,725 \cdot 100 \cdot 360}{58\,000 \cdot 270} = \underline{\underline{10{,}86\ \%}}$$

Auszahlungsbetrag → k

Ergebnis: Der effektive Zinssatz beträgt 10,86 %.

Beachten Sie:

Der Effektivzinssatz beim Kredit wird mit folgender Formel berechnet:

$$\textbf{effektiver Zinssatz} = \frac{z \cdot 100 \cdot 360}{k \cdot t}$$

Bei der Anwendung der Formel gilt:

- **z** → Kreditkosten = Zinsen + Disagio + Vermittlungsprovision + Restschuldversicherung
- **k** → Auszahlungsbetrag
- **t** → Laufzeit des Kredits

Aufgaben

1 Berechnen Sie den effektiven Zinssatz:

	Kreditbetrag	Auszahlung	Vermittlungsprovision	Kreditlaufzeit	Zinssatz
a)	4 000,00 €	98 %	1,5 %	240 Tage	9 %
b)	2 000,00 €	98,5 %	1 %	2 Jahre	6 %
c)	17 500,00 €	98,5 %	2 %	315 Tage	8 %
d)	45 000,00 €	99 %	0,5 %	7 Monate	$6\frac{1}{2}$ %

2 Für die Modernisierung einer Bäckerei wurde ein Kredit in Höhe von 130 000,00 € aufgenommen. Die Bank verlangt 6,8 % Zinsen bei 98,25 % Auszahlung. Die Laufzeit des Kredits beträgt 3 Jahre.

Ermitteln Sie

a) das Disagio,

b) den effektiven Jahreszinssatz.

3 Am 15. 3. nimmt Frau Gruber einen Kredit in Höhe von 110 000,00 € auf. Der Zinssatz beträgt 7,5 %, die Auszahlung 98 %, als Laufzeit wurden 4 Jahre vereinbart.

Berechnen Sie

a) das Disagio,

b) den Auszahlungsbetrag,

c) den effektiven Zinssatz,

d) die Zinsen zum 31. 12. des 1. Jahres.

4 Die Räumlichkeiten des Café Sauer sollen modernisiert werden. Herr Sauer benötigt deshalb einen Kredit in Höhe von 72 000,00 €. Seine Bank unterbreitet ihm folgendes Angebot:

- Zinssatz 7,5 %
- Zinsfestschreibung 2 Jahre
- 0,5 % Restschuldversicherung
- Auszahlung 98,5 %

a) Ermitteln Sie, wie viel € Herr Sauer an Zinsen und Gebühren insgesamt während der Kreditlaufzeit zu bezahlen hat.

b) Wie hoch ist der effektive Jahreszinssatz für diesen Kredit?

11 Nährstoff- und Nährwertberechnungen

Solange sie in Betrieb ist, verbraucht jede Maschine Energie. Diese gewinnt man in der Regel durch die Verbrennung verschiedener Energieträger wie z. B. Benzin, Gas, Öl, Kohle usw. Alle diese Stoffe haben eines gemeinsam: Sie enthalten Kohlenstoff (C).

Damit er seine Lebensvorgänge aufrechterhalten kann, ist auch der menschliche Körper auf eine laufende Energiezufuhr angewiesen. Auch er erzeugt die benötigte Energie durch die Verbrennung von kohlenstoffhaltigen Stoffen, den so genannten **Nährstoffen.** Energie liefernde Nährstoffe sind **Kohlenhydrate, Eiweiß** und **Fett.** Die internationale Maßeinheit für den Energiegehalt (Nährwert) ist das **Joule (J).** 1000 Joule (J) entsprechen **1 Kilojoule (kJ).**

Nährwerte wichtiger Nährstoffe		
1 g Kohlenhydrate	=	17 kJ
1 g Eiweiß	=	17 kJ
1 g Fett	=	37 kJ
1 g Alkohol	=	29 kJ

Die Höhe des Energiebedarfs eines Menschen hängt ab von seinem Alter, seiner Größe, seinem Gewicht, seinem Geschlecht sowie der Art und dem Umfang der geleisteten Arbeit.

Empfehlenswerte Energiezufuhr für Erwachsene			
Körpergewicht	Art der Arbeit		
	leicht	mittelschwer	schwer
50 kg	6700 kJ	7750 kJ	10500 kJ
55 kg	7300 kJ	8400 kJ	11500 kJ
60 kg	7950 kJ	9400 kJ	12500 kJ
65 kg	8800 kJ	10000 kJ	13600 kJ
70 kg	9400 kJ	10900 kJ	14650 kJ
75 kg	10000 kJ	11700 kJ	15700 kJ
80 kg	10900 kJ	12550 kJ	16750 kJ
85 kg	11500 kJ	13200 kJ	17800 kJ

Beispiel: Ein Brötchen enthält 25 g Kohlenhydrate, 1 g Fett und 4 g Eiweiß.
Berechnen Sie den Nährwert (Energiegehalt).

Lösung:

Kohlenhydrate:	25 g · 17 kJ/g	=	425 kJ
Fett:	1 g · 37 kJ/g	=	37 kJ
Eiweiß:	4 g · 17 kJ/g	=	68 kJ
Gesamter Nährwert (Energiegehalt)			530 kJ

Ergebnis: Der Nährwert eines Brötchens beträgt 530 kJ.

Nährstofftabelle für Backwaren und andere Nahrungsmittel

Lebensmittel (je 100 g verzehrbarer Anteil)	Energie in kJ	Kohlenhydrate verwertbar g	Fette g	Eiweiß g	Wasser g
Bäckerhefe	325	0	1,2	16,7	73,0
Bienenhonig (im Durchschnitt)	1367	81,0	–	0,3	17,0
Butter	3156	0,7	83,2	0,7	15,3
Butterschmalz	3752	0	99,5	0,3	0,3
Cola	182	10,9	–	+	89,0
Cornflakes	1580	84,0	0,9	7,7	6,0
Eier (Hühnereier, Gesamtinhalt)	651	0,7	11,3	12,8	74,4
Emmentaler, 45 % F. i.Tr.	1664	+	31,2	28,9	35,1
Fleischkäse, Leberkäse	1243	+	27,5	12,4	57,0
Gurken, roh	51	1,8	0,2	0,6	96,4
Gurken, eingelegt (Salz-Dill-G.)	126	2,5	0,2	1,0	90,7
Joghurt, 3,5 % Fett	276	4,0	3,5	3,3	87,5
Joghurt, Magerstufe	144	4,2	0,1	3,5	89,8
Ketchup (Tomatenketchup)	434	24,7	0,3	2,0	71,0
Margarine	3023	0,4	80,0	0,2	19,1
Milch, 3,5 % Fett (Kuhmilch)	267	4,8	3,5	3,3	87,5
Pommes frites, verzehrfertig	1214	35,7	14,5	4,2	43,6
Roggenmehl, Type 815	1341	71,0	1,0	6,9	14,3
Roggenmehl, Type 1150	1333	67,8	1,3	8,9	13,6
Roggenmehl, Vollkorn	1225	59,0	1,5	10,8	14,3
Quark, 40 % in Tr.	667	2,6	11,4	11,1	73,5
Quark, Magerstufe	300	3,2	0,3	13,5	81,3
Schlagsahne	1291	3,4	31,7	2,4	62,0
Salami	1552	+	33,0	18,5	27,7
Schinken, gesalzen & gekocht	524	+	3,7	22,5	63,9
Schinken, gesalzen & geräuchert	635	+	7,7	20,7	70,6
Schokolade, Vollmilch	2221	56,0	30,0	9,2	1,0
Schokolade, halbbitter	2180	33,0	30,0	5,3	1,0
Weizenmehl, Type 405	1403	71,0	1,0	10,6	14,1
Weizenmehl, Type 550	1409	70,8	1,1	10,9	13,7
Weizenmehl, Type 1050	1383	67,0	1,8	11,6	13,7
Weizenmehl, Vollkorn	1262	59,7	2,0	12,1	12,6
Weizenpuder (Stärke)	1451	86,1	0,1	0,4	12,3
Wiener Würstchen	1236	+	28,3	10,2	56,4
Zucker (Raffinade)	1680	100,0	0	0	+
Backwaren					
Biskuit, Löffel-	1703	82,0	5,0	8,5	4,0
Blätterteiggebäck	1575	33,0	25,0	5,0	37,0
Butterkeks, einfach	1766	75,0	10,0	8,0	4,0
Knäckebrot	1328	66,0	1,5	10,0	6,2
Marmorkuchen	1593	52,0	15,9	5,2	27,0
Obstkuchen, Hefeteig	736	32,2	3,5	3,9	57,0
Pumpernickel	772	36,5	1,0	7,4	45,0
Rührteig	1805	58,0	19,0	7,0	16,0
Roggenbrot	915	45,7	1,0	6,7	40,0
Roggenmischbrot	888	43,7	1,1	6,9	41,0
Roggenvollkornbrot	817	38,8	1,2	7,3	43,0
Sahnetorte	1527	30,0	25,0	5,0	40,0
Weihnachtsstollen	1449	51,5	13,0	5,8	25,0
Weißbrot	986	48,0	1,2	8,2	39,0
Weizenmischbrot	937	47,7	1,1	6,7	40,0
Weizenvollkornbrot	854	41,0	1,0	7,8	43,0
Weizenbrötchen	1146	55,5	1,9	8,7	29,5
Weizentoastbrot	1175	48,0	4,5	7,4	36,0
Zwieback, eifrei	1541	73,1	4,0	10,0	8,5

Erläuterung: „+“ = in Spuren; „–“ = keine Daten; „0“ = nicht vorhanden

Auszüge aus „Die große GU Nährwert Kalorien Tabelle 2010/11“ (von Prof. I. Elmadfa et al.)

Beachten Sie:

Wer den Nährwert seiner Mahlzeiten berechnet, tut dies meist in der Absicht, Übergewicht zu vermeiden und gesundheitsbewusst zu essen.

Hierbei ist Folgendes zu berücksichtigen:

- Nur wenn die erforderliche Energie vorhanden ist, kann der menschliche Körper Arbeit leisten. Diese Energie erhält der Körper durch die aufgenommene Nahrung.
- Nur wenn der Körper mehr Nährstoffe aufnimmt, als er verbraucht, entsteht Übergewicht, das als Fett im Körper abgelegt wird.
- Ausschlaggebend ist nicht das Gewicht der zugeführten Nahrung, sondern deren Zusammensetzung. Bei gleicher Menge lässt sich häufig durch eine Umstellung der Nahrungszusammensetzung eine Reduzierung des Nährwerts erreichen.

Aufgaben

Alle Daten, die für die Bearbeitung der Aufgaben benötigt werden, sind entweder in der Aufgabenstellung enthalten oder in den Tabellen auf den Seiten 112 und 113.

1 Weizen enthält durchschnittlich 2,0 % Fett.

Berechnen Sie den Fettgehalt von 50 kg Weizen.

2 Roggen enthält etwa 60,7 % Kohlenhydrate und 8,7 % Eiweiß.

Berechnen Sie, wie viel kg Kohlenhydrate und wie viel kg Eiweiß eine Roggenlieferung von 750 kg enthält.

3 Bei schwerer körperlicher Arbeit benötigt ein Mann täglich 500 g Kohlenhydrate, 100 g Fett und 150 g Eiweiß.

Wie viel macht das in Kilojoule?

4 Das Frühstück (= 1 700 kJ) und das Abendessen (= 3 000 kJ) eines Büroangestellten und eines Bäckers haben die gleiche Zusammensetzung. Der Büroangestellte hat ein Körpergewicht von 70 kg, der Bäcker wiegt 80 kg.

a) Ermitteln Sie, wie viel kJ jeder täglich benötigt.

b) Wie viel kJ darf das Mittagessen für den Büroangestellten und für den Bäcker noch haben?

5 Ein Steinmetzbrot enthält je 100 g 6,8 g Eiweiß, 1,3 g Fett und 41,1 g Kohlenhydrate.

Ermitteln Sie den Nährwert (Energiegehalt) eines Steinmetzbrotes mit 750 g.

6 Bei einer ausgewogenen Nahrungszusammenstellung rechnet man mit 15 % Eiweißanteil, 30 % Fettanteil und 55 % Kohlenhydraten.

Berechnen Sie, wie viel g Eiweiß, wie viel g Fett und wie viel g Kohlenhydrate der 80 kg schwere Robert Leicht täglich benötigt, wenn er nur leichte Arbeit leistet.

7 Eine Waffelmischung enthält je kg 680 g Kohlenhydrate, 225 g Fett und 51 g Eiweiß.

Berechnen Sie den Energiegehalt (Nährwert) für ein Päckchen mit 250 g.

8 Welchen Nährwert hat ein Makronen-Lebkuchen mit 20 g Gewicht, wenn darin 35 % Kohlenhydrate, 24 % Fett und 5 % Eiweiß enthalten sind?

9 Wie viel g Blätterteiggebäck entsprechen 3 500 kJ?

10 Der Gesamtenergiebedarf sollte durch folgende Nährstoffanteile gedeckt werden: 15 % Eiweiß, 30 % Fett und 55 % Kohlenhydrate.

Welche Mengen der einzelnen Nährstoffe müsste demnach ein 70 kg schwerer Erwachsener täglich zu sich nehmen, wenn er bei mittelschwerer Arbeit etwa 14 650 kJ benötigt?

11 Lukas Klein sollte auf Anraten seines Hausarztes täglich höchstens 9 500 kJ zu sich nehmen. Tatsächlich nimmt er 73 g Eiweiß, 120 g Fett und 270 g Kohlenhydrate zu sich.

Um wie viel kJ übersteigt die tatsächliche Nahrungsaufnahme seinen Energiebedarf?

12 Ein Bundesbürger nimmt pro Jahr im Durchschnitt etwa 17 Liter reinen Alkohol zu sich.

Wie hoch ist der Energiegehalt (Nährwert) der jährlichen Alkoholmenge, wenn 1 Liter Alkohol ca. 800 g entspricht?

13 125 g Haselnusspralinen enthalten 12 g Eiweiß, 60 g Kohlenhydrate und 45 g Fett.

a) Berechnen Sie den Energiegehalt (Nährwert).

b) Wie viele Brötchen entsprechen demselben Energiegehalt, wenn 1 Brötchen 550 kJ enthält?

14 180 g Filetsteak vom Rind enthalten 38,2 g Eiweiß.

a) Welche Menge Magerquark (Eiweißgehalt 13,5 %) enthält genauso viel Eiweiß?

b) Wie viel Vollkornbrot (Eiweißgehalt 7,8 %) enthält die gleiche Menge Eiweiß?

15 Ein Erwachsener mit einem Körpergewicht von 75 kg leistet mittelschwere Arbeit. Seine Gesamtenergiezufuhr sollte zu 55 % aus Kohlenhydraten bestehen.

Ermitteln Sie, wie viel g Kohlenhydrate und wie viel kJ das sind.

16 Vergleichen Sie den Energiegehalt (Nährwert):

a) 2 Scheiben Roggenbrot à 50 g
<=> 1 Stück Sahnetorte zu 100 g,

b) 1 Scheibe mit 70 g Weihnachtsstollen
<=> 2 Scheiben à 35 g Weizentoastbrot,

c) 3 Scheiben à 25 g Knäckebrot
<=> 1 Päckchen mit 75 g Butterkeks.

17 Zum Frühstück isst Claudia eine Portion (40 g) Cornflakes mit 250 g Vollmilch (3,5 %) und 10 g Zucker.

Berechnen Sie den Energiegehalt (Nährwert) dieses Frühstücks.

18 Julian bestellt im Café ein Stück Obstkuchen (150 g) mit einer großen Portion Schlagsahne (50 g). Jan möchte lieber ein Stück Sahnetorte (120 g), weil dies seiner Meinung nach nicht so dick macht.

Wer hat weniger Energie (kJ) zu sich genommen, Jan oder Julian?

19 Uwe geht während der Mittagspause in einen Schnellimbiss und verzehrt dort: 1 Portion Pommes frites (150 g) mit Ketchup (5 g), ein Fleischkäsebrötchen (150 g Fleischkäse, 50 g Weizenbrötchen) und ein kleines Colagetränk (200 g).

Welchen Nährwert (Energiegehalt) hat dieses Mittagessen?

20 Karin nimmt zum zweiten Frühstück ein belegtes Brot zu sich, das aus 50 g Weizenmischbrot, 5 g Butter und 20 g Salami besteht.

a) Welchen Energiegehalt (Nährwert) hat Karins zweites Frühstück?

b) Wie viel g Joghurt (Magerstufe) könnte sie essen, um genauso viel Energie zu sich zu nehmen?

21 Eine Wiener Masse setzt sich folgendermaßen zusammen:
250 g Ei, 150 g Zucker, 100 g Weizenmehl (405), 100 g Stärke und 60 g Margarine.

Berechnen Sie den Energiegehalt.

22 Zur Herstellung von 1 kg Eismix werden 640 g Milch (3,5 % Fettanteil), 150 g Zucker, 200 g Ei und 10 g Cremepulver (= Stärke) sowie Gewürze verwendet.

a) Berechnen Sie den Fettgehalt des Eismix.

b) Wie viel kJ enthält eine Portion Eis von 120 g?

c) Die Eisportion wird als Birne Helene hergerichtet und dabei mit einer Birnenhälfte (30 kJ), 10 g flüssiger Vollmilchschokolade und einem Löffelbiskuit (10 g) dekoriert.
Errechnen Sie den Energiegehalt (Nährwert).

23 Ein herzhafter Schinken-Snack besteht aus 20 g gekochtem Schinken, 10 g Emmentaler und 70 g Blätterteiggebäck.

a) Berechnen Sie den Eiweiß- und Fettgehalt dieses Snacks.

b) Berechnen Sie den Energiegehalt (Nährwert) des Schinken-Snacks.

c) Wie viel Roggenvollkornbrot ersetzt den Bestandteil Blätterteiggebäck, wenn noch 10 g Butter zum Bestreichen des Brotes verwendet werden, der Energiegehalt aber gleich bleiben soll?

24 Bernd trinkt gern ein Gläschen Wein.

Wie viel kJ nimmt er in einer Woche zu sich, wenn er täglich ein Glas (200 g) Qualitätswein trinkt?

Berücksichtigen Sie bei der Berechnung folgende Daten: Alkoholgehalt 9,5 %, Restzucker/Kohlenhydratgehalt 3 %, Eiweißgehalt 0,1 %.

12 Die Lohnabrechnung

Beispiel: Die Bäckereifachverkäuferin Lisa Müller hat einen Stundenlohn von 12,20 €. Im letzten Monat kam sie auf 168 Arbeitsstunden. Zusätzlich leistete sie 14 Überstunden, die mit 25 % Zuschlag vergütet werden. Außerdem erhielt sie eine Kassenzulage von 30,00 €. Lisa Müller hat Steuerklasse I, sie ist alleinstehend ohne Kind und 25 Jahre alt.

a) Wie hoch ist ihr Bruttolohn?

b) Wie hoch ist ihr Nettolohn?
Lösungshinweis: Die Höhe der Lohnsteuer, Kirchensteuer (8 % der Lohnsteuer), Krankenversicherung, Rentenversicherung, Arbeitslosenversicherung und Pflegeversicherung ist den Tabellen auf den Seiten 118, 124 ff. zu entnehmen. Die Krankenkasse von Lisa Müller erhebt einen Zusatzbeitrag von 1,1 %.

c) Wie hoch ist der ausbezahlte Lohn, wenn noch 114,45 € für Kost anfallen?

Lösung:

a)	168 · 12,20 €	2049,60 €	Grundlohn
			+
	+ 14 Überstunden = (14 · 12,20 €) + 25 %	213,50 €	Zuschläge (in %)
			+
	+ Kassenzulage	30,00 €	Zulagen (in €)
			=
	= Bruttolohn	**2293,10 €**	Bruttolohn
			–
b)	– Lohnsteuer lt. Tabelle	229,16 €	gesetzliche Abzüge
	– Kirchensteuer lt. Tabelle	18,33 €	gesetzliche Abzüge
	– Rentenversicherung (Arbeitn.-anteil 9,3 %)	213,26 €	gesetzliche Abzüge
	– Arbeitslosenversicherung (Arbeitn.-anteil 1,2 %)	27,52 €	gesetzliche Abzüge
	– Krankenversich. (Arbeitn.-anteil 7,3 % + 0,55 %)	180,01 €	gesetzliche Abzüge
	– Pflegeversich. (Arbeitn.-anteil 1,525 % + 0,25 %)	40,70 €	gesetzliche Abzüge
			=
	= Nettolohn	**1584,12 €**	Nettolohn
			–
c)	– Kost	114,45 €	sonstige Abzüge
			=
	= Ausbezahlter Lohn	**1469,67 €**	ausbezahlter Lohn

Erläuterungen: Der **Bruttolohn** ist das vereinbarte Arbeitsentgelt einschließlich aller Zulagen und Zuschläge.
Der **Nettolohn** ergibt sich, wenn man den Bruttolohn um die gesetzlichen Abzüge vermindert.

Gesetzliche Abzüge

Vom Bruttoverdienst behält der Arbeitgeber die Lohnsteuer ein und führt sie an das Finanzamt ab. Grundlage für den Lohnsteuerabzug sind die Lohnsteuertabelle (vgl. Seiten 124 ff.) und die Steueridentifikationsnummer. Unter Angabe des Geburtsdatums und der Steueridentifikationsnummer seines Arbeitnehmers kann der Arbeitgeber beim Bundeszentralamt für Steuern wichtige Daten elektronisch abrufen, die er zur Steuerberechnung benötigt, z. B. Steuerklasse und Kinderfreibeträge. Grundsätzlich gilt: Die Höhe der Lohnsteuer hängt vom Bruttolohn und von der Steuerklasse ab.

Durch die Einordnung in Steuerklassen werden Arbeitnehmer mit gleichen Besteuerungsmerkmalen zusammengefasst. Man unterscheidet 6 Steuerklassen:

Steuerklasse I: ledige, geschiedene oder verwitwete Arbeitnehmer
Steuerklasse II: Arbeitnehmer wie in Steuerklasse I, bei denen der Entlastungsbetrag für Alleinerziehende zu berücksichtigen ist.
Steuerklasse III: verheiratete Arbeitnehmer, Alleinverdiener oder Hauptverdiener
Steuerklasse IV: Verheiratete, beide Ehegatten verdienen etwa gleich viel
Steuerklasse V: Verheiratete, Ehegatte hat Steuerklasse III
Steuerklasse VI: ab dem zweiten Arbeitsverhältnis

Der **Kirchensteuer** unterliegen die Mitglieder der einzelnen Religionsgemeinschaften. Der Steuersatz beträgt je nach Bundesland 8 oder 9 % der Lohnsteuer.
Von höheren Einkommen wird ein Solidaritätszuschlag einbehalten, der bis zu 5,5 % der Lohnsteuer beträgt. Rund 90 % der Steuerzahler sind jedoch von seiner Zahlung freigestellt, da er nur noch bei höheren Einkommen anfällt (Stand: 2021).
Vom Bruttolohn werden auch die **Arbeitnehmeranteile zur Sozialversicherung** abgezogen. Der Arbeitnehmer trägt jeweils die Hälfte der Beiträge für die Krankenversicherung, die Rentenversicherung, die Arbeitslosenversicherung und die Pflegeversicherung. Der Arbeitgeber übernimmt die andere Hälfte und führt die gesamten Beiträge an die Krankenkasse ab, die sie weiterleitet. Die einzelnen Sozialversicherungsbeiträge werden vom Bruttolohn berechnet.

Sozialversicherungsbeitragssätze (Stand 2021)

	Gesamtbeitrag	Arbeitnehmeranteil
Rentenversicherung	18,6 %	**9,3 %**
Arbeitslosenversicherung	2,4 %	**1,2 %**
Krankenversicherung	14,6 %	**7,3 % + 1/2 Zusatzbeitrag** *
Pflegeversicherung	3,05 %	**1,525 % + 0,25 %** **

* Der Arbeitnehmer zahlt zusätzlich zu seinem Anteil die Hälfte des Zusatzbeitrages seiner Krankenkasse, derzeit zwischen 0,2 % und 2,7 %.
** Kinderlose Arbeitnehmer über 23 Jahren zahlen zusätzlich zu ihrem Anteil 0,25 %.

Abgaben auf sogenannte **Minijobs** (bis 450 €) erhält die Bundesknappschaft. Auf diese Einkommen zahlt der Arbeitgeber pauschal 30 % Abgaben, und zwar 15 % Rentenversicherungsbeitrag, 13 % Krankenkassenbeitrag und 2 % Pauschalsteuer. Eine besondere Regelung gilt für **Niedriglohnjobs** (s. S. 122). Die Sonderregelungen über Niedriglohnjobs gelten allerdings nicht für Auszubildende.
Den **ausbezahlten Lohn** erhält man, wenn der Nettolohn um sonstige Abzüge vermindert wird. **Sonstige Abzüge** können z. B. sein: Mietzahlungen für Betriebswohnungen, Kost, Lohnpfändungen oder Beiträge für vermögenswirksame Sparverträge.

Beachten Sie:

Bruttolohn
– Lohnsteuer, Kirchensteuer, Solidaritätszuschlag
– Sozialversicherungsbeiträge
} gesetzliche Abzüge

= **Nettolohn**
– sonstige Abzüge
= **ausbezahlter Lohn**

Aufgaben

1 Ermitteln Sie die anfallende Lohnsteuer und die Kirchensteuer anhand der Lohnsteuertabellen auf den Seiten 124 ff.

	Monats-verdienst	Steuer-klasse	Kinder-freibeträge	Kirchen-steuer
a)	1 130,00 €	I	–	8 %
b)	1 778,00 €	II	1,0	9 %
c)	1 590,00 €	IV	1,5	8 %

2 Geselle Felix erhält einen monatlichen Bruttolohn in Höhe von 2 259,00 €.
Davon werden ihm abgezogen:
- für Lohnsteuer 221,83 €
- für Kirchensteuer 19,96 €
- Sozialversicherung 451,24 €

Wie hoch ist der ausgezahlte Nettolohn?

3 Verwenden Sie die Sozialversicherungssätze von Seite 118 und geben Sie an, wie hoch für die Arbeitnehmer die Monatsbeiträge für die einzelnen Versicherungen sind:

a) Monatslohn 2 636,00 € eines 25 Jahre alten Bäckers, der zwei Kinder hat und dessen Krankenkasse 0,9 % Zusatzbeitrag verlangt.

b) Monatslohn 1 668,00 € einer ledigen Aushilfskraft, die 19 Jahre alt ist und 1,5 % Zusatzbeitrag zur Krankenversicherung zahlen muss.

c) Monatslohn 2 062,00 € einer 24-jährigen Verkäuferin, die kein Kind hat, aber 1,3 % Zusatzbeitrag für die Krankenversicherung zahlen muss.

4 Die 21-jährige Brigitte hat ein Bruttoeinkommen von 1 884,00 €.

Verwenden Sie die Tabelle auf Seite 118 und berechnen Sie, wie viel an Sozialversicherungsbeiträgen abgezogen wird, wenn noch 1,1 % Zusatzbeitrag für die Krankenversicherung berücksichtigt werden muss.

5 Ein 24-jähriger lediger und kinderloser Bäckergeselle (Steuerklasse I) bezieht einen Bruttolohn von 2 530,00 €. Die Kirchensteuer beträgt 8 % der Lohnsteuer, der Zusatzbeitrag der Krankenkasse 1,4 %.

Verwenden Sie die Steuertabellen (S. 124 ff.) sowie die Sozialversicherungssätze (S. 118) und ermitteln Sie den Nettolohn.

6 Eine 20 Jahre alte Kollegin erhält brutto 1 850,00 €. Auf der Steuerkarte ist Steuerklasse I eingetragen. Die Kirchensteuer beträgt 9 % der Lohnsteuer, der Zusatzbeitrag zur Krankenversicherung 1,6 %.

a) Berechnen Sie den Nettolohn mithilfe der Tabellen auf den Seiten 118, 124 ff.

b) Welchen Betrag erhält sie ausbezahlt, wenn 35,00 € vermögenswirksame Leistungen vom Nettolohn abgezogen werden?

7 Der Bruttoverdienst einer Verkäuferin beträgt 2 075,00 €.
Die gesamten Abzüge belaufen sich auf rund 29,65 %.

Wie hoch ist der Nettolohn?

8 Der Bruttolohn eines Bäckers beläuft sich auf 2217,00 €. Laut Lohnsteuertabelle werden 168,75 € für Lohnsteuer und 15,18 € für Kirchensteuer abgezogen. Für die Sozialversicherung werden 20,275 % als Arbeitnehmeranteil einbehalten.

a) Wie hoch ist der Nettolohn?

b) Wie hoch ist der ausgezahlte Betrag, wenn für Kost und Wohnung 360,00 € angerechnet werden?

9 Die Aushilfskraft Lena Jonas erhält einen Stundenlohn von 10,50 €. Im letzten Monat arbeitete sie 168 Stunden. Außerdem leistete sie 16 Überstunden, für die ein Zuschlag von 25 % gewährt wird. Frau Jonas ist in Steuerklasse II und hat einen vollen Kinderfreibetrag.

a) Ermitteln Sie den Bruttolohn.

b) Ermitteln Sie den Nettolohn. Entnehmen Sie hierzu die Lohnsteuer und die Kirchensteuer der entsprechenden Tabelle (Kirchensteuer 8 % der Lohnsteuer). Der Arbeitnehmeranteil zur Sozialversicherung beträgt insgesamt 20,225 %.

c) Wie hoch ist der ausbezahlte Lohn, wenn noch 35,00 € für vermögenswirksame Leistungen sowie eine Lohnpfändung in Höhe von 110,00 € berücksichtigt werden müssen?

10 Eine Verkäuferin hat ein Bruttoeinkommen von 1 848,00 €.

Wie hoch ist ihr Nettolohn, wenn der Arbeitnehmeranteil zur Sozialversicherung 20,775 % beträgt und für Lohn- und Kirchensteuer 7,8 % abgezogen werden?

11 Martin verdient netto 1 543,12 € im Monat. Die Abzüge betragen: Lohn- und Kirchensteuer 10,39 % sowie 20,1 % für die Sozialversicherung.

Ermitteln Sie das Bruttogehalt.

12 Eine Filialleiterin verdient brutto 2585,00 €. Für die Krankenversicherung werden einschließlich Zusatzbeitrag 8,0 % Arbeitnehmeranteil abgezogen, für die Rentenversicherung 9,3 % Arbeitnehmeranteil, für die Arbeitslosenversicherung 1,2 % Arbeitnehmeranteil und für die Pflegeversicherung 1,775 % Arbeitnehmeranteil.

a) Berechnen Sie den Nettolohn unter Anwendung der Lohnsteuertabelle. (Steuerklasse I, keine Kinderfreibeträge, 9 % Kirchensteuer).

b) Wie hoch ist der ausgezahlte Betrag, wenn für Kost und Wohnung 299,60 € abgezogen werden?

13 Das Bruttogehalt einer Teilzeitkraft beträgt 1 289,00 €. Für die Krankenversicherung werden einschließlich Zusatzbeitrag 8,0 %, für die Arbeitslosenversicherung 1,2 %, für die Rentenversicherung 9,3 % und für die Pflegeversicherung 1,775 % einbehalten. Die Lohnsteuer beläuft sich auf 21,16 €, die Kirchensteuer macht 8 % der zu zahlenden Lohnsteuer aus.

a) Berechnen Sie die Kirchensteuer.

b) Ermitteln Sie die Summe der Abzüge.

c) Berechnen Sie den Nettolohn.

d) Wie viel % des Bruttogehaltes betragen die Abzüge?

14 Frau Petridis hat ein monatliches Bruttoeinkommen von 1 943,00 €.

Wie hoch ist ihr Nettolohn, wenn sie nach Steuerklasse IV besteuert wird und sie 1,5 Kinderfreibeträge in Anspruch nehmen kann? (Vgl. Tabellen auf den Seiten 118 und 124 ff.) Frau Petridis bezahlt keine Kirchensteuer, ihre Krankenkasse verlangt 1,2 % Zusatzbeitrag.

15 Bei einem Einstellungsgespräch verlangt eine Bäckereifachverkäuferin ein Nettogehalt von 1 400,00 €.

Welches Bruttogehalt muss der Bäckermeister zahlen, wenn er Abzüge von ca. 28,4 % zu berücksichtigen hat?

16 Die 19-jährige Heike Meyer arbeitet als Teilzeitkraft in der Konditorei Baumann.

Überprüfen Sie, ob Meister Baumann ein Fehler in der folgenden Gehaltsabrechnung unterlaufen ist. Heike Meyers Krankenkasse verlangt einen Zusatzbeitrag von 1,2 %.

Lohn-/Gehaltsabrechnung

Firma (Stempel)

Name: *Heike Meyer*

Zeitraum: *Juli 20...*

Bereich	Position	Angabe	Bemessung		Betrag		Summe	
Steuerpflichtiger Lohn/Gehalt	Gehalt / Std. à €	/ /					1378	00
	Weihnachts-/Urlaubsgeld						+	
	Überstunden à €						+	
	Überstd.-/Akkord-Zuschläge						+	
	Sonderzahlungen/Sachbezüge						+	
	Sonn-, Feiertags- und Nachtzuschläge aus Grundlohn €						+	
	Fahrgeld-Erstattung						+	
							+	
	Vermögenswirksame Leistungen des Arbeitgebers						+ 13	00
Bemessungsgrundlage	Brutto-Verdienst		1391	00			= 1391	00
	Lohnsteuer-Freibetrag		– /	/				
Abzüge	Lohnsteuer Kl.	I/0 aus	1391,00		= 173	91		
	Kirchensteuer	kath. 8%			+ 13	91		
	Solidaritätszuschlag				+			
	Sozialversicherungsbeiträge Arbeitnehmeranteil: Krankenkasse	IKK			+ 109	89		
	Rentenversicherung				+ 129	36		
	Arbeitslosenversicherung				+ 16	69		
	Pflegeversicherung				+ 21	21		
	Vorschuss/Abschlagszahlungen				+			
	Kost (Mittagessen)				+ 57	20		
	Vermögenswirks. Leistg. an	*Volksbank*			+ 35	00	– 557	17
Steuerfreie Bez.	Sonn-, Feiertags- und Nachtzuschläge				+		=	
	Auslagen-Erstattung/Fahrgeld				+			
	Ersatzkassen-Erstatt./Zuschuss z. freiw. Krankenvers.				+			
					+		+	
	Auszuzahlender Betrag						= 833	83

Errechnet: *31. 7. 20...*

Datum

Zeichen: *Baumann*

Abrechnung anerkannt und Betrag richtig erhalten

Datum ____ Unterschrift ____

Niedriglöhne

Niedriglohnjobs von 450,01 bis 1 300 € unterliegen nicht dem vollen Sozialversicherungsbeitrag. Der **Arbeitnehmer** zahlt innerhalb dieses **Übergangsbereichs** einen **reduzierten Beitrag,** der bei rund 10 % beginnt und langsam ansteigt, bis er bei einem Verdienst von 1 300 € den vollen Satz von ca. 21 % erreicht. Der **Arbeitgeber** dagegen muss für Niedriglöhne den **vollen Beitragsanteil** zahlen. Um den reduzierten Beitrag des Arbeitnehmers zu ermitteln, vermindert man die Beitragsbemessungsgrundlage, d. h. das beitragspflichtige Arbeitsentgelt. Hierfür wird eine komplizierte Formel verwendet. Da in diese Formel der durchschnittliche Gesamtsozialversicherungsbeitrag einfließt, ändert sie sich jedes Jahr.

Um den Arbeitgebern die Lohnabrechnung zu erleichtern, bieten die Krankenkassen im Internet sogenannte **Übergangsbereichsrechner** an, mit denen die Sozialversicherungsbeiträge berechnet werden können. Welche Sozialversicherungsbeiträge auf Arbeitnehmereinkommen innerhalb des Übergangsbereichs entfallen, kann auch mit sogenannten **Übergangsbereichstabellen** ermittelt werden.

Die Übergangsbereichsregelung gilt nicht für Auszubildende.

Beispiel: Tina Bauer verdient monatlich 680,00 € als Teilzeitkraft in der Konditorei Baumann. In Steuerklase V zahlt sie 64,33 € Lohnsteuer und 5,14 € Kirchensteuer. Tina ist 28 Jahre alt und hat keine Kinder.
Ermitteln Sie Tinas Nettolohn mithilfe der Übergangsbereichstabelle auf Seite 127.

Lösung:

Bruttolohn	**680,00 €**
– Lohnsteuer	64,33 €
– Kirchensteuer	5,14 €
– Rentenversicherung lt. Tabelle Arbeitnehmeranteil	48,04 €
– Arbeitslosenversicherung lt. Tabelle Arbeitnehmeranteil	6,20 €
– Krankenversicherung lt. Tabelle Arbeitnehmeranteil	41,06 €
– Pflegeversicherung lt. Tabelle Arbeitnehmeranteil (ohne Kinder)	9,37 €
= Nettolohn	**505,86 €**

Ergebnis: Der Nettolohn von Tina Bauer beträgt 505,86 €.

Beachten Sie:

Damit Sie sich in der **Übergangsbereichstabelle** (Seiten 127/128) besser zurechtfinden, wurden die Zahlen aus dem Einführungsbeispiel in der Tabelle durch **Kreise** markiert.

Aufgaben

Anmerkung: Zur Vereinfachung wird bei der Krankenversicherung der durchschnittliche Zusatzbeitrag von 1,3 % zugrundegelegt, sowohl in der Aufgabenstellung als auch in der Übergangsbereichstabelle auf den Seiten 127 f. (Stand: 1. 1. 2021)

1 Die 19-jährige Zeynep bezieht einen Niedriglohn von 770,00 €.

a) Wie hoch ist der Arbeitgeberanteil der einzelnen Sozialversicherungsbeiträge?

b) Ermitteln Sie den Arbeitnehmeranteil der einzelnen Sozialversicherungsbeiträge.

2 Frau Gruber verdient monatlich 580,00 €. Frau Gruber ist 35 Jahre alt und hat keine Kinder.

a) Ermitteln Sie den Arbeitgeberanteil der einzelnen Sozialversicherungsbeiträge.

b) Ermitteln Sie Frau Grubers Beitragsanteil zu den einzelnen Sozialversicherungen.

c) Berechnen Sie den Nettolohn mithilfe der Übergangsbereichstabelle auf den Seiten 127 f. sowie der Lohnsteuertabellen auf den Seiten 124 ff. (Steuerklasse V, Kirchensteuer 8 %).

3 Die 25-jährige Diana Möller ist ledig, hat keine Kinder und bezieht einen Niedriglohn von 810,00 €.

a) Wie hoch ist der Arbeitgeberanteil zur Sozialversicherung?

b) Ermitteln Sie den Arbeitnehmeranteil zur Sozialversicherung.

4 Herr Kraus, 29 Jahre alt, arbeitet Teilzeit für 1 200,00 € monatlich. In Steuerklasse V, ohne Kinderfreibetrag bezahlt er 122,91 € Lohnsteuer und 11,06 € Kirchensteuer.

Ermitteln Sie den Nettolohn mithilfe der Übergangsbereichstabelle auf den Seiten 127 f.

5 Frau Noll, 35 Jahre alt, arbeitet als Aushilfe für 660,00 € monatlich. Sie hat Steuerklasse II, einen Sohn und bezahlt 9 % Kirchensteuer.

Ermitteln Sie den Nettolohn mithilfe der Übergangsbereichstabelle auf den Seiten 127 f. sowie der Lohnsteuertabelle auf den Seiten 124 ff.

6 Die 20-jährige Aische Demir ist ledig und arbeitet für 850,00 € als Halbtagskraft in der Bäckerei Wolf. Berücksichtigen Sie, dass Aische in Leipzig (Sachsen) arbeitet.

a) Wie hoch ist der Arbeitgeberanteil zur Sozialversicherung?

b) Ermitteln Sie den Arbeitnehmeranteil zur Sozialversicherung.

c) Welchen Nettolohn erhält Bettina, wenn Sie nach Steuerklasse I besteuert wird und keiner Religionsgemeinschaft angehört?

7 Der 28-jährige Andre Lindemann ist ledig, hat keine Kinder und arbeitet für 990,00 € als Aushilfe in einer Konditorei.

a) Wie hoch ist der Arbeitgeberanteil zur Sozialversicherung?

b) Ermitteln Sie den Arbeitnehmeranteil zur Sozialversicherung.

c) Welchen Nettolohn erhält Andre?
(Steuerklasse I, 8 % Kirchensteuer)

d) Welchen ausbezahlten Lohn erhält er, wenn für einen vermögenswirksamen Sparvertrag 35,00 € zu berücksichtigen sind und wenn ihm sein Arbeitgeber für Kost 28,00 € in Rechnung stellt?

Beachten Sie:

Hinweis zur Nutzung der Lohnsteuertabelle:
Im Kopf der Tabelle steht „Lohn/Gehalt bis"...; entsprechend muss immer der Tabellenwert gewählt werden, in dem der gesuchte Bruttolohn gerade noch enthalten ist. Beispiel: Gesucht sind die Abzüge für den Bruttlohn 1129,70 €
→ Zur Auswahl stehen die Tabellenwerte 1127,99 € und 1130,99 €.
→ Gewählt werden muss 1130,99 €.

Auszüge aus einer Monatslohnsteuertabelle 2021

Monat (Euro)

Lohn/Gehalt bis	Steuerklasse	Lohnsteuer	ohne Kinderfreibetrag SolZ 5,5%	Kirchensteuer 8%	Kirchensteuer 9%
449,99	V	**38,41**	*0,00*	3,07	3,45
	VI	**50,50**	*0,00*	4,04	4,54
452,99	V	**38,75**	*0,00*	3,10	3,48
	VI	**50,83**	*0,00*	4,06	4,57
476,99	V	**41,41**	*0,00*	3,31	3,72
	VI	**53,50**	*0,00*	4,28	4,81
479,99	V	**41,75**	*0,00*	3,34	3,75
	VI	**53,83**	*0,00*	4,30	4,84
578,99	V	**52,83**	*0,00*	4,22	4,75
	VI	**64,91**	*0,00*	5,19	5,84
581,99	V	**53,16**	*0,00*	4,25	4,78
	VI	**65,25**	*0,00*	5,22	5,87
659,99	V	**61,91**	*0,00*	4,95	5,57
	VI	**74,00**	*0,00*	5,92	6,66
662,99	V	**62,25**	*0,00*	4,98	5,60
	VI	**74,33**	*0,00*	5,94	6,68
674,99	V	**63,66**	*0,00*	5,09	5,72
	VI	**75,75**	*0,00*	6,06	6,81
677,99	V	**64,00**	*0,00*	5,12	5,76
	VI	**76,08**	*0,00*	6,08	6,84
680,99	V	**64,33**	*0,00*	5,14	5,78
	VI	**76,41**	*0,00*	6,11	6,87
683,99	V	**64,66**	*0,00*	5,17	5,81
	VI	**76,75**	*0,00*	6,14	6,90
686,99	V	**65,00**	*0,00*	5,20	5,85
	VI	**77,08**	*0,00*	6,16	6,93
767,99	V	**74,08**	*0,00*	5,92	6,66
	VI	**86,16**	*0,00*	6,89	7,75
770,99	V	**74,41**	*0,00*	5,95	6,69
	VI	**86,50**	*0,00*	6,92	7,78
773,99	V	**74,75**	*0,00*	5,98	6,72
	VI	**86,83**	*0,00*	6,94	7,81
848,99	V	**83,16**	*0,00*	6,65	7,48
	VI	**95,25**	*0,00*	7,62	8,57
851,99	V	**83,50**	*0,00*	6,68	7,51
	VI	**95,58**	*0,00*	7,64	8,60
854,99	V	**83,83**	*0,00*	6,70	7,54
	VI	**95,91**	*0,00*	7,67	8,63
989,99	I	**0,00**	*0,00*	0,00	0,00
	II	**0,00**	*0,00*	0,00	0,00
	III	**0,00**	*0,00*	0,00	0,00
	IV	**0,00**	*0,00*	0,00	0,00
	V	**99,00**	*0,00*	7,92	8,91
	VI	**111,08**	*0,00*	8,88	9,99
992,99	I	**0,00**	*0,00*	0,00	0,00
	II	**0,00**	*0,00*	0,00	0,00
	III	**0,00**	*0,00*	0,00	0,00
	IV	**0,00**	*0,00*	0,00	0,00
	V	**99,33**	*0,00*	7,94	8,93
	VI	**111,41**	*0,00*	8,91	10,02

Lohn/Gehalt bis	Steuerklasse	Lohnsteuer	ohne Kinderfreibetrag			mit 0,5 Kinderfreibetrag			mit 1,0 Kinderfreibetrag			mit 1,5 Kinderfreibetrag		
			SolZ 5,5%	Kirchensteuer 8%	9%	SolZ 5,5%	Kirchensteuer 8%	9%	SolZ 5,5%	Kirchensteuer 8%	9%	SolZ 5,5%	Kirchensteuer 8%	9%
1.127,99	I	**0,83**	*0,00*	0,06	0,07	*0,00*	0,00	0,00						
	II	**0,00**	*0,00*	0,00	0,00	*0,00*	0,00	0,00						
	III	**0,00**	*0,00*	0,00	0,00	*0,00*	0,00	0,00						
	IV	**0,83**	*0,00*	0,06	0,07	*0,00*	0,00	0,00						
	V	**114,50**	*0,00*	9,16	10,30									
	VI	**126,58**	*0,00*	10,12	11,39									
1.130,99	I	**1,16**	*0,00*	0,09	0,10	*0,00*	0,00	0,00						
	II	**0,00**	*0,00*	0,00	0,00	*0,00*	0,00	0,00						
	III	**0,00**	*0,00*	0,00	0,00	*0,00*	0,00	0,00						
	IV	**1,16**	*0,00*	0,09	0,10	*0,00*	0,00	0,00						
	V	**114,83**	*0,00*	9,18	10,33									
	VI	**126,91**	*0,00*	10,15	11,42									
1.133,99	I	**1,50**	*0,00*	0,12	0,13	*0,00*	0,00	0,00						
	II	**0,00**	*0,00*	0,00	0,00	*0,00*	0,00	0,00						
	III	**0,00**	*0,00*	0,00	0,00	*0,00*	0,00	0,00						
	IV	**1,50**	*0,00*	0,12	0,13	*0,00*	0,00	0,00						
	V	**115,16**	*0,00*	9,21	10,36									
	VI	**127,25**	*0,00*	10,18	11,45									
1.199,99	I	**9,41**	*0,00*	0,75	0,84	*0,00*	0,00	0,00	*0,00*	0,00	0,00	*0,00*	0,00	0,00
	II	**0,00**	*0,00*	0,00	0,00	*0,00*	0,00	0,00	*0,00*	0,00	0,00	*0,00*	0,00	0,00
	III	**0,00**	*0,00*	0,00	0,00	*0,00*	0,00	0,00	*0,00*	0,00	0,00	*0,00*	0,00	0,00
	IV	**9,41**	*0,00*	0,75	0,84	*0,00*	0,00	0,00	*0,00*	0,00	0,00	*0,00*	0,00	0,00
	V	**122,58**	*0,00*	9,80	11,03									
	VI	**141,83**	*0,00*	11,34	12,76									
1.202,99	I	**9,75**	*0,00*	0,78	0,87	*0,00*	0,00	0,00	*0,00*	0,00	0,00	*0,00*	0,00	0,00
	II	**0,00**	*0,00*	0,00	0,00	*0,00*	0,00	0,00	*0,00*	0,00	0,00	*0,00*	0,00	0,00
	III	**0,00**	*0,00*	0,00	0,00	*0,00*	0,00	0,00	*0,00*	0,00	0,00	*0,00*	0,00	0,00
	IV	**9,75**	*0,00*	0,78	0,87	*0,00*	0,00	0,00	*0,00*	0,00	0,00	*0,00*	0,00	0,00
	V	**122,91**	*0,00*	9,83	11,06									
	VI	**142,83**	*0,00*	11,42	12,85									
1.388,99	I	**37,25**	*0,00*	2,98	3,35	*0,00*	0,00	0,00	*0,00*	0,00	0,00	*0,00*	0,00	0,00
	II	**9,50**	*0,00*	0,76	0,85	*0,00*	0,00	0,00	*0,00*	0,00	0,00	*0,00*	0,00	0,00
	III	**0,00**	*0,00*	0,00	0,00	*0,00*	0,00	0,00	*0,00*	0,00	0,00	*0,00*	0,00	0,00
	IV	**37,25**	*0,00*	2,98	3,35	*0,00*	0,56	0,63	*0,00*	0,00	0,00	*0,00*	0,00	0,00
	V	**172,75**	*0,00*	13,82	15,54									
	VI	**209,00**	*0,00*	16,72	18,81									
1.391,99	I	**37,83**	*0,00*	3,02	3,40	*0,00*	0,00	0,00	*0,00*	0,00	0,00	*0,00*	0,00	0,00
	II	**9,91**	*0,00*	0,79	0,89	*0,00*	0,00	0,00	*0,00*	0,00	0,00	*0,00*	0,00	0,00
	III	**0,00**	*0,00*	0,00	0,00	*0,00*	0,00	0,00	*0,00*	0,00	0,00	*0,00*	0,00	0,00
	IV	**37,83**	*0,00*	3,02	3,40	*0,00*	0,60	0,67	*0,00*	0,00	0,00	*0,00*	0,00	0,00
	V	**173,91**	*0,00*	13,91	15,65									
	VI	**210,16**	*0,00*	16,81	18,91									
1.589,99	I	**77,16**	*0,00*	6,17	6,94	*0,00*	0,70	0,78	*0,00*	0,00	0,00	*0,00*	0,00	0,00
	II	**42,14**	*0,00*	3,39	3,81	*0,00*	0,00	0,00	*0,00*	0,00	0,00	*0,00*	0,00	0,00
	III	**0,00**	*0,00*	0,00	0,00	*0,00*	0,00	0,00	*0,00*	0,00	0,00	*0,00*	0,00	0,00
	IV	**77,16**	*0,00*	6,17	6,94	*0,00*	3,14	3,53	*0,00*	0,70	0,78	*0,00*	0,00	0,00
	V	**250,58**	*0,00*	20,04	22,55									
	VI	**286,83**	*0,00*	22,94	25,81									
1.592,99	I	**77,83**	*0,00*	6,22	7,00	*0,00*	0,73	0,82	*0,00*	0,00	0,00	*0,00*	0,00	0,00
	II	**43,00**	*0,00*	3,44	3,87	*0,00*	0,00	0,00	*0,00*	0,00	0,00	*0,00*	0,00	0,00
	III	**0,00**	*0,00*	0,00	0,00	*0,00*	0,00	0,00	*0,00*	0,00	0,00	*0,00*	0,00	0,00
	IV	**77,83**	*0,00*	6,22	7,00	*0,00*	3,18	3,58	*0,00*	0,73	0,82	*0,00*	0,00	0,00
	V	**251,75**	*0,00*	20,14	22,65									
	VI	**288,00**	*0,00*	23,04	25,92									

Auszüge aus einer Monatslohnsteuertabelle 2021 (Forts.)

Monat (Euro)

Lohn/ Gehalt bis	Steuerklasse	Lohn-steuer	ohne Kinderfreibetrag			mit 0,5 Kinder-freibetrag			mit 1,0 Kinder-freibetrag			mit 1,5 Kinder-freibetrag			mit 2,0 Kinder-freibetrag			mit 2,5 Kinder-freibetrag			mit 3,0 Kinder-freibetrag		
			SolZ 5,5%	Kirchensteuer 8%	Kirchensteuer 9%	SolZ 5,5%	Kirchensteuer 8%	Kirchensteuer 9%	SolZ 5,5%	Kirchensteuer 8%	Kirchensteuer 9%	SolZ 5,5%	Kirchensteuer 8%	Kirchensteuer 9%	SolZ 5,5%	Kirchensteuer 8%	Kirchensteuer 9%	SolZ 5,5%	Kirchensteuer 8%	Kirchensteuer 9%	SolZ 5,5%	Kirchensteuer 8%	Kirchensteuer 9%
1.775,99	I	**117,83**	0,00	9,42	10,60	0,00	3,02	3,39	0,00	0,00	0,00	0,00	0,00	0,00	0,00	0,00	0,00	0,00	0,00	0,00	0,00	0,00	0,00
	II	**79,08**	0,00	6,32	7,11	0,00	0,79	0,89	0,00	0,00	0,00	0,00	0,00	0,00	0,00	0,00	0,00	0,00	0,00	0,00	0,00	0,00	0,00
	III	**0,00**	0,00	0,00	0,00	0,00	0,00	0,00	0,00	0,00	0,00	0,00	0,00	0,00	0,00	0,00	0,00	0,00	0,00	0,00	0,00	0,00	0,00
	IV	**117,83**	0,00	9,42	10,60	0,00	6,02	6,77	0,00	3,02	3,39	0,00	0,60	0,67	0,00	0,00	0,00	0,00	0,00	0,00	0,00	0,00	0,00
	V	**320,66**	0,00	25,65	28,85																		
	VI	**356,91**	0,00	28,55	32,12																		
1.778,99	I	**118,41**	0,00	9,47	10,65	0,00	3,06	3,44	0,00	0,00	0,00	0,00	0,00	0,00	0,00	0,00	0,00	0,00	0,00	0,00	0,00	0,00	0,00
	II	**79,66**	0,00	6,37	7,16	0,00	0,82	0,92	0,00	0,00	0,00	0,00	0,00	0,00	0,00	0,00	0,00	0,00	0,00	0,00	0,00	0,00	0,00
	III	**0,00**	0,00	0,00	0,00	0,00	0,00	0,00	0,00	0,00	0,00	0,00	0,00	0,00	0,00	0,00	0,00	0,00	0,00	0,00	0,00	0,00	0,00
	IV	**118,41**	0,00	9,47	10,65	0,00	6,07	6,83	0,00	3,06	3,44	0,00	0,63	0,71	0,00	0,00	0,00	0,00	0,00	0,00	0,00	0,00	0,00
	V	**321,66**	0,00	25,73	28,94																		
	VI	**357,91**	0,00	28,63	32,21																		
1.847,99	I	**132,66**	0,00	10,61	11,93	0,00	3,98	4,47	0,00	0,00	0,00	0,00	0,00	0,00	0,00	0,00	0,00	0,00	0,00	0,00	0,00	0,00	0,00
	II	**93,50**	0,00	7,48	8,41	0,00	1,57	1,76	0,00	0,00	0,00	0,00	0,00	0,00	0,00	0,00	0,00	0,00	0,00	0,00	0,00	0,00	0,00
	III	**0,00**	0,00	0,00	0,00	0,00	0,00	0,00	0,00	0,00	0,00	0,00	0,00	0,00	0,00	0,00	0,00	0,00	0,00	0,00	0,00	0,00	0,00
	IV	**132,66**	0,00	10,61	11,93	0,00	7,17	8,06	0,00	3,98	4,47	0,00	1,36	1,53	0,00	0,00	0,00	0,00	0,00	0,00	0,00	0,00	0,00
	V	**345,75**	0,00	27,66	31,11																		
	VI	**382,00**	0,00	30,56	34,38																		
1.850,99	I	**133,33**	0,00	10,66	11,99	0,00	4,02	4,52	0,00	0,00	0,00	0,00	0,00	0,00	0,00	0,00	0,00	0,00	0,00	0,00	0,00	0,00	0,00
	II	**94,08**	0,00	7,52	8,46	0,00	1,60	1,80	0,00	0,00	0,00	0,00	0,00	0,00	0,00	0,00	0,00	0,00	0,00	0,00	0,00	0,00	0,00
	III	**0,00**	0,00	0,00	0,00	0,00	0,00	0,00	0,00	0,00	0,00	0,00	0,00	0,00	0,00	0,00	0,00	0,00	0,00	0,00	0,00	0,00	0,00
	IV	**133,33**	0,00	10,66	11,99	0,00	7,22	8,12	0,00	4,02	4,52	0,00	1,39	1,56	0,00	0,00	0,00	0,00	0,00	0,00	0,00	0,00	0,00
	V	**346,75**	0,00	27,74	31,20																		
	VI	**383,08**	0,00	30,64	34,47																		
1.940,99	I	**152,16**	0,00	12,17	13,69	0,00	5,32	5,99	0,00	0,15	0,18	0,00	0,00	0,00	0,00	0,00	0,00	0,00	0,00	0,00	0,00	0,00	0,00
	II	**112,33**	0,00	8,98	10,10	0,00	2,68	3,02	0,00	0,00	0,00	0,00	0,00	0,00	0,00	0,00	0,00	0,00	0,00	0,00	0,00	0,00	0,00
	III	**0,00**	0,00	0,00	0,00	0,00	0,00	0,00	0,00	0,00	0,00	0,00	0,00	0,00	0,00	0,00	0,00	0,00	0,00	0,00	0,00	0,00	0,00
	IV	**152,16**	0,00	12,17	13,69	0,00	8,68	9,76	0,00	5,32	5,99	0,00	2,44	2,75	0,00	0,15	0,17	0,00	0,00	0,00	0,00	0,00	0,00
	V	**378,16**	0,00	30,25	34,03																		
	VI	**414,41**	0,00	33,15	37,29																		
1.943,99	I	**152,83**	0,00	12,22	13,75	0,00	5,37	6,04	0,00	0,18	0,20	0,00	0,00	0,00	0,00	0,00	0,00	0,00	0,00	0,00	0,00	0,00	0,00
	II	**113,00**	0,00	9,04	10,17	0,00	2,72	3,06	0,00	0,00	0,00	0,00	0,00	0,00	0,00	0,00	0,00	0,00	0,00	0,00	0,00	0,00	0,00
	III	**0,00**	0,00	0,00	0,00	0,00	0,00	0,00	0,00	0,00	0,00	0,00	0,00	0,00	0,00	0,00	0,00	0,00	0,00	0,00	0,00	0,00	0,00
	IV	**152,83**	0,00	12,22	13,75	0,00	8,72	9,81	0,00	5,37	6,04	0,00	2,48	2,79	0,00	0,18	0,20	0,00	0,00	0,00	0,00	0,00	0,00
	V	**379,25**	0,00	30,34	34,13																		
	VI	**415,50**	0,00	33,24	37,39																		
1.973,99	I	**159,16**	0,00	12,73	14,32	0,00	5,83	6,56	0,00	0,47	0,53	0,00	0,00	0,00	0,00	0,00	0,00	0,00	0,00	0,00	0,00	0,00	0,00
	II	**119,16**	0,00	9,53	10,72	0,00	3,10	3,49	0,00	0,00	0,00	0,00	0,00	0,00	0,00	0,00	0,00	0,00	0,00	0,00	0,00	0,00	0,00
	III	**0,00**	0,00	0,00	0,00	0,00	0,00	0,00	0,00	0,00	0,00	0,00	0,00	0,00	0,00	0,00	0,00	0,00	0,00	0,00	0,00	0,00	0,00
	IV	**159,16**	0,00	12,73	14,32	0,00	9,22	10,37	0,00	5,83	6,56	0,00	2,86	3,21	0,00	0,47	0,53	0,00	0,00	0,00	0,00	0,00	0,00
	V	**389,66**	0,00	31,17	35,06																		
	VI	**425,91**	0,00	34,07	38,33																		

Auszüge aus einer Monatslohnsteuertabelle 2021 (Forts.)

Monat (Euro)

Lohn/ Gehalt bis	Steuerklasse	Lohn- steuer	ohne Kinderfreibetrag			mit 0,5 Kinder- freibetrag			mit 1,0 Kinder- freibetrag			mit 1,5 Kinder- freibetrag			mit 2,0 Kinder- freibetrag			mit 2,5 Kinder- freibetrag			mit 3,0 Kinder- freibetrag		
			SolZ	Kirchensteuer		SolZ	Kirchensteuer		SolZ	Kirchensteuer		SolZ	Kirchensteuer		SolZ	Kirchensteuer		SolZ	Kirchensteuer		SolZ	Kirchensteuer	
			5,5%	8%	9%	5,5%	8%	9%	5,5%	8%	9%	5,5%	8%	9%	5,5%	8%	9%	5,5%	8%	9%	5,5%	8%	9%
1.976,99	I	**159,83**	0,00	12,78	14,38	0,00	5,88	6,61	0,00	0,50	0,56	0,00	0,00	0,00	0,00	0,00	0,00	0,00	0,00	0,00	0,00	0,00	0,00
	II	**119,75**	0,00	9,58	10,77	0,00	3,14	3,53	0,00	0,00	0,00	0,00	0,00	0,00	0,00	0,00	0,00	0,00	0,00	0,00	0,00	0,00	0,00
	III	**0,00**	0,00	0,00	0,00	0,00	0,00	0,00	0,00	0,00	0,00	0,00	0,00	0,00	0,00	0,00	0,00	0,00	0,00	0,00	0,00	0,00	0,00
	IV	**159,83**	0,00	12,78	14,38	0,00	9,26	10,42	0,00	5,88	6,61	0,00	2,90	3,26	0,00	0,50	0,56	0,00	0,00	0,00	0,00	0,00	0,00
	V	**390,75**	0,00	31,26	35,16																		
	VI	**427,00**	0,00	34,16	38,43																		
2.291,99	I	**228,50**	0,00	18,28	20,56	0,00	11,00	12,37	0,00	4,30	4,84	0,00	0,00	0,00	0,00	0,00	0,00	0,00	0,00	0,00	0,00	0,00	0,00
	II	**186,33**	0,00	14,90	16,76	0,00	7,84	8,82	0,00	1,84	2,07	0,00	0,00	0,00	0,00	0,00	0,00	0,00	0,00	0,00	0,00	0,00	0,00
	III	**22,66**	0,00	1,81	2,03	0,00	0,00	0,00	0,00	0,00	0,00	0,00	0,00	0,00	0,00	0,00	0,00	0,00	0,00	0,00	0,00	0,00	0,00
	IV	**228,50**	0,00	18,28	20,56	0,00	14,58	16,40	0,00	11,00	12,37	0,00	7,54	8,48	0,00	4,30	4,84	0,00	1,62	1,82	0,00	0,00	0,00
	V	**488,83**	0,00	39,10	43,99																		
	VI	**520,16**	0,00	41,61	46,81																		
2.294,99	I	**229,16**	0,00	18,33	20,62	0,00	11,04	12,42	0,00	4,34	4,88	0,00	0,00	0,00	0,00	0,00	0,00	0,00	0,00	0,00	0,00	0,00	0,00
	II	**187,00**	0,00	14,96	16,83	0,00	7,90	8,88	0,00	1,87	2,10	0,00	0,00	0,00	0,00	0,00	0,00	0,00	0,00	0,00	0,00	0,00	0,00
	III	**23,00**	0,00	1,84	2,07	0,00	0,00	0,00	0,00	0,00	0,00	0,00	0,00	0,00	0,00	0,00	0,00	0,00	0,00	0,00	0,00	0,00	0,00
	IV	**229,16**	0,00	18,33	20,62	0,00	14,62	16,45	0,00	11,04	12,42	0,00	7,59	8,54	0,00	4,34	4,88	0,00	1,65	1,85	0,00	0,00	0,00
	V	**489,66**	0,00	39,17	44,06																		
	VI	**521,16**	0,00	41,69	46,90																		
2.528,99	I	**282,41**	0,00	22,59	25,41	0,00	15,03	16,91	0,00	7,97	8,96	0,00	1,92	2,16	0,00	0,00	0,00	0,00	0,00	0,00	0,00	0,00	0,00
	II	**238,66**	0,00	19,09	21,47	0,00	11,76	13,23	0,00	4,96	5,58	0,00	0,00	0,00	0,00	0,00	0,00	0,00	0,00	0,00	0,00	0,00	0,00
	III	**60,00**	0,00	4,80	5,40	0,00	0,24	0,27	0,00	0,00	0,00	0,00	0,00	0,00	0,00	0,00	0,00	0,00	0,00	0,00	0,00	0,00	0,00
	IV	**282,41**	0,00	22,59	25,41	0,00	18,75	21,09	0,00	15,03	16,91	0,00	11,44	12,87	0,00	7,97	8,96	0,00	4,68	5,27	0,00	1,92	2,16
	V	**551,66**	0,00	44,93	50,54																		
	VI	**594,66**	0,00	47,57	53,51																		
2.531,99	I	**283,08**	0,00	22,64	25,47	0,00	15,08	16,97	0,00	8,02	9,02	0,00	1,96	2,20	0,00	0,00	0,00	0,00	0,00	0,00	0,00	0,00	0,00
	II	**239,33**	0,00	19,14	21,53	0,00	11,81	13,28	0,00	5,00	5,63	0,00	0,00	0,00	0,00	0,00	0,00	0,00	0,00	0,00	0,00	0,00	0,00
	III	**60,50**	0,00	4,84	5,44	0,00	0,26	0,29	0,00	0,00	0,00	0,00	0,00	0,00	0,00	0,00	0,00	0,00	0,00	0,00	0,00	0,00	0,00
	IV	**283,08**	0,00	22,64	25,47	0,00	18,80	21,15	0,00	15,08	16,97	0,00	11,49	12,92	0,00	8,02	9,02	0,00	4,72	5,31	0,00	1,96	2,20
	V	**552,50**	0,00	45,00	50,62																		
	VI	**595,83**	0,00	47,66	53,62																		
2.582,99	I	**294,91**	0,00	23,59	26,54	0,00	15,98	17,97	0,00	8,85	9,95	0,00	2,58	2,90	0,00	0,00	0,00	0,00	0,00	0,00	0,00	0,00	0,00
	II	**250,83**	0,00	20,06	22,57	0,00	12,67	14,25	0,00	5,77	6,49	0,00	0,44	0,49	0,00	0,00	0,00	0,00	0,00	0,00	0,00	0,00	0,00
	III	**69,33**	0,00	5,54	6,23	0,00	0,81	0,91	0,00	0,00	0,00	0,00	0,00	0,00	0,00	0,00	0,00	0,00	0,00	0,00	0,00	0,00	0,00
	IV	**294,91**	0,00	23,59	26,54	0,00	19,72	22,19	0,00	15,98	17,97	0,00	12,35	13,89	0,00	8,85	9,95	0,00	5,48	6,17	0,00	2,58	2,90
	V	**578,66**	0,00	46,29	52,07																		
	VI	**612,16**	0,00	48,97	55,09																		
2.585,99	I	**295,66**	0,00	23,65	26,60	0,00	16,03	18,03	0,00	8,90	10,01	0,00	2,61	2,93	0,00	0,00	0,00	0,00	0,00	0,00	0,00	0,00	0,00
	II	**251,58**	0,00	20,12	22,64	0,00	12,72	14,31	0,00	5,82	6,54	0,00	0,46	0,52	0,00	0,00	0,00	0,00	0,00	0,00	0,00	0,00	0,00
	III	**69,83**	0,00	5,58	6,28	0,00	0,85	0,95	0,00	0,00	0,00	0,00	0,00	0,00	0,00	0,00	0,00	0,00	0,00	0,00	0,00	0,00	0,00
	IV	**295,66**	0,00	23,65	26,60	0,00	19,78	22,25	0,00	16,03	18,03	0,00	12,40	13,95	0,00	8,90	10,01	0,00	5,53	6,22	0,00	2,61	2,93
	V	**579,66**	0,00	46,37	52,16																		
	VI	**613,16**	0,00	49,05	55,18																		

Auszug aus einer Übergangsbereichstabelle für 2021

Arbeitgeberanteil in €					ausgew. monatl. **Arbeitsentgelt** neue **und** alte Länder in €	Arbeitnehmeranteil in €						
RV	**AV**	**KV**	**PV**	**PV** Sachsen		**RV**	**AV**	**KV***	**PV** m. K.	**PV** o. K.	**PV** Sachsen m. K.	**PV** Sachsen o. K.
41,85	5,40	35,78	6,86	4,61	**450,00**	21,01	2,70	17,96	3,44	4,29	5,69	6,54
42,78	5,52	36,57	7,02	4,72	**460,00**	22,18	2,86	18,95	3,64	4,51	5,93	6,80
43,71	5,64	37,37	7,17	4,82	**470,00**	23,35	3,02	19,95	3,83	4,73	6,18	7,08
44,64	5,76	38,18	7,32	4,92	**480,00**	24,52	3,16	20,98	4,02	4,95	6,42	7,35
45,57	5,88	38,96	7,47	5,02	**490,00**	25,71	3,32	21,96	4,21	5,17	6,67	7,63
46,50	6,00	39,75	7,63	5,13	**500,00**	26,88	3,46	22,97	4,41	5,39	6,90	7,88
47,43	6,12	40,55	7,78	5,23	**510,00**	28,05	3,62	23,97	4,60	5,61	7,15	8,16
48,36	6,24	41,34	7,93	5,33	**520,00**	29,22	3,78	24,98	4,79	5,83	7,40	8,44
49,29	6,36	42,14	8,08	5,43	**530,00**	30,41	3,92	25,98	4,98	6,06	7,64	8,71
50,22	6,48	42,93	8,24	5,54	**540,00**	31,58	4,08	26,99	5,18	6,28	7,88	8,97
51,15	6,60	43,73	8,39	5,64	**550,00**	32,75	4,22	27,99	5,37	6,50	8,11	9,24
52,08	6,72	44,52	8,54	5,74	**560,00**	33,92	4,38	29,02	5,56	6,72	8,36	9,52
53,01	6,84	45,32	8,69	5,84	**570,00**	35,11	4,52	30,00	5,75	6,94	8,61	9,80
53,94	6,96	46,11	8,85	5,95	**580,00**	36,28	4,68	31,01	5,95	7,16	8,84	10,05
54,87	7,08	46,91	9,00	6,05	**590,00**	37,45	4,84	32,01	6,14	7,38	9,09	10,33
55,80	7,20	47,70	9,15	6,15	**600,00**	38,62	4,98	33,02	6,33	7,60	9,33	10,60
56,73	7,32	48,50	9,30	6,25	**610,00**	39,81	5,14	34,02	6,52	7,62	9,58	10,88
57,66	7,44	49,29	9,46	6,36	**620,00**	40,98	5,28	35,03	6,72	8,04	9,82	11,14
58,59	7,56	50,09	9,61	6,46	**630,00**	42,15	5,44	36,03	6,91	8,26	10,06	11,41
59,52	7,68	50,88	9,76	6,56	**640,00**	43,34	5,60	37,04	7,10	8,49	10,31	11,69
60,45	7,80	51,68	9,91	6,66	**650,00**	44,51	5,74	38,04	7,31	8,72	10,55	11,96
61,38	7,92	52,47	10,07	6,77	**660,00**	45,68	5,90	39,05	7,50	8,94	10,79	12,22
62,31	8,04	53,27	10,22	6,87	**670,00**	46,85	6,04	40,05	7,68	9,15	11,04	12,50
63,24	8,16	54,06	10,37	6,97	**680,00**	48,04	6,20	41,06	7,87	9,37	11,27	12,77
64,17	8,28	54,86	10,52	7,07	**690,00**	49,21	6,34	42,06	8,08	9,60	11,52	13,05
65,10	8,40	55,65	10,68	7,18	**700,00**	50,38	6,50	43,07	8,26	9,81	11,75	13,30
66,03	8,52	56,45	10,83	7,28	**710,00**	51,55	6,66	44,07	8,45	10,03	12,00	13,58
66,96	8,[illegible]	57,24	10,98	7,38	**720,00**	52,74	6,80	45,08	8,64	10,25	12,25	13,86
67,89	8,76	58,04	11,13	7,48	**730,00**	53,91	6,96	46,08	8,85	10,48	12,49	14,13
68,82	8,88	58,83	11,29	7,59	**740,00**	55,08	7,10	47,09	9,03	10,69	12,73	14,39
69,75	9,00	59,63	11,44	7,69	**750,00**	56,25	7,26	48,09	9,22	10,92	12,97	14,66
70,68	9,12	60,42	11,59	7,79	**760,00**	57,44	7,42	49,10	9,41	11,14	13,22	14,94
71,61	9,24	61,22	11,74	7,89	**770,00**	58,61	7,56	50,10	9,62	11,37	13,47	15,22
72,54	9,36	62,01	11,90	8,00	**780,00**	59,78	7,72	51,09	9,80	11,58	13,70	15,47
73,47	9,48	62,81	12,05	8,10	**790,00**	60,97	7,86	52,11	9,99	11,80	13,95	15,75
74,40	9,60	63,60	12,20	8,20	**800,00**	62,14	8,02	53,12	10,18	12,02	14,18	16,02
75,33	9,72	64,40	12,35	8,30	**810,00**	63,31	8,16	54,10	10,39	12,25	14,43	16,30
76,26	9,84	65,19	12,51	8,41	**820,00**	64,48	8,32	55,13	10,57	12,46	14,67	16,56
77,19	9,96	65,99	12,66	8,51	**830,00**	65,67	8,48	56,13	10,76	12,68	14,91	16,83
78,12	10,08	66,78	12,81	8,61	**840,00**	66,84	8,62	57,14	10,95	12,90	15,16	17,11
79,05	10,20	67,58	12,96	8,71	**850,00**	68,01	8,78	58,14	11,16	13,13	15,40	17,38

RV = Rentenversicherung
AV = Arbeitslosenversicherung
KV = Krankenversicherung
PV = Pflegeversicherung

m. K. = mit Kind
o. K. = ohne Kind

* einschließlich dem durchschnittlichen Zusatzbeitrag von 1,3 %

Auszug aus einer Übergangsbereichstabelle für 2021 (Forts.)

Arbeitgeberanteil in €					ausgew. monatl. **Arbeitsentgelt** neue **und** alte Länder in €	Arbeitnehmeranteil in €						
RV	AV	KV	PV	PV Sachsen		RV	AV	KV*	PV		PV Sachsen	
									m. K.	o. K.	m. K.	o. K.
79,98	10,32	68,37	13,12	8,82	**860,00**	69,18	8,92	59,13	11,34	13,35	15,64	17,64
80,91	10,44	69,17	13,27	8,92	**870,00**	70,37	9,08	60,15	11,53	13,57	15,89	17,92
81,84	10,56	69,96	13,42	9,02	**880,00**	71,54	9,24	61,16	11,74	13,80	16,13	18,19
82,77	10,68	70,76	13,57	9,12	**890,00**	72,71	9,38	62,14	11,93	14,02	16,38	18,47
83,70	10,80	71,55	13,73	9,23	**900,00**	73,88	9,54	63,17	12,11	14,23	16,61	18,72
84,63	10,92	72,35	13,88	9,33	**910,00**	75,07	9,68	64,17	12,30	14,45	16,86	19,00
85,56	11,04	73,14	14,03	9,43	**920,00**	76,24	9,84	65,16	12,51	14,68	17,11	19,28
86,49	11,16	73,94	14,18	9,53	**930,00**	77,41	9,98	66,18	12,70	14,90	17,34	19,55
87,42	11,28	74,73	14,34	9,64	**940,00**	78,58	10,14	67,17	12,88	15,11	17,58	19,81
88,35	11,40	75,53	14,49	9,74	**950,00**	79,77	10,30	68,17	13,07	15,33	17,82	20,08
89,28	11,52	76,32	14,64	9,84	**960,00**	80,94	10,44	69,20	13,28	15,56	18,07	20,36
90,21	11,64	77,12	14,79	9,94	**970,00**	82,11	10,60	70,18	13,47	15,79	18,32	20,64
91,14	11,76	77,91	14,95	10,05	**980,00**	83,30	10,74	71,19	13,65	16,00	18,55	20,89
92,07	11,88	78,71	15,10	10,15	**990,00**	84,47	10,90	72,21	13,84	16,22	18,80	21,17
93,00	12,00	79,50	15,25	10,25	**1000,00**	85,64	11,06	73,20	14,05	16,45	19,04	21,44
93,93	12,12	80,30	15,40	10,35	**1010,00**	86,81	11,20	74,22	14,24	16,67	19,29	21,72
94,86	12,24	81,09	15,56	10,46	**1020,00**	88,00	11,36	75,21	14,42	16,88	19,53	21,98
95,79	12,36	81,89	15,71	10,56	**1030,00**	89,17	11,50	76,21	14,61	17,10	19,77	22,25
96,72	12,48	82,68	15,86	10,66	**1040,00**	90,34	11,66	77,24	14,82	17,33	20,02	22,53
97,65	12,60	83,48	16,01	10,76	**1050,00**	91,51	11,80	78,22	15,01	17,55	20,25	22,80
98,58	12,72	84,27	16,17	10,87	**1060,00**	92,70	11,96	79,23	15,19	17,76	20,49	23,06
99,51	12,84	85,07	16,32	10,97	**1070,00**	93,87	12,12	80,25	15,38	17,98	20,74	23,34
100,44	12,96	85,86	16,47	11,07	**1080,00**	95,04	12,26	81,24	15,59	18,22	20,98	23,61
101,37	13,08	86,66	16,62	11,17	**1090,00**	96,21	12,42	82,23	15,78	18,44	21,23	23,89
102,30	13,20	87,45	16,78	11,28	**1100,00**	97,40	12,56	83,25	15,96	18,65	21,46	24,14
103,23	13,32	88,25	16,93	11,38	**1110,00**	98,57	12,72	84,25	16,17	18,88	21,71	24,42
104,16	13,44	89,04	17,08	11,48	**1120,00**	99,74	12,88	85,28	16,36	19,10	21,96	24,70
105,09	13,56	89,84	17,23	11,58	**1130,00**	100,93	13,02	86,26	16,55	19,32	22,20	24,97
106,02	13,68	90,63	17,39	11,69	**1140,00**	102,10	13,18	87,27	16,73	19,53	22,44	25,23
106,95	13,80	91,43	17,54	11,79	**1150,00**	103,27	13,32	88,29	16,94	19,76	22,68	25,50
107,88	13,92	92,22	17,69	11,89	**1160,00**	104,44	13,48	89,28	17,13	19,98	22,93	25,78
108,81	14,04	93,02	17,84	11,99	**1170,00**	105,63	13,62	90,28	17,32	20,20	23,18	26,06
109,74	14,16	93,81	18,00	12,10	**1180,00**	106,80	13,78	91,29	17,50	20,41	23,40	26,31
110,67	14,28	94,61	18,15	12,20	**1190,00**	107,97	13,94	92,29	17,71	20,65	23,65	26,59
111,60	14,40	95,40	18,30	12,30	**1200,00**	109,14	14,08	93,30	17,90	20,87	23,89	26,86
112,53	14,52	96,20	18,45	12,40	**1210,00**	110,33	14,24	94,30	18,09	21,09	24,14	27,14
113,46	14,64	96,99	18,61	12,51	**1220,00**	111,50	14,38	95,31	18,27	21,30	24,38	27,40
114,39	14,76	97,79	18,76	12,61	**1230,00**	112,67	14,54	96,31	18,48	21,53	24,62	27,67
115,32	14,88	98,58	18,91	12,71	**1240,00**	113,84	14,70	97,32	18,67	21,75	24,87	27,95
116,25	15,00	99,38	19,06	12,81	**1250,00**	115,03	14,84	98,32	18,86	21,97	25,11	28,22
117,18	15,12	100,17	19,22	12,92	**1260,00**	116,20	15,00	99,33	19,04	22,18	25,35	28,48
118,11	15,24	100,97	19,37	13,02	**1270,00**	117,37	15,14	100,33	19,25	22,41	25,60	28,76
119,04	15,36	101,76	19,52	13,12	**1280,00**	118,54	15,30	101,34	19,44	22,63	25,84	29,03
119,97	15,48	102,56	19,67	13,22	**1290,00**	119,73	15,44	102,34	19,63	22,85	26,09	29,31
120,90	15,60	103,35	19,83	13,33	**1300,00**	120,90	15,60	103,35	19,82	23,08	26,33	29,58

13 Mehltypen – Ausmahlungsgrad

Die **Mehltype** gibt an, wie viel g Mineralstoffe in 100 g wasserfreiem Mehl (Trockensubstanz) enthalten sind.

Seit dem 1. Februar 1992 sind die Mehltypen neu geregelt. Galt bisher noch die 17. DVO des Getreidegesetzes, so sind jetzt die Anforderungen an die Mehltypen durch die DIN 10355 geregelt. Die wesentlichen Neuerungen sind:

- Prinzipiell können nun Mehle beliebiger Zusammensetzung auf den Markt gebracht werden.
- Die Anzahl der Mehltypen von Roggenmehl wurde von 7 auf 5, bei Weizenmehlen von 8 auf 5 reduziert. Zusätzlich gibt es noch die Typen für die Backschrote.
- Wird ein Mehl mit einer Typenbezeichnung in den Handel gebracht, so muss es den Anforderungen der DIN 10355 entsprechen (siehe nachfolgende Tabelle).
- Der Begriff „Aschegehalt“ wurde durch den Begriff „Mineralstoffe“ ersetzt.
- Der Mineralstoffgehalt der Mehltypen wird nach der DIN 10352 durch Veraschung bei 900 °C ermittelt.

Weizen- und Roggenmehltypen,
die an sie gestellten Anforderungen und deren Ausmahlungsgrad

Getreidemahlerzeugnisse		Mineralstoffgehalt in g je 100 g Trockensubstanz Mindest-/Höchstgehalt	Ausmahlungsgrad (Durchschnittswerte)
Weizenmehl	Type 405	– 0,50	0 – 43
	Type 550	0,51 – 0,63	0 – 70
	Type 812	0,64 – 0,90	0 – 80
	Type 1050	0,91 – 1,20	0 – 85
	Type 1600	1,21 – 1,80	0 – 92
Weizenbackschrot	Type 1700	2,10	0 – 94
Roggenmehl	Type 815	– 0,90	0 – 72
	Type 997	0,91 – 1,10	0 – 77
	Type 1150	1,11 – 1,30	0 – 83
	Type 1370	1,31 – 1,60	0 – 87
	Type 1740	1,61 – 1,80	0 – 93
Roggenbackschrot	Type 1800	2,20	0 – 95
Weizen-/Roggen-vollkornmehl bzw. -schrot			0 – 98
Dinkelmehl	Type 630	– 0,70	
	Type 812	0,71 – 0,90	
	Type 1050	0,91 – 1,20	

13.1 Der Ausmahlungsgrad

Der Ausmahlungsgrad, auch Mahlausbeute genannt, gibt an, wie viel kg Mehl bzw. Schrot aus 100 kg mahlfertigem Getreide erzielt werden.

Die Zahlenangaben in der Tabelle auf S. 129 sind Durchschnittswerte. Deshalb sind geringfügige Abweichungen von diesen Werten möglich.

Beispiel: Der Ausmahlungsgrad bei Weizenmehl der Type 405 beträgt 42.
Wie viel kg Mehl (Type 405) erhält man aus 1 500 kg Getreide?

Lösung: Ausmahlungsgrad: 42

↓

bedeutet: 100 kg Getreide = 42 kg Mehl

100 kg Getreide = 42 kg Mehl (405)
1 500 kg Getreide = x kg Mehl (405)

$$x = \frac{42 \cdot 1500}{100} = \underline{\underline{630\,\text{kg Mehl (405)}}}$$

Beachten Sie:

Der **Ausmahlungsgrad** gibt an, wie viel kg Mehl aus 100 kg mahlfertigem Getreide erzielt werden können.

Aufgaben

Alle Daten, die für die Bearbeitung der Aufgaben benötigt werden, sind entweder in der Aufgabenstellung oder in der Tabelle auf der Seite 129 enthalten. Gehen Sie bei Ihren Berechnungen jeweils von den Tabellenhöchstwerten aus.

1 Wie viel kg Weizenbackschrot 1700 erhält man, wenn man 3,75 t Weizen vermahlt?

2 Aus 2 750 kg Weizen wurden bei der Vermahlung 2 200 kg Weizenmehl erzielt.

Welche Weizenmehltype wurde hergestellt?

3 Ermitteln Sie die Mehlmengen nach folgenden Angaben:

	Getreidemenge	Mehltype
a)	2 450 t	WM 550
b)	4 650 kg	RM 997
c)	16 225 kg	RM 1370
d)	835 t	WM 1370

4 Es sollen 1 800 kg Weizenmehl der Type 1050 hergestellt werden.

Wie viel kg Weizen sind dazu erforderlich?

5 Wie viel kg Roggen müssen vermahlen werden, um 575 kg Roggenmehl der Type 1370 zu erhalten?

6 Ermitteln Sie die erforderlichen Getreidemengen für folgende Mehlmengen:

a) 320 t Weizenmehl der Type 812,

b) 750 kg Weizenmehl der Type 1600,

c) 1 400 t Roggenmehl der Type 1150,

d) 875 kg Roggenbackschrot der Type 1800.

13.2 Mehltypen

Beispiel: Wie viel g Mineralstoffe müssen 15 kg Weizenmehl der Type 550 mindestens enthalten und wie viel g dürfen sie höchstens haben?
Lösen Sie diese Aufgabe mithilfe der Tabelle auf Seite 129.

Lösung: Mehltype **550**

↓

bedeutet:

100 g Mehl = 0,51 g Mineralstoffe **mindestens**
100 g Mehl = 0,63 g Mineralstoffe **höchstens**

Berechnung des Mindestgehalts:

0,1 kg Mehl = 0,51 g Mineralstoffe
15,0 kg Mehl = x g Mineralstoffe

$$x = \frac{0{,}51 \cdot 15}{0{,}1} = \underline{\underline{76{,}5 \text{ g Mineralstoffe}}}$$

Berechnung des Höchstgehalts:

0,1 kg Mehl = 0,63 g Mineralstoffe
15,0 kg Mehl = x g Mineralstoffe

$$x = \frac{0{,}63 \cdot 15}{0{,}1} = \underline{\underline{94{,}5 \text{ g Mineralstoffe}}}$$

Beachten Sie:

Die Mehltype gibt an, wie viel g Mineralstoffe in 100 g wasserfreiem Mehl enthalten sind.

Aufgaben

Alle Daten, die für die Bearbeitung der Aufgaben benötigt werden, sind entweder in der Aufgabenstellung enthalten oder in der Tabelle auf Seite 129. Gehen Sie bei Ihren Berechnungen jeweils von den Tabellenhöchstwerten aus.

1 Im Labor der Großbäckerei Klein & Co. werden (nach DIN 10352) 5 g Weizenmehl bei 900 °C verascht. Der Rückstand (= Asche = Mineralstoffgehalt) beträgt dabei 42,5 mg.

Um welche Weizenmehltype kann es sich handeln? (Vergleichen Sie Ihr Ergebnis mit den Werten der Tabelle.)

2 Die chemische Landesuntersuchungsanstalt hat bei einer Roggenmehlprobe von 5 g einen Mineralstoffgehalt von 52,5 mg ermittelt. Laut Herstellerangabe soll es sich um Roggenmehl der Type 1150 handeln.

Ist die Herstellerangabe korrekt? Überprüfen Sie rechnerisch.

3 Wie viel mg Mineralstoffe müssen in einer Probe Weizenmehl der Type 1050 mindestens enthalten sein, wenn die Probe 5 g wiegt?

4 25 kg Roggenmehl enthalten 362,5 g Mineralstoffe.

Welche Mehltype liegt vor?

5 Wie viel g Mineralstoffe dürfen in einer Weizenmehlmenge von 30 kg maximal enthalten sein, wenn es sich um Weizenmehl der Type 550 handeln soll?

6 Um welche Weizenmehltypen handelt es sich in folgenden Fällen?

a) 120 kg Weizenmehl enthalten 540 g Mineralstoffe.
b) 75 kg Weizenmehl enthalten 1312,5 g Mineralstoffe.
c) 50 kg Weizenmehl enthalten 260 g Mineralstoffe.
d) 15 kg Weizenmehl enthalten 180 g Mineralstoffe.

7 Wie viel g Mineralstoffe sind in folgenden Roggenmehlen mindestens und höchstens nach DIN 10355 enthalten:

a) 12 kg Roggenmehl der Type 997,
b) 80 kg Roggenmehl der Type 1370,
c) 275 kg Roggenmehl der Type 1740?

14 Die Herstellung von Teigen und Massen

14.1 Umrechnen von Rezepturen (Rechnen mit Schlüsselzahlen)

In den meisten Bäckereien wird mit Grundrezepturen gearbeitet. Diese beziehen sich normalerweise auf 1 kg Mehl, auf 100 kg Mehl oder auf 1 Liter Zugussflüssigkeit.
Mithilfe eines Umrechnungsfaktors, der Schlüsselzahl, erhält man das jeweils benötigte Rezepturgewicht und die Mengen der einzelnen Rezepturbestandteile.

Beispiel 1: Die gegebene Rezepturmenge beträgt 1,5 kg; benötigt werden 18 kg Rezepturgewicht. Ermitteln Sie die Schlüsselzahl.

Lösung: 18 kg benötigtes Rezepturgewicht : 1,5 kg gegebenes Rezepturgewicht = **12**

$$\textbf{Schlüsselzahl} = \frac{\text{benötigtes Rezepturgewicht}}{\text{gegebenes Rezepturgewicht}}$$

Erläuterungen: Das Grundrezept ergibt 1,5 kg Teig. Benötigt werden 18 kg, d. h., das 12fache des Rezepturgewichtes (18 kg : 1,5 kg = **12**) wird gebraucht. Damit man das benötigte Rezepturgewicht erhält, muss man alle Zutatenmengen mit 12 multiplizieren.

Beispiel 2: Die Grundrezeptur für ein Mischbrot lautet:

500 g Roggenmehl Type 1150
500 g Weizenmehl Type 1050
650 g Wasser
20 g Hefe
18 g Salz

Nach dieser Rezeptur sollen 50 Brote hergestellt werden. Die erforderliche Teigmenge beträgt 43,9 kg. Berechnen Sie mithilfe der Schlüsselzahl die notwendigen Zutaten.

Lösung:

$$\textbf{Schlüsselzahl} = \frac{\text{benötigte Menge}}{\text{Rezepturmenge}} = \frac{43{,}9\ \text{kg}}{1{,}688\ \text{kg}} = 26{,}007 \approx \mathbf{26}$$

	Grundrezeptur			**Schlüsselzahl**		**benötigtes Rezepturgewicht**
	Roggenmehl	0,500 kg	·	26	=	13,000 kg
	Weizenmehl	0,500 kg	·	26	=	13,000 kg
	Wasser	0,650 kg	·	26	=	16,900 kg
	Hefe	0,020 kg	·	26	=	0,520 kg
+	Salz	0,018 kg	·	26	=	0,468 kg
=	**Rezepturgewicht**	1,688 kg	·	26	=	43,888 kg

Erläuterungen: Das benötigte Rezepturgewicht wurde durch das geringfügige Abrunden zwar leicht unterschritten (um 0,012 kg bzw. 12 g), aber bei solchen Teigmengen sind derartige Abweichungen in der Praxis unbedeutend. Allerdings darf auch nicht zu großzügig gerundet werden. In der Backstube rundet man die Schlüsselzahlen üblicherweise auf eine Stelle hinter dem Komma. Die Summe aus den einzelnen Zutaten (= benötigtes Rezepturgewicht) muss auf jeden Fall zur Kontrolle zusätzlich durch Multiplikation und durch Addition ermittelt werden.

Aufgaben

1 Die Grundrezeptur für einen Bruch (eine Presse) Brötchenteig lautet wie folgt:

1000 g Weizenmehl, Type 550

600 g Wasser	*18 g Salz*
60 g Hefe	*25 g Backmittel*

Ermitteln Sie die erforderlichen Mengen der einzelnen Rezepturbestandteile für 60 Bruch (Pressen) Brötchen.

2 Nach folgender Grundrezeptur sollen Hefekränze hergestellt werden:

1000 g Weizenmehl, Type 550

150 g Backmargarine	*10 g Salz*
0–150 g Zucker	*100 g Vollei*
400 g Vollmilch	*80 g Hefe*

Welche Zutatenmengen werden benötigt, wenn für 30 Hefekränze insgesamt 17,5 kg Rezepturgewicht gebraucht werden?

3 In der Bäckerei Sandes wird die Grundrezeptur für Weißbrote auf 100 kg Mehl bezogen. Je 100 kg Weizenmehl der Type 550 werden 56 kg Wasser, 4 kg Hefe, 1,8 kg Salz und 2 kg Backmittel benötigt. Nach dieser Grundrezeptur sollen 100 Weißbrote hergestellt werden. Dazu sind 59,8 kg Teig erforderlich.

Berechnen Sie die erforderlichen Zutatenmengen.

4 Bäcker Weinreich stellt sein Stangenweißbrot nach folgender Grundrezeptur her: 1000 g Weizenmehl (550), 580 g Wasser, 18 g Salz, 20 g Backmittel, 30 g Hefe. Heute sollen 75 Stangenweißbrote hergestellt werden. Pro Brot werden 600 g Teig benötigt.

Welche Zutatenmengen sind erforderlich?

5 Für verschiedene Blechkuchen werden insgesamt 23 kg Hefesüßteig benötigt.

Ermitteln Sie die benötigten Zutaten, wenn folgende Grundrezeptur verwendet wird: 1000 g Weizenmehl (550), 125 g Backmargarine, 125 g Zucker, 50 g Vollei (1 Stück), 80 g Hefe, 10 g Salz und 450 g Vollmilch.

6 Für einen Bruch (Presse) „Harry's Spezialbrötchen“ (Mehrkornbrötchen) werden benötigt: 750 g Weizenmehl (550), 100 g Roggenmehl (1150), 100 g Dinkelmehl (812), 50 g Gerste (geschrotet), 650 g Wasser, 60 g Hefe, 18 g Salz, 20 g Backmittel, 50 g Leinsamen (geschrotet) und 5 g Gewürze.

Berechnen Sie die Zutatenmengen, wenn 450 Spezialbrötchen hergestellt werden sollen (1 Bruch / 1 Presse = 30 Stück).

7 Bäcker Heinrich stellt seine Rosenbrötchen nach folgender Rezeptur her: Je Liter (= 1 kg) Wasser werden 1750 g Weizenmehl (550), 100 g Hefe, 30 g Salz und 40 g Backhilfe zugegeben.

Erstellen Sie daraus eine Rezeptur mit 1000 g Mehl.

8 In der Bäckerei Wörns wird Toastbrot nach folgender Grundrezeptur hergestellt: 1 Liter (1000 g) Wasser, 1850 g Weizenmehl (550), 30 g Salz, 90 g Hefe, 50 g Backmittel, 30 g Zucker und 50 g Fett.

a) Erstellen Sie daraus eine Rezeptur, die auf 1 kg Mehl bezogen ist.

b) Da die Abschnitte nicht mitverkauft werden, benötigt man für 50 Toastbrote 32,5 kg Teig. Berechnen Sie die notwendigen Zutaten (als Kilorezept auf Mehl bezogen).

9 Je Kilogramm Mehl werden 625 g Vollmilch, 40 g Hefe, 18 g Salz und 15 g Backmittel zur Herstellung von Milchbrötchen benötigt.

Erstellen Sie eine Rezeptur, die auf 1 Liter (= 1000 g) Milch bezogen ist.

10 Die Grundrezeptur für Dänischen Plunder lautet: 1000 g Mehl, 100 g Backmargarine, 100 g Zucker, 450 g Milch, 1 Ei (= 50 g), 60 g Hefe, 10 g Salz.

a) Erstellen Sie eine Rezeptur, bezogen auf 5 Liter (= 5 kg) Milch.

b) Wie viel Ziehmargarine wird für die Rezepturmenge aus Teilaufgabe a) benötigt, wenn je kg Mehl 500 g Ziehmargarine eingesetzt werden?

14.2 Vom Rezepturgewicht zum Teiggewicht

Beispiel: Das Rezepturgewicht für einen Brotteig beträgt 88,4 kg. Die Gär- und Verarbeitungsverluste betragen 2,5 %.
Wie hoch ist das Teiggewicht?

Lösung:

Rezepturgewicht	88,40 kg	100 %
– 2,5 % Gär- und Verarbeitungsverluste	2,21 kg	– 2,5 %
= Teiggewicht	86,19 kg	97,5 %

Aus unserem Einführungsbeispiel lässt sich das folgende allgemeine Schema ableiten:

Rezepturgewicht
– Gär- und Verarbeitungsverluste
= Teiggewicht

Erläuterungen:

Unter dem **Rezepturgewicht** versteht man die Summe aller Zutaten, die zur Herstellung eines Teiges oder einer Masse verwendet werden.

Das **Teiggewicht** ergibt sich, wenn man das Rezepturgewicht um die Gär- und Verarbeitungsverluste vermindert. Es ist das tatsächliche Teiggewicht, das zur Verarbeitung gelangt. Das Teiggewicht eines Gebäckstückes oder eines Bruchs nennt man *Teigeinlage.*

Gär- und Verarbeitungsverluste sind Verluste, die bei der Teig- oder Massenherstellung auftreten. Hierzu zählen beispielsweise Wiegeverluste, im Kessel zurückgebliebene Reste und Verluste, die beim Vergären von Zuckern zu verzeichnen sind usw. Gär- und Verarbeitungsverluste werden mit der Prozentrechnung ermittelt. Wer sehr häufig Gär- und Verabeitungsverluste berechnen muss, kann einfachheitshalber folgende Formel anwenden:

$$\textbf{Gär- u. Verarbeitungsverluste in \%} = \frac{(\text{Rezepturgewicht} - \text{Teiggewicht}) \cdot 100}{\text{Rezepturgewicht}}$$

Beachten Sie:

Rezepturgewicht – Gär- und Verarbeitungsverluste = Teiggewicht

1 Das Rezepturgewicht für einen Brotteig beträgt 85 kg. Die Gär- und Verarbeitungsverluste betragen 3 %.

Berechnen Sie das Teiggewicht.

2 Aus folgender Rezeptur werden Brötchen hergestellt:

30,00 kg Weizenmehl, Type 550
18,00 kg Wasser
1,20 kg Hefe
0,54 kg Salz
0,75 kg Backmittel

Die Gär- und Verarbeitungsverluste betragen 3,5 %.

Welches Teiggewicht hat dieser Brötchenteig?

3 Das Rezepturgewicht für eine Biskuitmasse beträgt 3,6 kg. Daraus werden 14 Biskuitböden mit je 250 g Masseneinwaage hergestellt.

Berechnen Sie die Wiege- und Verarbeitungsverluste in g und in %.

4 Bäcker Harms stellt 1 220 Brötchen mit einem Teiggewicht von jeweils 50 g her. Das Rezepturgewicht beträgt 63,125 kg.

Ermitteln Sie die Gär- und Verarbeitungverluste in kg und in %.

5 Die Teigeinlage (das Teiggewicht) beträgt für ein Roggenmischbrot 880 g.

Berechnen Sie das Rezepturgewicht für ein Brot, wenn die Gär- und Verarbeitungsverluste 3,3 % betragen.

6 Berliner Pfannkuchen haben in der Bäckerei Krapf eine Teigeinlage von 48 g pro Stück. Die Gär- und Verarbeitungsverluste betragen 4 %.

Berechnen Sie das Rezepturgewicht für 300 Berliner.

7 In der Bäckerei Schiller werden folgende Weizenmischbrote aus demselben Teig hergestellt:

50 Brote à 1,15 kg Teiggewicht
40 Brote à 1,70 kg Teiggewicht
60 Brote à 0,65 kg Teiggewicht
12 Brote à 2,30 kg Teiggewicht

a) Berechnen Sie das erforderliche Rezepturgewicht, wenn die Gär- und Verarbeitungsverluste 3 % betragen.

b) Berechnen Sie die erforderlichen Zutatenmengen für diese Brote, wenn die Grundrezeptur für den Weizenmischbrotteig wie folgt lautet:
60 Teile Weizenmehl,
40 Teile Roggenmehl,
68 Teile Wasser,
3 Teile Hefe,
1,8 Teile Salz,
2 Teile Backmittel.

8 Bäckermeister Moser stellt nach folgender Rezeptur Tafelbrötchen her:

Weizenmehl, Type 550	*100,0 kg*
Hefe	*5,5 kg*
Salz	*1,8 kg*
Brötchenbackmittel	*2,5 kg*
Wasser	*59,0 kg*

Berechnen Sie die Zutaten für 2 550 Tafelbrötchen bei 1 750 g Teigeinlage pro Bruch (30 Stück) und bei 3,5 % Gär- und Verarbeitungsverlusten.

14.2.1 Die Teigausbeute

Beispiel: Bei einem Teig werden auf 100 kg Weizenmehl 58 kg Wasser geschüttet. Ermitteln Sie die Teigausbeute.

Lösung:

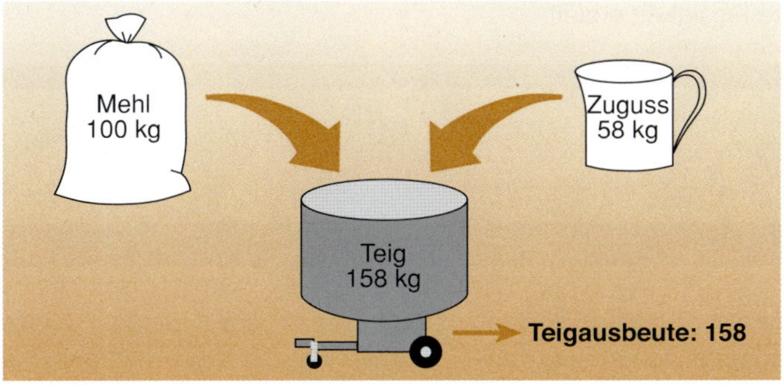


```
  100 kg Weizenmehl
+  58 kg Wasser
= 158 kg Teig  ──────►  Teigausbeute: 158
```

Erläuterungen:

Die **Teigausbeute** gibt an, welche Teigmenge man aus 100 kg Mehl und der Zugussflüssigkeit erzielt (in unserem Einführungsbeispiel: 100 kg Mehl + 58 kg Wasser ⟶ Teigausbeute 155). Die Höhe der Teigausbeute ist abhängig von der Wasseraufnahmefähigkeit des Mehles und von der gewünschten Teigfestigkeit. Da das Teiggewicht durch die Zutaten rechnerisch höher liegt, spricht man auch von der **theoretischen Teigausbeute** bzw. von der **Nettoteigausbeute.**

Unter der **Bruttoteigausbeute** versteht man dagegen die Teigmenge, die man aus 100 kg Mehl, der Zugussflüssigkeit und den übrigen Zutaten erzielt, vermindert um die Gär-, Einwiege- und Verarbeitungsverluste (GVV). Bezogen auf unser Einführungsbeispiel ergäbe dies:

```
  100,000 kg Weizenmehl
+  58,000 kg Wasser
+   2,000 kg Hefe
+   1,800 kg Salz
= 161,800 kg Teig
–   3,883 kg 2,4 % GVV
= 157,917 kg  ──────►  Bruttoteigausbeute 157,9
```

Sie sehen: Bei der Herstellung von Broten und einfachem Kleingebäck wie Brötchen werden die Gär-, Einwiege- und Verarbeitungsverluste durch die übrigen Zutaten (Hefe und Salz) nahezu ausgeglichen. Ausnahme: Für zutatenreiche Teige und Massen wie Plunderteige und Stollenteige gilt diese Regel nicht, da hier die Zutatenmengen die Verluste erheblich übersteigen.
Der Einfachheit halber und vor allem, weil es sich in der Praxis als sinnvoll erwiesen hat, wird für die folgenden Aufgaben nur der Begriff **Teigausbeute** verwendet. Man versteht darunter **die Teigmenge aus 100 kg Mehl und der Zugussflüssigkeit.**

Beachten Sie:

Mehl + Zuguss ⟶ Teigausbeute

Die Teigausbeute gibt an, welche Teigmenge man aus 100 kg Mehl und der Zussflüssigkeit erzielt.

Aufgaben

1 Aus 64 kg Roggenmehl und 16 kg Weizenmehl werden 136 kg Roggenmischbrotteig hergestellt.

Welche Teigausbeute hat der Teig?

2 In der Bäckerei Malzach werden Weizenbrötchen aus 63 kg Weizenmehl, 7 kg Roggenmehl, 36 kg Wasser und 4,6 kg Vollmilch hergestellt.

Ermitteln Sie die Teigausbeute dieses Brötchenteiges.

3 Welches Teiggewicht hat ein Brötchenteig aus 50 kg Mehl, wenn die Teigausbeute 155 beträgt?

4 Bäcker Neureuter stellt aus 45 kg Weizenmehl und 15 kg Roggenmehl einen Weizenmischbrotteig mit einer Teigausbeute von 167 her.

Ermitteln Sie die erforderliche Zugussmenge.

5 In der Bäckerei Hannes werden Roggenvollkornbrote (Kastenbrote) mit einer Teigausbeute von 190 aus 35 kg Roggenvollkornschrot hergestellt.

Berechnen Sie die Zugussmenge und das Teiggewicht.

6 Aus 40 kg Zuguss wird ein Brötchenteig mit einer Teigausbeute von 156 hergestellt.

Berechnen Sie die erforderliche Mehlmenge.

7 Franz soll einen Weizenmischbrotteig 70 : 30 aus 60 kg Gesamtmehl mit einer Teigausbeute von 168 herstellen. Er wiegt 42 kg Weizenmehl, 18 kg Roggenmehl und 42 kg Wasser ein.

Überprüfen Sie rechnerisch, ob Franz richtig eingewogen hat.

8 Es sollen 99,8 kg Weizenmischbrotteig 80 : 20 mit einer Teigausbeute von 167 hergestellt werden.

Berechnen Sie die erforderlichen Mehl- und Zugussmengen.

9 In der Bäckerei Müller werden aus 36 kg Mehl 60 kg Brotteig hergestellt. Bäcker Mayer stellt aus 29 kg Wasser 70 kg Brotteig her.

Welcher Brotteig hat die höhere Teigausbeute?

10 Wie viel kg Roggenmehl und wie viel kg Weizenmehl muss Bäcker Reichert insgesamt bereitstellen, wenn er folgende Teige herstellen will:

55 kg Roggenmischbrotteig 70 : 30 mit einer Teigausbeute von 172,

75 kg Weizenmischbrotteig 60 : 40 mit einer Teigausbeute von 167,

36 kg Weizenbrotteig 90 : 10 mit einer Teigausbeute von 164,

81 kg Weizenbrötchenteig 100 : 0 mit einer Teigausbeute von 156.

14.2.2 Die Teigeinlage

Beispiel: Bäcker Hinrichs stellt 60 Weizenbrote mit einer Teigeinlage von 1 150 g pro Stück her. Die Teigausbeute beträgt 166.
Berechnen Sie die erforderlichen Mehl- und Zugussmengen.

Lösung: 60 Brote · 1,15 kg = 69 kg

166 kg Teig = 100 kg Mehl
69 kg Teig = x kg Mehl

$$x = \frac{100 \cdot 69}{166} = \underline{\underline{41{,}566 \text{ kg Mehl}}}$$

69,000 kg Teig
− 41,566 kg Mehl
= 27,434 kg Zuguss

Erläuterung: Als **Teigeinlage** bezeichnet man eine Teigmenge, die man zur Herstellung eines Gebäckes bzw. eines Bruches (= 30 Stück) abwiegt, um sie in den Gärraum oder in den Ofen einzulegen.

Aufgaben

1 Aus 40 kg Roggenmehl und 20 kg Weizenmehl sollen 90 Roggenmischbrote mit einer Teigeinlage von 1 150 g hergestellt werden.

Ermitteln Sie die Teigausbeute des Teiges.

2 Bäcker Sander stellt Weizenmischbrote 60:40 mit einer Teigausbeute von 168 her. Die Teigeinlage je Stück soll 870 g betragen.

Wie viele Brote erhält er aus 80 kg Mehl?

3 Berechnen Sie die erforderlichen Mehlmengen, wenn 125 Roggenmischbrote 70:30 mit einer Teigeinlage von 600 g hergestellt werden. Die Teigausbeute beträgt 167.

4 Aus 30 kg Roggenmehl sollen Roggenmischbrote 80:20 mit einer Teigeinlage von 1 670 g und einer Teigausbeute von 170 hergestellt werden.

a) Berechnen Sie die erforderlichen Weizenmehl- und Zugussmengen.

b) Wie viele Brote können aus diesem Teig hergestellt werden?

5 Für 75 Roggenmischbrote mit einer Teigeinlage von 1 150 g benötigte Bäcker Schuster bisher (mit der alten Mehllieferung) 51,5 kg Mehl. Mit dem neuen Mehl benötigt er – bei gleicher Teigfestigkeit – nur noch 50,75 kg Mehl.

Wie viel höher ist die Teigausbeute jetzt gegenüber früher?

6 Uli erhält von seinem Meister den Auftrag, Mehl und Zuguss für 750 Weizenbrötchen herzurichten. Die Teigeinlage pro Bruch (30 Stück) beträgt 1 800 g. Der Teig hat eine Teigausbeute von 156.

Berechnen Sie die erforderlichen Mengen für Mehl und Zuguss.

7 Wie viele Brüche (Pressen) Brötchenteig mit einer Teigeinlage von 1 700 g ergibt ein Teig aus 45 kg Weizenmehl und 5 kg Roggenmehl, wenn der Teig eine Teigausbeute von 157 hat?

8 In der Bäckerei Reißer werden folgende Roggenmischbrote 60 : 40 aus einem Teig hergestellt:

50 Brote mit einer Teigeinlage von 880 g,
40 Brote mit einer Teigeinlage von 1 160 g und
25 Brote mit einer Teigeinlage von 1 680 g.

Berechnen Sie die erforderlichen Mehl- und Zugussmengen, wenn der Teig eine Teigausbeute von 169 hat.

9 Für die Herstellung von 1 500 Weizenbrötchen (95 : 5) setzt Adrian 31,05 kg Zuguss ein.

Berechnen Sie die Teigeinlage pro Bruch, die erforderlichen Mehlmengen und die Teigausbeute, wenn ein Brötchenteigling $58^{1}/_{3}$ g wiegt.

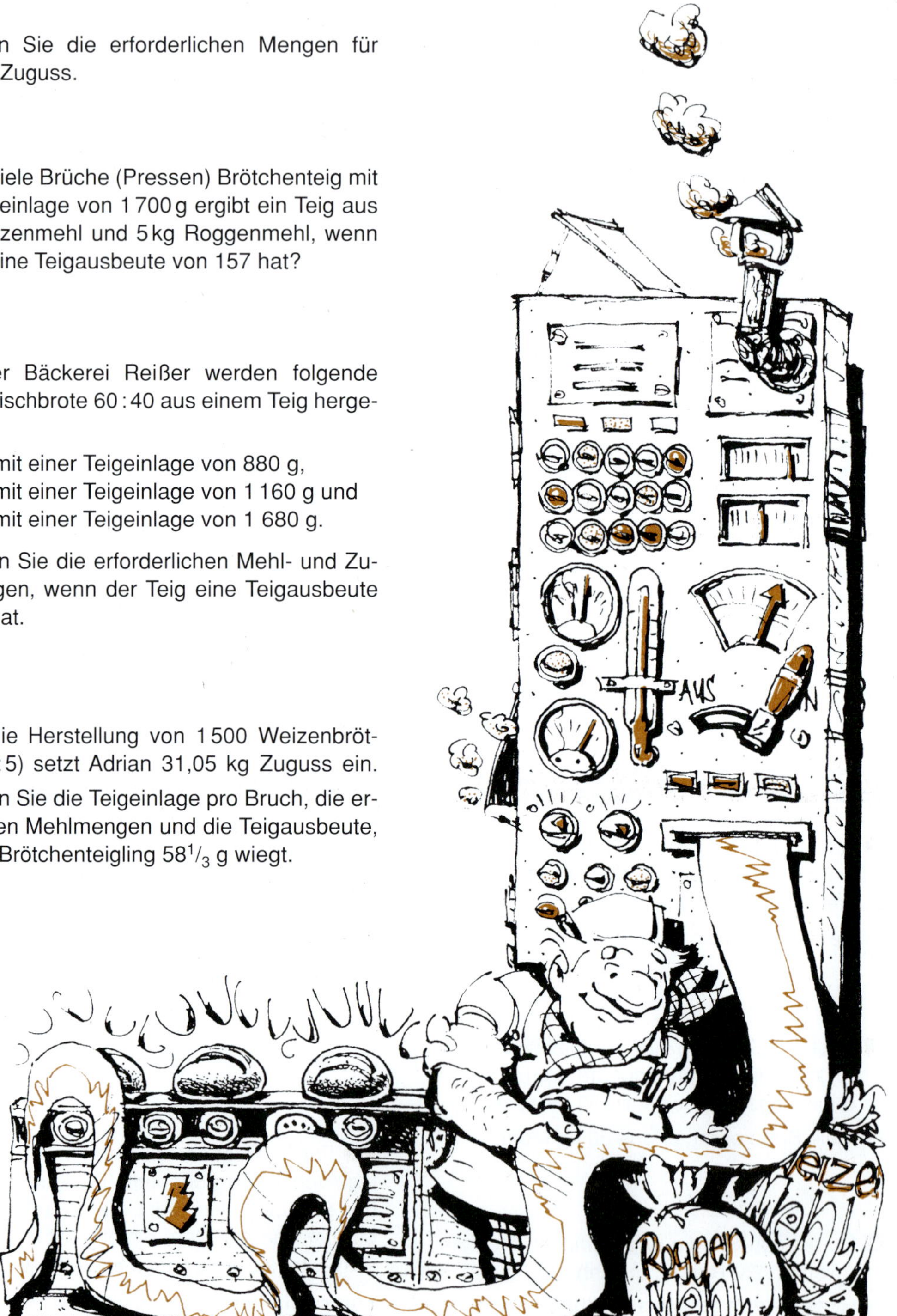

14.3 Temperaturberechnen bei der Teigherstellung

Damit die erzeugten Backwaren eine einwandfreie Qualität aufweisen, muss bei der Teigherstellung auf die **optimale Teigtemperatur** geachtet werden. Durch die optimale Einstellung der Teigtemperatur kann die Teigruhe verkürzt, die Teigquellung verbessert und das Teig- und Gebäckvolumen optimiert werden. Vereinfacht ausgedrückt: die bestmögliche Gebäckqualität wird erreicht.

Von folgenden Faktoren hängt die Teigtemperatur ab:

- Temperatur der einzelnen Zutaten,
- Raumtemperatur (Wärmeabgabe bzw. Wärmeaufnahme),
- Teigerwärmung beim Kneten.

Der Bäcker erhält die gewünschte Teigtemperatur nur dann, wenn er die einzelnen Faktoren, welche die Teigtemperatur beeinflussen, entsprechend berücksichtigt. Die optimale Teigtemperatur entsteht nämlich nicht automatisch, sondern wird erst durch die richtige Steuerung erreicht. In der Regel erfolgt diese Steuerung über die **Zugusstemperatur.**

Eine exakte mathematische Berechnung der Teig- und Zugusstemperaturen wäre sehr aufwendig und kompliziert. Für die Anforderungen in der Praxis genügt jedoch folgende vereinfachte Annahme: Alles, was in den Kneter hineinkommt, beeinflusst zu gleichen Teilen die Teigtemperatur, d. h., die Temperaturunterschiede gleichen sich aus. Man erhält demnach die Teigtemperatur, indem man den Durchschnitt aus den erfassten Temperaturen bildet. Außerdem muss berücksichtigt werden, dass bei der Teigherstellung Knetmaschinen eingesetzt werden, denn diese führen zu einer Erwärmung des Teiges. Die Folge: Zu den ermittelten Durchschnittstemperaturen muss die Teigerwärmung beim Kneten hinzugezählt werden.

Bei langsam und daher wenig intensiv gekneteten Teigen (z. B. Roggenteige, Schrotteige) spielt die Teigerwärmung beim Kneten fast keine Rolle. Bei intensiv gekneteten Teigen hat die Teigerwärmung beim Kneten aber erheblichen Einfluss auf die Teigtemperatur. Je intensiver ein Teig geknetet wird, desto mehr Energie und damit Wärme wird dem Teig zugeführt.

Beachten Sie hierzu folgende Tabelle:

Knetsystem	Knetertyp	Umdrehungen pro Minute	Knetzeit in Minuten	Teig- erwärmung in °C
Drehhebelkneter	langsam	25–40	20–30	ca. 1
Hubkneter	schnell	60–90	12–20	ca. 2
Spiralkneter	intensiv	120–180	8–10	ca. 5
Doppelkonuskneter	intensiv	120–180	8–10	ca. 5
Pluskneter	intensiv	120–180	8–10	ca. 5
Wendelkneter	sehr intensiv	200–300	4–6	4–6
Rundaufschlagkneter	Mixer	1000–1500	1,5–2	8–12
Rundaufschlagkneter		2000–3000	0,6–1	10–15

Bei einer **direkten** Führung erfolgt die Teigherstellung ohne Sauerteig bzw. ohne Vorteig. Von einer **indirekten** Führung spricht man, wenn ein Vorteig oder ein Sauerteig verwendet wird.

14.3.1 Berechnen der Teigtemperatur

Beispiel 1: Die Mehltemperatur beträgt 17 °C. Die Zugusstemperatur beträgt 33 °C. Welche Teigtemperatur ergibt sich bei der Herstellung?

Lösung:

$$\frac{17\,°C + 33\,°C}{2} = \frac{50\,°C}{2} = \mathbf{25\,°C}$$

Aus dem Einführungsbeispiel lässt sich folgende Formel ableiten:

$$\textbf{Teigtemperatur bei direkter Führung} = \frac{\text{Mehltemperatur} + \text{Zugusstemperatur}}{2}$$

Beispiel 2: Welche Teigtemperatur hat ein Weizenmischbrotteig, wenn die Mehltemperatur 17 °C, die Zugusstemperatur 19 °C, die Sauerteigtemperatur 35 °C, die Raumtemperatur 21 °C und die Teigerwärmung beim Kneten 5 °C betragen?

Lösung: Die Teigtemperatur ergibt sich, wenn man zu dem Durchschnittswert aus Mehltemperatur, Zugusstemperatur, Sauerteigtemperatur und Raumtemperatur dieTeigerwärmung beim Kneten hinzuzählt. Wird für die Teigherstellung statt eines Sauerteiges ein Vorteig verwendet, so ändert sich der Rechenvorgang nicht.

$$\frac{17\,°C + 19\,°C + 35\,°C + 21\,°C}{4} + 5\,°C = \frac{92\,°C}{4} + 5\,°C = \mathbf{28\,°C}$$

$$\textbf{Teigtemperatur bei direkter Führung} = \frac{\text{Mehltemperatur} + \text{Zugusstemperatur} + \text{Vorteigtemperatur} + \text{Raumtemperatur}}{4} + \text{Teigerwärmung beim Kneten}$$

Aufgaben

1 Welche Temperatur hat ein Brotteig, wenn die Mehltemperatur 16 °C und die Zugusstemperatur 28 °C beträgt?

2 Aus Weizenmehl mit 10 °C und Wasser mit 33 °C wird ein Weißbrotteig hergestellt.

Berechnen Sie die Temperatur des Weißbrotteiges.

3 Ermitteln Sie die Temperatur eines Roggenteiges, wenn für die Mehltemperatur 19 °C gemessen wurden und der Zuguss auf 32 °C eingestellt wurde.

4 Bäcker Sander stellt ein Roggenmischbrot mit der Berliner Kurzsauerführung her. Die Mehltemperatur beträgt 15 °C, die Sauerteigtemperatur beträgt 35 °C. Den Zuguss hat Bäcker Sander auf 32 °C eingestellt.

Welche Teigtemperatur ergibt sich?

5 Für ein Bauernbrot verwendet Martin einen Weizenvorteig, der mit 23 °C über Nacht geführt wurde. Die Mehltemperatur beträgt 15 °C. Den Zuguss stellt Martin auf 34 °C ein.

Welche Teigtemperatur ergibt sich daraus?

6 Martin setzt für sein Bauernbrot statt eines Langsamkneters nun einen Pluskneter ein. Die Teigerwärmung beim Kneten beträgt 4 °C.

Welche Temperatur hat sein Bauernbrotteig nach dem Kneten? Verwenden Sie das Ergebnis aus Aufgabe 5 für die Bearbeitung dieser Aufgabe.

7 Ermitteln Sie die Teigtemperatur nach dem Kneten, wenn die Mehltemperatur 20 °C, die Zugusstemperatur 32 °C, die Raumtemperatur 24 °C und die Teigerwärmung beim Kneten 3 °C beträgt.

8 Ein Mischbrotteig hat beim Kneten eine Teigerwärmung von 0,3 °C je Minute. Die Knetzeit beträgt 12 Minuten; die Mehltemperatur betrug 20 °C, der Zuguss hatte eine Temperatur von 23 °C.

Welche Temperatur hat der Mischbrotteig nach dem Kneten?

14.3.2 Berechnen der Zugusstemperatur

Um die Zugusstemperatur zu ermitteln, wird die Formel für die Berechnung der Teigtemperatur entsprechend umgestellt.

Verwendete Abkürzungen:
MT = Mehltemperatur, ZGT = Zugusstemperatur, TT = Teigtemperatur

$$TT = \frac{(MT + ZGT)}{2}$$

$$2 \cdot TT = \frac{(MT + ZGT) \cdot \cancel{2}}{\cancel{2}} \qquad \leftarrow \cdot 2$$

$$2 \cdot TT - MT = \cancel{MT} + ZGT - \cancel{MT} \qquad \leftarrow - MT$$

$$\mathbf{ZGT = 2 \cdot TT - MT}$$

$$\text{Zugusstemperatur bei direkter Führung} = 2 \cdot \text{Teigtemp.} - \text{Mehltemp.}$$

Beispiel 1: Attila soll einen Brötchenteig mit einer Temperatur von 26 °C herstellen. Die Mehltemperatur beträgt 15 °C.
Welche Temperatur muss der Zuguss haben?

Lösung: **Zugusstemperatur** = 2 · 26 °C − 15 °C = **37 °C**

Beispiel 2: Welche Zugusstemperatur ist erforderlich, wenn ein Brotteig eine Temperatur von 26 °C haben soll?
Die Mehltemperatur beträgt 12 °C, die Sauerteigtemperatur 30 °C und die Teigerwärmung beim Kneten beläuft sich auf 4 °C.

Lösung: Erwärmt sich der Teig beim Kneten, dann muss dies durch eine geringere Zugusstemperatur ausgeglichen werden. Der Zuguss wird deshalb für eine niedrigere Teigtemperatur berechnet. Man vermindert die gewünschte Teigtemperatur um die Teigerwärmung beim Kneten. Wird für die Teigherstellung statt eines Sauerteiges ein Vorteig verwendet, so ändert sich der Rechenvorgang nicht.

Somit ergibt sich folgende Formel:

$$\textbf{Zugusstemperatur bei indirekter Führung} = 3 \cdot \left(\text{Teigtemperatur} - \text{Teigerwärmung beim Kneten}\right) - \text{Mehltemp.} - \text{Vorteigtemperatur}$$

Zugusstemperatur = 3 · (26 °C − 4 °C) − 12 °C − 30 °C
= 3 · 22 °C − 12 °C − 30 °C
= 66 °C − 12 °C − 30 °C = **24 °C**

Aufgaben

1 Ein Weizenmischbrotteig soll eine Teigtemperatur von 26 °C erreichen. Die Mehltemperatur beträgt 12 °C.

Auf welche Temperatur muss der Zuguss eingestellt werden?

2 Zur Herstellung seines Brezelteiges verwendet Bäcker Häberle Mehl mit einer Temperatur von 12 °C, die Raumtemperatur beträgt 21 °C, die Teigerwärmung beim Kneten 6 °C. Der Teig soll nach dem Kneten eine Temperatur von 20 °C haben.

Ermitteln Sie die Zugusstemperatur.

3 Ein Brötchenteig, der mit dem Mixer hergestellt wird, soll eine Teigtemperatur von 28 °C erreichen.

Auf welche Temperatur muss der Zuguss eingestellt werden, wenn die Mehltemperatur 16 °C, die Vorteigtemperatur 21 °C und die Teigerwärmung beim Kneten 12 °C betragen?

4 Welche Zugusstemperatur ist für einen Brotteig erforderlich, der eine Temperatur von 26 °C haben soll?

Die Mehltemperatur beträgt 19 °C, die Sauerteigtemperatur 23 °C und die Teigerwärmung beim Kneten beträgt 4 °C.

5 Tobias hat für die Zugusstemperatur eines Roggenteiges 28 °C ermittelt.

Überprüfen Sie, ob er richtig gerechnet hat. Die Mehltemperatur beträgt 20 °C, die Sauerteigtemperatur 29 °C, die Raumtemperatur 23 °C. Der Teig soll nach dem Kneten 26 °C haben, wobei die Teigerwärmung durch das Kneten 2 °C beträgt.

Vermischte Aufgaben

1 Ermitteln Sie die Teigtemperatur eines Roggenmischbrotteiges nach dem Kneten, wenn die Mehltemperatur 14 °C, die Zugusstemperatur 29 °C, die Sauerteigtemperatur 30 °C, die Raumtemperatur 22 °C und die Teigerwärmung beim Kneten 3 °C betragen.

2 Die Teigtemperatur für einen Brötchenteig soll 28 °C betragen. Das Mehl hat 18 °C, die Teigerwärmung beim Kneten beläuft sich auf 5 °C.

Welche Zugusstemperatur muss eingestellt werden?

3 Ermitteln Sie die erforderliche Zugusstemperatur für einen Brötchenteig. Die Mehltemperatur beträgt 17 °C, die Teigtemperatur soll 25 °C betragen.

4 Bäckergeselle Heinrich stellt einen Mischbrotteig (50 : 50) her. Das Roggenmehl hat eine Temperatur von 12 °C, die Temperatur des Weizenmehls beträgt 21 °C, die Zugusstemperatur beträgt 33 °C.

Berechnen Sie die Teigtemperatur.

(Beachten Sie: Zuerst muss die „Gesamtmehl-Temperatur" ermittelt werden.)

5 Mesut hat für eine gewünschte Teigtemperatur von 24 °C eine Zugusstemperatur von 29 °C ermittelt.

Welche Temperatur muss das Mehl haben, wenn Mesut richtig gerechnet hat?

6 Zur Herstellung eines Landbrotes (Weizenmischbrot) wird Mehl mit einer Temperatur von 10 °C verwendet. Da es 4.00 Uhr morgens ist, beträgt die Raumtemperatur der Backstube 18 °C. Der Sauerteig hat eine Temperatur von 20 °C.

Wie warm müsste der Zuguss sein, wenn der Teig eine Temperatur von 27 °C erreichen soll?

(Überlegen Sie: Weshalb ist das nicht durchführbar? Welche Maßnahmen könnte der Bäcker ergreifen, damit er seinen Teig möglichst schnell mit der gewünschten Temperatur herstellen kann?)

7 Die Teigtemperatur soll nach dem Kneten 26 °C betragen. Die Mehltemperatur beträgt 18 °C, die Zugusstemperatur wurde auf 27 °C eingestellt.

Wie groß ist die Teigerwärmung durch den Wendelkneter?

14.4 Sauerteigberechnungen

Nur durch die Einwirkung von Säure werden Roggenmehle backfähig. Die Säure verleiht dem Brot den beliebten leicht säuerlichen Geschmack, sie fördert die Wasseraufnahmefähigkeit während der Teigherstellung und hemmt die Stärke abbauenden Enzyme.

Die notwendige Säuerung des Teiges wird durch die **Sauerteigführungen** erreicht.

Jede **Sauerteigführung** ist von verschiedenen Faktoren abhängig, nämlich von:

- dem zu versäuernden Mehl (Qualität, Menge usw.),
- der Menge des Anstellgutes,
- der Teigtemperatur,
- der Teigfestigkeit,
- der Abstehzeit,
- dem erwünschten Geschmack.

Die Vorgänge im Sauerteig können durch diese Faktoren derart vielseitig beeeinflusst werden, dass selbst durch verschiedene Sauerteigführungen mit unterschiedlicher Dauer die gleiche Zielsetzung ermöglicht werden kann. So sind im Laufe der Zeit verschiedene Führungsarten entwickelt worden, die den sehr unterschiedlichen betrieblichen Anforderungen entsprechen können.

Grundsätzlich jedoch werden folgende Sauerteigführungen unterschieden:

⇒ Dreistufenführungen,
⇒ Zweistufenführungen,
⇒ Einstufenführungen,
⇒ kombinierte Führungen (eine Stufe + Teigsäuerungsmittel).

Die klassische Sauerteigführung ist die **Dreistufenführung,** d. h., der Teig wird über drei Stufen vom Anstellgut bis zum Teig geführt. Damit man den gewünschten Säuregrad und Geschmack und die notwendige Menge an Hefen erzielt, wird jede Stufe unter spezifischen Bedingungen geführt.

Die **Zweistufenführungen** (alte, neue, abgewandelte Führungen) verzichten auf die Stufe der Hefevermehrung und sind so abgestimmt, dass bei möglichst einfacher Handhabung die notwendige Sicherheit der Führung gewährleistet wird.

Die **Einstufenführungen** (Berliner Kurzsauer [BKS], Detmolder Einstufenführung [DEF], Monheimer Salzsauerführung usw.) unterscheiden sich auf den ersten Blick erheblich voneinander, da sie sehr unterschiedliche Zielsetzungen haben. Bei entsprechender Anpassung der Führungsbedingungen gleichen sich aber die Ergebnisse immer mehr an.

Sauerteigführungen – Überblick

Merkmale	Bezeichnung				
	Dreistufenführung	**„Neue“ Zweistufenführung**	**DEF = Detmolder Einstufenführung**	**BKS = Berliner Kurzsauerführung**	**Monheimer Salzsauerführung**
Anstellgutmenge in % der zu versäuernden Mehlmenge	abhängig von der Stehzeit der einzelnen Stufen (durchschnittlich: 0,5–1%)	Generell 2,5 % der zu versäuernden Mehlmenge (Vollsauer)	Je nach Sauerteigtemperatur 20% bei 20–23 °C 10% bei 24–26 °C 5% bei 26–27 °C 2% bei 27–28 °C	20 %	20 %
Sauerteigtemperatur	Anfrischsauer: 23–25 °C Grundsauer: 23–28 °C Vollsauer: ca. 30 °C	Anfrischsauer: 22–26 °C Grundsauer: 27–33 °C	20–28 °C (siehe oben)	durchgehend 35 °C (z. T. auch 36 °C)	anfangs 35 °C innerhalb 20–24 Std. auf ca. 20 °C fallend (bei Lagerung > 15 °C)
Teigausbeute ***TA des Sauers***	Anfrischsauer: 190–200 Grundsauer: 150–175 Vollsauer: 180–200	Anfrischsauer: 150 Grundsauer: 180 (siehe unten)	180	190	200
Reifezeit in Stunden	Anfrischsauer: 2–5 Grundsauer: 4–10 Vollsauer: 2–3 / 6–9	Grundsauer: 15–24 Vollsauer: 2,5–3,5	15–20	3 (bis zu 4)	24 Stunden bis 7 Tage (15 °C)
zu versäuernde Mehlmenge (Roggenmehl)	Roggenbrote: ~33 % Roggenmischbrote: ~40 % Mischbrote: 50–70 %	durchschnittlich 40–60 % (je nach Zielsetzung)	**RM : WM — % RM** 100 : 0 — 35 % 80 : 20 — 40 % 40 : 60 — 40 % 30 : 70 — 53 % 20 : 80 — 60 %	Roggenbrote: 40–50 % Roggenmischbrote: 40–70 % Weizenmischbrote: 60–100 %	**RM : WM — % RM** 100 : 0 — 33 % 80 : 20 — 35 % 60 : 40 — 35 % 40 : 60 — 40 % 30 : 70 — 45 % 10 : 90 — 100 %
Berechnungsgrundlage	Anwendung der Arcady-Vermehrungsregel Grund- oder Vollsauer-über-Nacht-Führung	Anstellgut · 16 = Grundsauer Anstellgut · 8 = Grundsauerzuguss ***Mehlzusatz zum Vollsauer = Zugusszusatz zum Vollsauer = Grundsauermenge***	Maßgebend für die Berechnung der Anstellgutmenge ist die Temperatur des Sauers; danach richtet sich das Führungsschema.	Sinkt die Temperatur um 1–2 °C ab, so verlängert sich die Stehzeit um 30 Minuten, 35 °C sollten aber eingehalten werden.	Zum Sauerteig werden 2 % Salz zugegeben. (Die Salzzugabe wird beim Teig verrechnet.)

14.4.1 Die zu versäuernde Mehlmenge

Die Backfähigkeit des Roggenmehles ist maßgebend für die Roggen- und Mischbrotherstellung. Je höher der Anteil des Roggenmehles am Gesamtmehl ist, desto größer muss auch der Saueranteil und damit die zu versäuernde Mehlmenge sein. Durch die Säure wird die Backfähigkeit des Roggenmehls verbessert bzw. gewährleistet. Deshalb wird generell das Roggenmehl zur Sauerteigherstellung verwendet (Ausnahme: Weizensauer).

Maßgebend für alle Sauerteigberechnungen ist der Anteil des zu versäuernden Mehls. Da der Sauerteig mit Roggenmehl hergestellt wird, ist immer der Anteil des Roggenmehls gemeint.

Beispiel: Aus 50 kg Gesamtmehlmenge soll ein Roggenmischbrot (60 : 40) hergestellt werden. 60 % des Roggenmehls werden versäuert.

a) Wie groß ist der Anteil des Roggenmehls?
b) Wie groß ist die zu versäuernde Mehlmenge?

Lösung: a) **Berechnung des Roggenmehlanteils:**

Roggenmischbrot: 60 : 40

↓

bedeutet: 60 % (Teile) Roggenmehl
40 % (Teile) Weizenmehl

$$\begin{aligned} 100\,\% &= 50 \text{ kg Mehl} \\ 60\,\% &= x \text{ kg Mehl} \end{aligned}$$

$$x = \frac{50 \cdot 60}{100} = \underline{\underline{30 \text{ kg Roggenmehl}}}$$

b) **Berechnung der zu versäuernden Mehlmenge:**

60 % Roggenmehl werden versäuert ⟶

$$\begin{aligned} 100\,\% &= 30 \text{ kg Mehl} \\ 60\,\% &= x \text{ kg Mehl} \end{aligned}$$

$$x = \frac{30 \cdot 60}{100} = \underline{\underline{18 \text{ kg zu versäuernde Mehlmenge}}}$$

Erläuterung:

Im Sauerteig bzw. in der letzten Stufe einer Sauerteigführung sind also 18 kg Roggenmehl enthalten. Damit 30 kg Roggenmehl erreicht werden, müssen noch 12 kg Roggenmehl hinzugesetzt werden (die übrigen 40 % von den 30 kg Roggenmehl).

Aufgaben

1 Aus 75 kg Roggenmehl sollen Roggenbrote hergestellt werden. Der Saueranteil beträgt 33 %.

Ermitteln Sie die zu versäuernde Mehlmenge in kg.

2 Aus 100 kg Gesamtmehlmenge sollen Roggenmischbrote 80:20 hergestellt werden. Der Saueranteil beträgt 35 %.

a) Berechnen Sie den Roggenanteil an der Gesamtmehlmenge.

b) Berechnen Sie die zu versäuernde Roggenmehlmenge in kg.

3 Bäcker Hansen stellt Roggenmischbrote 60:40 her. Die Gesamtmehlmenge beträgt 70 kg, der Saueranteil 70 %.

Wie viel kg beträgt die zu versäuernde Mehlmenge (Roggenmehl)?

4 Für 80 Weizenmischbrote 60:40 benötigt Bäcker Reinders 57,5 kg Mehl. Der Saueranteil beträgt 90 %.

a) Berechnen Sie die Anteile von Weizen- und Roggenmehl an der Gesamtmehlmenge.

b) Berechnen Sie die zu versäuernde Mehlmenge.

5 Die Bäckerei Breitling soll 125 Roggenmischbrote 70:30 mit einer Teigeinlage von 1 150 g herstellen. Die Teigausbeute beträgt 168. In der Rezeptur sind 2 % Hefe und 1,8 % Salz enthalten. (Gär- und Verarbeitungsverluste bleiben unberücksichtigt.) Der Saueranteil beträgt 40 %.

Berechnen Sie die zu versäuernde Mehlmenge.

14.4.2 Die Dreistufenführung

Die Dreistufenführung ist die klassische Sauerteigführung. Hier wird der Sauerteig über 3 Stufen vom Anstellgut bis zum Teig geführt.

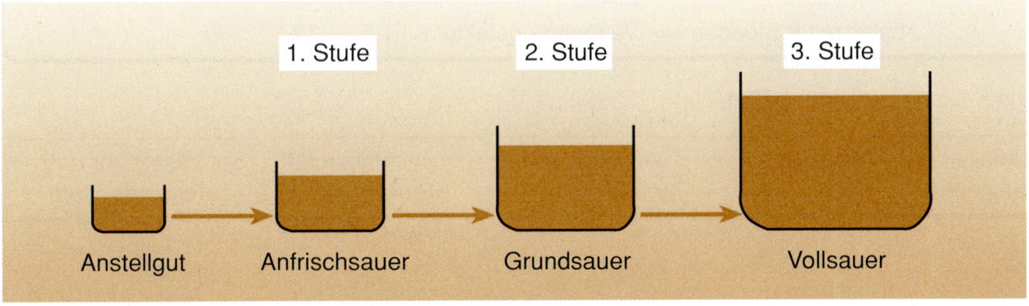

Da das **Anstellgut** vom reifen Vollsauer entnommen wird, betrachtet man es nicht als eine Sauerteigstufe.

Man erhält den **Anfrischsauer,** indem man das Anstellgut mit frischem Roggenmehl und Wasser ansetzt. Durch die Abstehzeit wird festgelegt, wie viel Mehl zugegeben werden darf.

Der **Grundsauer** ergibt sich, wenn man zu dem ausgereiften Anfrischsauer wieder Roggenmehl und Wasser hinzufügt.

Den **Vollsauer,** die 3. Sauerteigstufe, erhält man, wenn man dem ausgereiften Grundsauer erneut Roggenmehl und Wasser zugibt.

Um das Mehl in Säure umzuwandeln, benötigen die Bakterien eine bestimmte Zeit. Je länger deshalb die Abstehzeit ist, umso mehr Mehl kann versäuert werden. Für die Berechnung der Menge des Roggenmehls, die bei einer Sauerteigstufe versäuert wird, wendet man im Allgemeinen die **Arkady-Regel** an.

Die **Arkady-Regel** besagt:

Abstehzeit einer Stufe in Stunden = Vermehrungsfaktor dieser Stufe

Beispiel: Im Anfrischsauer sind 4 kg Mehl enthalten. Die nächste Stufe, der Grundsauer, soll 7 Stunden reifen (abstehen).

a) Wie viel kg Mehl kann der Grundsauer enthalten?
b) Wie viel kg Mehl müssen zugesetzt werden?

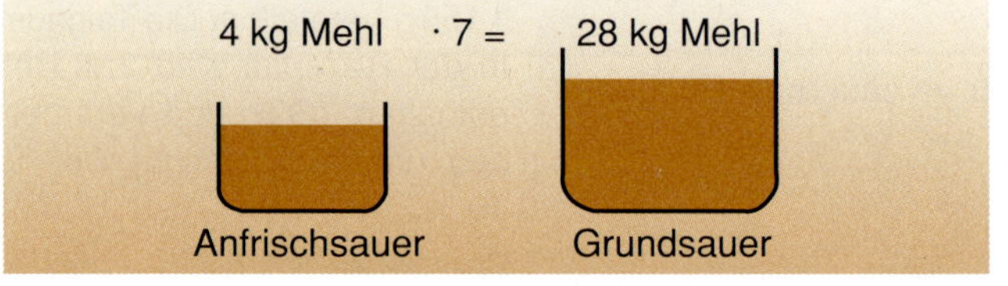

Mit der Vervielfältigungsregel wird die Gesamtmehlmenge einer Sauerteigstufe ermittelt. Ein Teil dieser Gesamtmehlmenge ist jedoch bereits in der Vorstufe enthalten. Deshalb muss die Mehlmenge der Vorstufe berücksichtigt werden.

⇒ Die Mehlmenge im Grundsauer beträgt 28 kg. Davon stammen 4 kg aus dem Anfrischsauer.

⇒ Es müssen also 28 kg − 4 kg = 24 kg Mehl zugesetzt werden.

Allerdings muss bei der Anwendung der Arkady-Regel folgende Ausnahme berücksichtigt werden:
Wenn die Abstehzeit einer Stufe 8 Stunden oder mehr beträgt, dann wird der Vermehrungsfaktor mit 1,5 multipliziert, damit die betreffende Stufe nicht übersäuert wird.

Abstehzeit 8 Stunden ⇒ Vermehrungsfaktor 8 · 1,5 = **12**

Beachten Sie hierzu folgende Tabelle:

Abstehzeit in Stunden	Vermehrungs-faktor	Ausgangs-stufe	nachfolgende Stufe	Zusatz zur nach-folgende Stufe
2	2	1 Teil	2 Teile	(1 Teil)
3	3	1 Teil	3 Teile	(2 Teile)
4	4	1 Teil	4 Teile	(3 Teile)
5	5	1 Teil	5 Teile	(4 Teile)
6	6	1 Teil	6 Teile	(5 Teile)
7	7	1 Teil	7 Teile	(6 Teile)
⇒ Vermehrungsfaktor = Anzahl Stunden · 1,5				
8	12	1 Teil	12 Teile	(11 Teile)
9	13,5	1 Teil	13,5 Teile	(12,5 Teile)
10	15	1 Teil	15 Teile	(14 Teile)

Beachten Sie:

Die Mehl- und Zugussmengen der vorangehenden Stufe müssen bei der Erstellung eines Führungsschemas stets berücksichtigt werden. Diese Regel gilt nicht nur bei Dreistufenführungen.

Aber: Die **Anstellgutmenge** (Mehl und Zuguss) wird generell **nicht verrechnet,** da sie der letzten Sauerteigstufe wieder entnommen wird! (Sie dient dann wiederum als Anstellgut für die nächste Sauerteigherstellung.)

Berechnungsschema für Dreistufensauer nach der Arkady-Regel

Die Reifezeit einer Stufe in Stunden = Vermehrungshöhe dieser Stufe (Ausnahme: ab 8 Std. · 1,5)

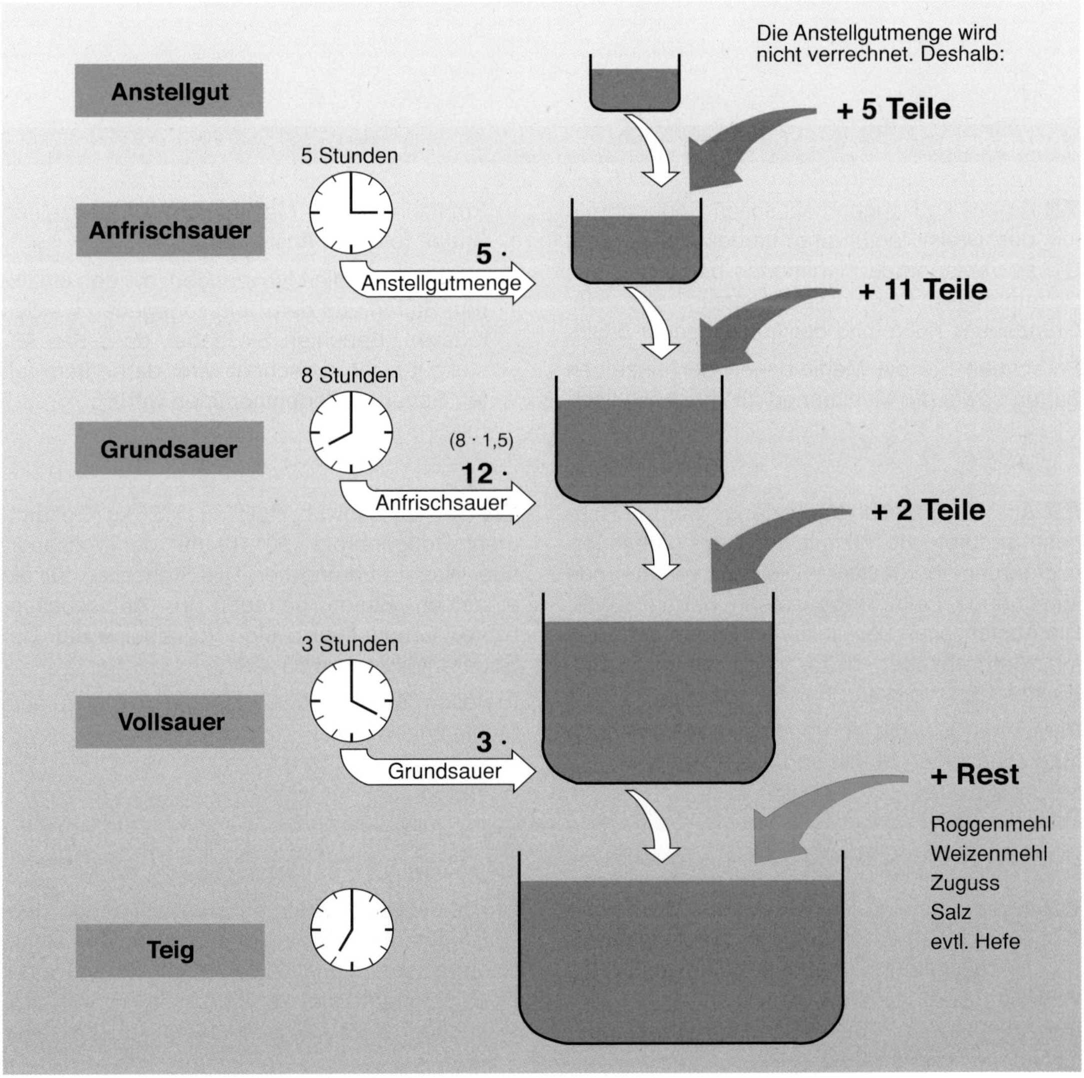

14.4.2.1 Berechnen der Mehlmengen bei dreistufigen Sauerteigführungen

Die Berechnung eines Sauerteigschemas erfolgt in der Praxis rückwärts. Das heißt, man geht nicht vom Anstellgut aus, sondern von der Mehlmenge, die im Vollsauer versäuert werden soll. Anschließend werden die Mehlmengen des Grundsauers, danach die des Anfrischsauers und schließlich die des Anstellgutes berechnet.

Die Folge dieser Vorgehensweise:
Die **Arkady-Regel muss umgekehrt werden,** d. h., man teilt den Mehlgehalt einer Stufe durch ihre Abstehzeit in Stunden und erhält so den Mehlgehalt der vorhergehenden Stufe.

Somit ergibt sich folgende Formel:

$$\text{Mehlgehalt der vorhergehenden Stufe} = \frac{\text{Mehlmenge}}{\text{Abstehzeit}}$$

Die Zugussmengen der entsprechenden Stufen enthält man mithilfe der Teigausbeutezahlen, die entsprechend dem Zweck der jeweiligen Stufe festgelegt werden.

Aufgaben

1 Aus 90 kg Roggenmehl sollen Roggenbrote mit der Dreistufenführung hergestellt werden. Die zu versäuernde Mehlmenge beträgt $^1/_3$ des Gesamtmehls. Der Vollsauer steht 3 Std., der Grundsauer 7 Std. und der Anfrischsauer 5 Std.

Berechnen Sie die Mehlmengen der einzelnen Stufen sowie die Mehlmenge für das Anstellgut.

2 Aus 80 kg Gesamtmehlmenge werden Roggenmischbrote 80:20 mit der Dreistufensauerteigführung hergestellt. Die zu versäuernde Mehlmenge (vom Roggenmehl) beträgt 40 %. Die Abstehzeiten der einzelnen Stufen betragen für: Anfrischsauer 5 Std., Grundsauer 9 Std. (Faktor 1,5!), Vollsauer 3 Std.

Berechnen Sie die erforderlichen Mehlmengen für die einzelnen Stufen und das Anstellgut.

3 In der Bäckerei Heineke sollen Mischbrote (50:50) aus 120 kg Gesamtmehl hergestellt werden. Der Sauerteig wird über 3 Stufen geführt (zu versäuernde Mehlmenge 50 %).
Der Anfrischsauer steht 4 Std., der Grundsauer 10 Std. und der Vollsauer 3 Std.

a) Ermitteln Sie die Mehlmengen der einzelnen Stufen (einschl. Anstellgut).

b) Ermitteln Sie die Mehlmengen, die den einzelnen Stufen und dem Teig zugegeben werden müssen. Beachten Sie dabei, dass das Anstellgut nicht verrechnet wird, da es dem reifen Sauer wieder entnommen wird!

4 Bäcker Schwab stellt aus 125 kg Gesamtmehl Roggenbrote (90:10) mit der Vollsauer-über-Nacht-Führung her. Die Stehzeiten für die einzelnen Stufen betragen für Anfrischsauer 5 Std., Grundsauer 5 Std., Vollsauer 9 Std. Der Saueranteil beträgt 33 %.

Erstellen Sie ein Führungsschema (nur für die Mehlmengen).

5 Bei einem Weizenmischbrot 60:40 beträgt die zu versäuernde Mehlmenge 70 %.

Ermitteln Sie die erforderliche Mehlmenge (einschließlich Anfrischmehlmengen) für Anstellgut, Sauerteigstufen und Teig nach folgenden Daten: Gesamtmehlmenge 85 kg; Abstehzeiten: Anfrischsauer 3 Std., Grundsauer 8 Std., Vollsauer 3,5 Std.

14.4.2.2 Berechnen eines Führungsschemas für eine dreistufige Sauerteigführung

Berechnungsschema für eine Dreistufensauerteigführung

Brotsorte:	Roggenmischbrot **80:20**	Gesamtmehlmenge:	**75** kg
Roggenmehl in %:	80 %	davon Roggenmehl:	60 kg
Weizenmehl in %:	20 %	davon Weizenmehl:	15 kg
zu versäuernde Mehlmenge in %:	**40 %**	zu versäuernde Mehlmenge:	24 kg

Stufe	**Zeit** von – bis	**Stdn.** Anzahl	**Temp.** °C	**TA** (Teig-ausbeute)	**Gesamtmengen** Mehl in kg	Zuguss in kg	Teig in kg	**Zugaben an:** Mehl in kg	Zuguss in kg
Anstellgut				**190**	0,133	0,120	0,253		
Anfrischsauer	15:00 – 20:00	5	27	**165**	0,667	0,434	1,100	0,667	0,434
Grundsauer	20:00 – 4:00	8	25	**175**	8,000	6,000	14,000	7,333	5,566
Vollsauer	4:00 – 7:00	3	29	**185**	24,000	20,400	44,400	16,000	14,400
Teig Roggen			26	**170**	60,000	52,500	112,500	36,000	32,100
Weizen					15,000			15,000	
							Kontrolle:	75,000	52,500

Nebenrechnungen:

① **Zu versäuernde Mehlmenge** (= Gesamtmehlmenge im Vollsauer):

Gesamtmehl	100 %	=	75 kg
Roggenmehl	80 %	=	60 kg
Weizenmehl	20 %	=	15 kg

100% = 60 kg Roggenmehl
40% = x kg Roggenmehl

$$x = \frac{60 \cdot 40}{100} = \underline{\underline{24\,\text{kg Roggenmehl (zu versäuernde Mehlmenge)}}}$$

② **Gesamtmehlmengen der einzelnen Stufen:**

$$\text{Mehlmenge der vorhergehenden Stufe} = \frac{\text{Mehlmenge}}{\text{Abstehzeit}}$$

Grundsauer:	24,000 kg : 3	= 8,000 kg
Anfrischsauer:	8,000 kg : (1,5 · 8)	= 0,667 kg
Anstellgut:	0,667 kg : 5	= 0,133 kg

③ **Zugussberechnungen mithilfe der Teigausbeute:**

Anstellgut: 100,000 kg Mehl = 90 kg Zuguss
0,133 kg Mehl = x kg Zuguss

$$x = \frac{90 \cdot 0{,}133}{100} = 0{,}120 \text{ kg Zuguss}$$

Auf die gleiche Art ergeben sich folgende Werte:

Anfrischsauer	= 0,434 kg Zuguss
Grundsauer	= 6,000 kg Zuguss
Vollsauer	= 20,400 kg Zuguss
Teig	= 52,500 kg Zuguss

④ **Mehl- und Zugusszugaben jeder Stufe:**

Zugabemenge der Stufe = Gesamtmenge der Stufe – Menge der Vorstufe

Mehl:	Grundsauer:	8,000 kg – 0,667 kg	= 7,333 kg Mehl
	Vollsauer:	24,000 kg – 8,000 kg	= 16,000 kg Mehl
	Teig:	60,000 kg – 24,000 kg Mehl	= 36,000 kg Mehl
Zuguss:	Grundsauer:	6,000 kg – 0,434 kg	= 5,566 kg Zuguss
	Vollsauer:	20,400 kg – 6,000 kg	= 14,400 kg Zuguss
	Teig:	52,500 kg – 20,400 kg Mehl	= 32,100 kg Zuguss

Aufgaben

Erstellen Sie zu den folgenden Aufgaben jeweils ein vollständiges Führungsschema.

1 Aus 60 kg Gesamtmehl sollen Roggenmischbrote 70 : 30 hergestellt werden.

Es gelten folgende Führungsdaten:

Zu versäuernde Mehlmenge: 40 %

Anfrischsauer:	4 Stunden Stehzeit, Teigausbeute 200
Grundsauer:	8 Stunden Stehzeit, Teigausbeute 155
Vollsauer:	3 Stunden Stehzeit, Teigausbeute 190
Teig:	Teigausbeute 168

2 Bäcker Heinrich stellt Roggenmischbrote 60 : 40 aus 90 kg Gesamtmehl her. Die zu versäuernde Mehlmenge beträgt 40 %. Der Anfrischsauer steht von 13.00–16.00 Uhr mit einer Teigausbeute von 220, der Grundsauer steht von 16.00–20.00 Uhr mit einer Teigausbeute von 175, der Vollsauer steht von 20.00–4.00 Uhr mit einer Teigausbeute von 180. Der Teig hat eine Teigausbeute von 167.

3 Mithilfe folgender Angaben werden Roggenbrote (90 : 10) hergestellt: Gesamtmehlmenge: 50 kg; zu versäuernde Mehlmenge: 33%.

Anfrischsauer:	Stehzeit 15.00–19.00 Uhr, Teigausbeute 200, 24 °C
Grundsauer:	Stehzeit 19.00–4.00 Uhr, Teigausbeute 150, 23 °C
Vollsauer:	Stehzeit 4.00–7.00 Uhr, Teigausbeute 190, 30 °C
Teig:	1 % Hefe, 1,8 % Salz, Teigausbeute 168, 26 °C

4 Bäcker Semmelweiß stellt 90 Roggenbrote mit einer Teigeinlage von 1 150 g (pro Stück) und 50 Roggenbrote mit einer Teigeinlage von 1 670 g (pro Stück) her. Die Teigausbeute des Teiges beträgt 174. In einer Dreistufenführung werden 33 % des Mehles versäuert:

Anfrischsauer:	Teigausbeute 210, 25 °C Stehzeit 13.00–18.00 Uhr,
Grundsauer:	Teigausbeute 155, 23 °C Stehzeit 18.00–4.00 Uhr,
Vollsauer:	Teigausbeute 188, 32 °C Stehzeit 4.00–7.00 Uhr,

5 In der Bäckerei Reineke wird für folgende Brotsorten ein gemeinsamer Sauerteig über 3 Stufen geführt:

Brotsorte	Roggen : Weizen	Gesamtmehl	Zu versäuerndes Mehl
Roggenbrote	90 : 10	50 kg	$33^{1}/_{3}$ %
Roggenmischbrote	70 : 30	60 kg	40 %
Weizenmischbrote	40 : 60	80 kg	50 %

Der Anfrischsauer steht 5 Stunden mit einer Teigausbeute von 200; der Grundsauer steht 9 Stunden mit einer Teigausbeute von 150; der Vollsauer steht 3 Stunden mit einer Teigausbeute von 190.

14.4.3 Weitere Sauerteigführungen

14.4.3.1 Berechnen von Zweistufenführungen

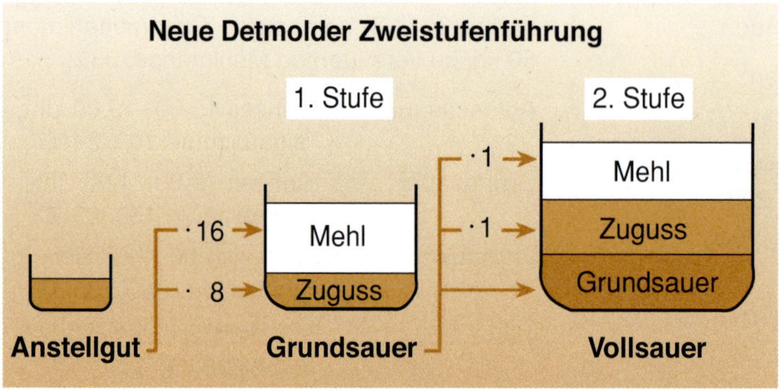

Führungsbedingungen:

Zu versäuernde Mehlmenge:. durchschnittlich 40–60 %

Anstellgut: Immer 2,5 % der zu versäuernden Mehlmenge

Grundsauer: Mehlmenge = 16 · Anstellgut; Zugussmenge = 8 · Anstellgut (Teigausbeute = 150)

Vollsauer: Mehlmenge = Zugussmenge = Grundsauer(menge) (Teigausbeute = 180)

Beispiel: Aus 80 kg Gesamtmehl soll für ein Roggenmischbrot 80 : 20 ein Detmolder Zweistufensauer hergestellt werden. 50 % des Roggenmehls werden versäuert. Das Anstellgut beträgt 2,5 % des zu versäuernden Roggenmehls. An Salz und Hefe werden jeweils 2 % zugegeben. Erstellen Sie das Führungsschema.

Berechnungsschema für eine Detmolder Zweistufenführung

Brotsorte: Roggenmischbrot 80 : 20

Roggenmehl in %: 80 %

Weizenmehl in %: 20 %

zu versäuernde Mehlmenge in %: 50 %

Anstellgut in % der zu versäuernden Mehlmenge: 2,5 %

Teigausbeute: 168

Gesamtmehlmenge: 80 kg

davon Roggenmehl: 64 kg

davon Weizenmehl: 16 kg

zu versäuernde Mehlmenge: 32 kg

Anstellgut: 0,8 kg

Stufe	Mengenangabe	
Anstellgut		0,8 kg
Grundsauer	Mehl (0,8 · 16)	12,8 kg
	+ Zuguss (0,8 · 8)	6,4 kg
	Gesamt	19,2 kg
Vollsauer	Grundsauer	19,20 kg
	Mehl	19,20 kg
	+ Zuguss	19,20 kg
	Gesamt	57,60 kg
Teig	Vollsauer	57,60 kg
	Roggenmehl	32,00 kg
	Weizenmehl	16,00 kg
	Zuguss	28,80 kg
	Hefe	1,60 kg
	+ Salz	1,60 kg
	Gesamt	137,60 kg

Nebenrechnungen:

① **Zu versäuernde Mehlmenge:**

Gesamtmehl	100 %	=	80 kg
Roggenmehl	80 %	=	64 kg
Weizenmehl	20 %	=	16 kg

100 % = 64 kg Roggenmehl
50 % = x kg Roggenmehl

$$x = \frac{64 \cdot 50}{100} = \underline{\underline{32\,\text{kg Roggenmehl (zu versäuernde Mehlmenge)}}}$$

② **Anstellgut:**

100 % Roggenmehl = 32 kg Roggenmehl
2,5 % Roggenmehl = 0,8 kg Roggenmehl

③ **Roggenmehlzugabe zum Teig:**

Gesamtroggenmehl	64 kg
– Mehlmenge im Vollsauer	32 kg
= Roggenmehlzugabe	32 kg

④ **Zugussberechnung mithilfe der Teigausbeute:**

Teigausbeute: 168

100 kg Mehl = 68 kg Zuguss
80 kg Mehl = x kg Zuguss

$$x = \frac{68 \cdot 80}{100} = \underline{\underline{54{,}4\,\text{kg Zuguss}}}$$

Gesamtzuguss	54,4 kg
– Zuguss zum Grundsauer	6,4 kg
– Zuguss zum Vollsauer	19,2 kg
= Zuguss zum Teig	28,8 kg

⑤ **Hefe- und Salzzugabe:**

100 % = 80 kg
2 % = 1,6 kg ⇒ Hefe 1,6 kg ⇒ Salz 1,6 kg

14.4.3.2 Berechnen von Einstufenführungen

Beispiel: Mit 90 kg Gesamtmehl ist für ein Roggenmischbrot 60 : 40 ein Detmolder Einstufensauer herzustellen. Die Teigausbeute beträgt 168, die zu versäuernde Mehlmenge 40 % der Roggenmehlmenge. Die Menge des Anstellguts beläuft sich auf 5 % der zu versäuernden Mehlmenge. An Hefe und Salz werden jeweils 2 % zugegeben.
Erstellen Sie ein Führungsschema.

Berechnungsschema für eine Detmolder Einstufenführung

Brotsorte:	Roggenmischbrot **60 : 40**	Teigausbeute:	**168**
Roggenmehl in %:	60 %	Gesamtmehlmenge:	**90** kg
Weizenmehl in %:	40 %	davon Roggenmehl:	54 kg
zu versäuernde Mehlmenge in %:	**40 %**	davon Weizenmehl:	36 kg
Anstellgut in % der zu versäuernden Mehlmenge:	**5 %**	zu versäuernde Mehlmenge:	21,6 kg
		Anstellgut:	1,08 kg

Stufe	Mengenangabe	
Anstellgut		1,08 kg
Sauer	Mehl	21,60 kg
	+ Zuguss	17,28 kg
	Gesamt	38,88 kg
Teig	Sauer	38,88 kg
	Roggenmehl	32,40 kg
	Weizenmehl	36,00 kg
	Zuguss	43,92 kg
	Hefe	1,80 kg
	+ Salz	1,80 kg
	Gesamt	154,80 kg

Nebenrechnungen:

① **Zu versäuernde Mehlmenge:**

Gesamtmehl	100 %	=	90 kg
Roggenmehl	60 %	=	54 kg
Weizenmehl	40 %	=	36 kg

100 % = 54 kg Roggenmehl
40 % = x kg Roggenmehl

$x = \frac{54 \cdot 40}{100}$ = 21,6 kg Roggenmehl (zu versäuernde Mehlmenge)

② **Anstellgut:**

100 % Roggenmehl = 21,60 kg Roggenmehl
5 % Roggenmehl = 1,08 kg Roggenmehl (Anstellgut)

③ **Roggenmehlzugabe zum Teig:**

Gesamtroggenmehl	54,0 kg
– Mehlmenge im Vollsauer	21,6 kg
= Roggenmehlzugabe	32,4 kg

④ **Zugussberechnung mithilfe der Teigausbeute:**

Teigausbeute des Sauers: 180 (siehe Übersicht Seite 147)

100 kg Mehl = 80 kg Zuguss
21,6 kg Mehl = x kg Zuguss

$$x = \frac{80 \cdot 21{,}6}{100} = \underline{\underline{17{,}28 \text{ kg Zuguss}}}$$

Teigausbeute des Gesamtteiges: 168

100 kg Mehl = 68 kg Zuguss
90 kg Mehl = x kg Zuguss

$$x = \frac{68 \cdot 90}{100} = \underline{\underline{61{,}20 \text{ kg Zuguss}}}$$

Gesamtzuguss	61,20 kg
– Zuguss zum Sauer	17,28 kg
= Zuguss zum Teig	43,92 kg

⑤ **Hefe- und Salzzugabe:**

100 % = 90 kg
2 % = 1,8 kg ⇒ Hefe 1,8 kg ⇒ Salz 1,8 kg

Aufgaben

Die Angaben zu den Sauerteigführungen in den folgenden Aufgaben entnehmen Sie bitte der Übersicht auf Seite 147, soweit sie nicht in den Aufgaben enthalten sind.

1 Bäcker Sandrisser stellt Roggenmischbrote 80:20 aus 100 kg Gesamtmehl mit der neuen Detmolder Zweistufenführung her. 50% des (Roggen-)Mehles werden dabei versäuert. Der Teig hat eine Teigausbeute von 170. Bei der Teigbereitung werden 2% Hefe und 1,8% Salz zugegeben.

a) Erstellen Sie anhand der Übersichten auf den Seiten 156 und 157 ein Führungsschema für diese Brote.

b) Erstellen Sie die Teigrezeptur.

2 Aus 60 kg Gesamtmehl stellt Bäcker Kosloff Roggenmischbrote 60:40 mit der Detmolder Einstufenführung (DEF) her. 40 % des Mehles werden versäuert. Der Teig hat eine Teigausbeute von 168; dem Teig werden 2 % Hefe und 1,8 % Salz zugesetzt.

a) Berechnen Sie die Anstellgutmenge, wenn die Sauerteigtemperatur 25 °C beträgt.

b) Berechnen Sie die Mehl- und Zugussmengen für den Sauerteig.

c) Erstellen Sie die Teigrezeptur.

3 Mit der Berliner Kurzsauerführung (BKS) werden Roggenmischbrote 70:30 hergestellt. Die Gesamtmehlmenge beträgt 75 kg, die zu versäuernde Mehlmenge 60 % und die Teigausbeute 169.

Berechnen Sie:

a) die Anstellgutmenge,

b) die Mehl- und Zugussmengen für den Kurzsauer und

c) die Teigrezeptur, wenn dem Teig 2 % Hefe und 1,8 % Salz zugesetzt werden.

4 Bäcker Reinders stellt Roggenvollkornschrotbrote mit der Salzsauerführung her. Er verwendet dazu:

15 kg Roggenvollkornschrot, grob,
15 kg Roggenvollkornschrot, mittel,
15 kg Roggenvollkornschrot, fein.

Mit dem groben Schrot bereitet er ein Brühstück mit einer Teigausbeute von 250, mit dem mittelfeinen Schrot stellt er den Salzsauer her. Der Teig hat eine Teigausbeute von 190. Ihm werden 1,8 % Hefe und 1,8 % Salz zugesetzt.

Erstellen Sie die vollständige Teigrezeptur. (Berücksichtigen Sie dabei Brühstück und Sauerteig, insbesondere die Salzzugabe zum Sauer.)

5 Für Roggenmischbrote 80:20 und Weizenmischbrote 80:20 wird ein gemeinsamer Sauerteig hergestellt. Der Sauerteig wird mit der DEF (Detmolder Einstufenführung) bei 20 °C geführt. Die Roggenmischbrote werden aus 65 kg Gesamtmehl hergestellt, der Teig hat eine Teigausbeute von 170. Für die Weizenmischbrote werden insgesamt 35 kg Mehl verwendet, der Teig hat eine Teigausbeute von 167.

Berechnen Sie die Anstellgutmenge sowie die Mehl- und Zugussmengen für den Sauerteig und die Brotteige.

14.5 Vom Teiggewicht zum Gebäckgewicht

Beispiel: Es sollen 1 200 Brötchen mit einem Teiggewicht von jeweils 60 g hergestellt werden. Nach dem Backen wiegt ein Brötchen noch 48 g. Zur Herstellung der Brötchen wurden 40 kg Mehl verarbeitet.

Berechnen Sie:

a) den Backverlust in %,

b) die Gebäckausbeute, d. h., wie viel kg Gebäck erzeugt worden sind, bezogen auf 100 kg Mehl.

Lösung: a) Teiggewicht 60 g = 100 %

Gebäckgewicht 48 g = x %

$$x = \frac{100 \cdot 48}{60} = 80\ \%$$

Teiggewicht	100 %
– Gebäckgewicht	80 %
Backverlust	20 %

b) 1 200 Brötchen · 48 g = 57,6 kg Gebäckgewicht

40 kg Mehl = 57,6 kg Gebäck

100 kg Mehl = x kg Gebäck

$$x = \frac{57{,}6 \cdot 100}{40} = \underline{\underline{144\ \text{Gebäckausbeute}}}$$

Erläuterungen:

Das **Gebäckgewicht** ist das Gewicht nach dem Backen.

Als **Backverlust** bezeichnet man den Unterschied zwischen Teiggewicht und Gebäckgewicht. Der Backverlust wird in %-Anteilen des Teiggewichts angegeben. Das Teiggewicht beträgt hierbei 100 %. Der Backverlust wird mit der Prozentrechnung ermittelt. Wer sehr häufig den Backverlust berechnet, kann dies mithilfe der abgebildeten Formel erledigen:

$$\textbf{Backverlust in \%} = \frac{(\text{Teiggewicht} - \text{Gebäckgewicht}) \cdot 100}{\text{Teiggewicht}}$$

Die **Gebäckausbeute** ist eine Verhältniszahl, die angibt, wie viel kg Gebäck aus 100 kg Mehl erzielt werden.

Beispiel: Gebäckausbeute 125 besagt, dass aus 100 kg Mehl 125 kg Gebäck erzeugt worden sind. Die Gebäckausbeute kann mit der Prozentrechnung oder mithilfe der abgebildeten Formel berechnet werden:

$$\textbf{Gebäckausbeute} = \frac{\text{Gebäckgewicht} \cdot 100}{\text{Mehlgewicht}}$$

Beachten Sie:

Teiggewicht − Backverlust = Gebäckgewicht

Aufgaben

1 Ein Brötchen verliert beim Backen 18 % an Gewicht.

Wie groß ist der Verlust, wenn es vor dem Backen 50 g gewogen hat?

2 Aus 22,5 kg Teig erzielt ein Bäckermeister 18,45 kg Gebäck.

Wie viel % gingen beim Backen verloren?

3 Ein Roggenbrötchen wog vor dem Backen 52 g. Nach dem Backen wiegt es noch 42,9 g.

Wie viel % beträgt der Backverlust?

4 Bäckermeister Moser stellt Roggenbrötchen mit einem Gebäckgewicht von 50 g her. Der durchschnittliche Backverlust beträgt erfahrungsgemäß 20 %.

Berechnen Sie das Teiggewicht für einen Bruch zu 30 Stück.

5 Ein Teig aus 30 kg Mehl ergab 54 Brote zu 0,75 kg.

Wie hoch ist die Gebäckausbeute?

6 Es werden 45 Kilobrote mit einem Backverlust von 12 % hergestellt.

Berechnen Sie:

a) die Teigmenge, die für diese Brote hergestellt werden muss,

b) die Teigeinlage (Teigmenge) für ein Brot.

7 Laut Backzettel sind folgende Mischbrote (aus demselben Teig) herzustellen:

20 Stück zu 750 g,
35 Stück zu 1 000 g,
25 Stück zu 1 250 g und
15 Stück zu 1 500 g.

Es wird ein durchschnittlicher Backverlust von 12,9 % erwartet.

Wie viel Teig muss hergestellt werden?

8 Aus 40 kg Weizenmehl und 20 kg Roggenmehl werden 84 Weizenmischbrote mit jeweils 1 kg Gebäckgewicht hergestellt.

Berechnen Sie die Gebäckausbeute.

9 Aus 54 kg Weizenmehl der Type 550 werden 1 650 Brötchen mit einer Teigeinlage von 54 g je Stück hergestellt. Ein fertiges Brötchen hat ein Gebäckgewicht von 41 g.

Ermitteln Sie mithilfe dieser Angaben

a) den Backverlust je Brötchen in g und in %,

b) die Gebäckausbeute.

10 Berechnen Sie, welche Gebäckmenge man aus 60 kg Mehl bei einer Gebäckausbeute von 135 erhält.

11 Wie viel Mehl ist für 52 Brote zu 1,5 kg nötig, wenn die Gebäckausbeute 130 beträgt?

12 Bäckermeister Sauer stellt aus Kuchenteig „Süße Brötchen" mit einem Gebäckgewicht von 60 g und einer Gebäckausbeute von 157 her.

Errechnen Sie die erforderlichen Zutaten für 600 „Süße Brötchen" nach folgender Grundrezeptur:

Weizenmehl, Type 550	*1 000 g*
Hefe	*70 g*
Margarine	*150 g*
Zucker	*100 g*
Salz	*12 g*
Milch	*500 g*

13 Die Rezeptur für einen Napfkuchen lautet:

Mehl 100 %, Hefe 8 %, Milch 40 %, Butter 40 %, Zucker 20 %, Salz 0,8 %, Gewürze 1,2 %, Eigelb 12 %, Vollei 20 %, Sultaninen 34 %, Mandeln 14 %, Zitronat 14 %, Orangeat 4 %. Die Gär- und Verarbeitungsverluste betragen 3,8 %, die Gebäckausbeute 270.

a) Berechnen Sie die Rezeptur für eine Mehlmenge von 250 g.

b) Berechnen Sie das Teiggewicht des Napfkuchenteiges.

c) Berechnen Sie den Backverlust in Prozent.

14 Beim Rösten von Einback zur Zwiebackherstellung ergibt sich ein Röstverlust von 26,8 %.

Wie viel kg gehen verloren, wenn 12 kg Einback geröstet werden?

15 Bäcker Weiß verwendet zur Zwiebackherstellung folgende Rezeptur:

Weizenmehl, Type 550	*1 000 g*
Hefe	*60 g*
Salz	*12 g*
Butter	*150 g*
Zucker	*100 g*
Vollei (3 Stück à 50 g)	*150 g*
Aroma	*15 g*
Milch	*450 g*

Verluste:

Gär- und Verarbeitungsverlust	3,5 %
Backverlust	12,5 %
Lagerverlust Einback	4,0 %
Schneideverlust	4,0 %
Röstverlust	27,0 %
Verpackungsverlust	3,0 %

Berechnen Sie, wie viel Beutel Zwieback mit einem Nettogewicht von 125 g hergestellt werden können, wenn die Mehlmenge 25 kg beträgt.

14.6 Die Volumenausbeute

Zu einer umfassenden Beurteilung der jeweiligen Mehlqualität gehört auch die Ermittlung der Volumenausbeute. Diese gibt an, wie viel cm³ Gebäckvolumen aus 100 g Mehl erzielt werden. Eine höhere Volumenausbeute bewirkt eine günstigere Bewertung der Mehlqualität. Die Volumenausbeute eines Gebäcks ist in erster Linie von der Mehlart abhängig. Aber auch die Mehlqualität, die Gebäckart und die Teigzusammensetzung sowie die Teigführung haben einen erheblichen Einfluss auf die Volumenausbeute.

Beispiel 1: Aus 380 g Mehl wird ein Gebäckstück hergestellt, das ein Volumen von 1 710 cm³ hat. Wie groß ist die Volumenausbeute?

Lösung:

380 g Mehl = 1 710 cm³ Volumen
100 g Mehl = x cm³ Volumen

$$x = \frac{1\,710 \cdot 100}{380} = 450\ \text{cm}^3 \Rightarrow \underline{\underline{\text{Volumenausbeute } 450}}$$

$$\textbf{Volumenausbeute} = \frac{\text{Gebäckvolumen in cm}^3 \cdot 100}{\text{Mehlgewicht in g}}$$

Beispiel 2: Ein Weizenbrot mit 500 g Gebäckgewicht hat ein Gebäckvolumen von 1 862 cm³. Die Gebäckausbeute beträgt bei diesem Weizenbrot 127,5. Wie groß ist die Volumenausbeute?

Lösung: **Berechnung des Mehlanteils:**

Gebäckausbeute 127,5

bedeutet 127,5 kg Brot = 100 kg Mehl

127,5 kg Brot = 100 kg Mehl
0,5 kg Brot = x kg Mehl

$$x = \frac{100 \cdot 0{,}5}{127{,}5} \approx 0{,}392\ \text{kg Mehl} = 392\ \text{g Mehl}$$

Berechnung der Volumenausbeute mit Dreisatz.

392 g Mehl = 1 862 cm³
100 g Mehl = x cm³

$$x = \frac{1862 \cdot 100}{392} = 475\ \text{cm}^3 \Rightarrow \underline{\underline{\text{Volumenausbeute } 475}}$$

Berechnung der Volumenausbeute mithilfe der Formel:

$$\text{Volumenausbeute} = \frac{\text{Gebäckvolumen in cm}^3 \cdot 100}{\text{Mehlgewicht in g}} = \frac{1862 \cdot 100}{392} = \underline{\underline{475}}$$

Beachten Sie:

Die **Volumenausbeute** gibt an, wie viel cm^3 Gebäckvolumen aus 100 g Mehl erzielt werden können.

Aufgaben

1 Ein Roggenmischbrot mit einem Gebäckgewicht von 1 kg und einer Gebäckausbeute von 138 hat ein Gebäckvolumen von 2 610 cm^3.

Berechnen Sie die Volumenausbeute für dieses Roggenmischbrot.

2 Im Rapid-Mix-Test wurde für ein Weizenmehl der Type 550 ein RMT-Volumen von 740 ermittelt.

Welches Gebäckvolumen ist bei einem Weizenbrötchen mit 50 g Gebäckgewicht zu erwarten, wenn die Gebäckausbeute 125 beträgt? (RMT-Volumen = Volumenausbeute)

3 Ermitteln Sie das Gebäckvolumen für ein Stangenweißbrot mit einem Gebäckgewicht von 500 g, wenn die Volumenausbeute 620 und die Gebäckausbeute 124 beträgt.

4 Ein Roggenbrot hat eine Gebäckausbeute von 140 und eine Volumenausbeute von 310.

Berechnen Sie das Gebäckvolumen, wenn das Gebäckgewicht 750 g beträgt.

5 30 Weizenbrötchen haben zusammen ein Gebäckvolumen von 7 535 cm^3. Das Gebäckgewicht pro Brötchen beträgt 48 g, der Backverlust betrug 20 %; der Teig hatte eine Teigausbeute von 163,6.

Berechnen Sie:

a) das Gebäckgewicht der 30 Brötchen insgesamt,

b) das Teiggewicht für 30 Brötchen,

c) das Mehlgewicht pro Bruch und

d) die Volumenausbeute.

6 Für ein Bauernbrot (Weizenmischbrot) wurde eine Volumenausbeute von 380 ermittelt.

Berechnen Sie das Gebäckgewicht und das Mehlgewicht je Brot bei einer Gebäckausbeute von 137,5, wenn das Gebäckvolumen

a) 1 382 cm^3,

b) 2 073 cm^3,

c) 3 455 cm^3 beträgt.

7 Berechnen Sie jeweils die Volumenausbeuten nach folgenden Angaben:

a) Mehlgewicht für 1 Brot 1 056 g; Gebäckvolumen 3 145 cm^3,

b) Gebäckgewicht 1 250 g; Gebäckausbeute 139; Gebäckvolumen 2 895 cm^3,

c) Teiggewicht 1 850 g; Teigausbeute 165; Gebäckvolumen 8 120 cm^3,

d) Gebäckgewicht 1 kg; Backverlust 13,5 %; Teigausbeute 169; Gebäckvolumen 1 949,4 cm^3.

14.7 Energiekosten bei der Herstellung von Teigen und Massen

Um Back- und Süßwaren herzustellen, wird Energie in unterschiedlicher Form aufgewendet:

Wärmeenergie: Sie verursacht den größten Anteil an den Energiekosten. Für die erforderliche Backtemperatur im Ofen wird die Wärmeenergie meist direkt (vor Ort) erzeugt, zum Beispiel durch Verbrennen von Holz, Öl, Gas oder Kohle. Zum Betreiben von Fettbackgeräten, Temperieranlagen und oft auch Gärschränken wird elektrischer Strom in Wärmeenergie umgewandelt. Aus unterschiedlichen Gründen nutzen viele Konditoreien und Bäckereien auch elektrischen Strom zur Wärmegewinnung in Backöfen.

Bewegungsenergie/Kraft: Zum Betreiben der Anlagen, wie z. B. Kneter, Teigausrollmaschinen, Teigteilmaschinen, Brot- und Brötchenanlagen, Wickelmaschinen, Wärmepumpen und Kälteanlagen, wird elektrischer Strom in Bewegungsenergie umgewandelt.

Lichtenergie: Die Backstube, die Konditorei und der Verkaufsraum müssen gut beleuchtet sein. In Bäckerei- und Konditoreibetrieben ist der Anteil der Beleuchtungskosten an den gesamten Energiekosten jedoch von untergeordneter Bedeutung. Selbst bei ungünstiger Wahl der Beleuchtungskörper verursachen diese einen Kostenanteil, der unter 1 % der gesamten Energiekosten liegt.

Energie zum Betrieb der Kälteanlagen: Je stärker ein Gut heruntergekühlt werden muss, desto mehr Energie wird dafür benötigt. Dabei sind nicht nur die Größe der Anlage (z. B. Gärverzögerer, Gärunterbrecher, Kühl- oder Gefrierraum, Schockfroster) von Bedeutung, sondern auch das Kältemittel und die Art der Kälteerzeugung. Einen vorgekühlten Teigling zu frosten kostet beispielsweise weit weniger Energie als das Einfrieren ofenfrischer Produkte.

Der Energiebedarf in Bäckereien und Konditoreien hängt von verschiedenen Faktoren ab. Von Bedeutung sind z. B. der Mehldurchsatz, die erzeugten Backwaren, der Umsatz, das Verhältnis der Backwaren zu anderen Produkten (zu Pralinen, Eiskrem etc.), die Größe der Produktions- und Verkaufsräume, die Anzahl der Beschäftigten, die Backfläche, die Backofenbelegung, die Art des Backofens (Stein-, Dampf-, Umwälz-, Umluft-Backofen etc.), der Energieträger (Holz, Kohle, Öl, Gas, Strom), die Anzahl und Art der Maschinen (Größe und Leistung) usw.

Einen beachtlichen Einfluss auf die Energiekosten hat auch der Anteil an Nachtstrom. Kann die Produktion nämlich mit erheblichem Nachtstromanteil durchgeführt werden, dann vermindert dies die Energiekosten bis zu 30 %.

14.7.1 Energiekosten bei der Herstellung

Beispiel 1: In einer Konditorei wird jeden Tag ein Elektrobackofen eingesetzt. Der Backofen hat eine Leistung von 34 kW (Kilowatt) und ist täglich etwa 5 Stunden in Betrieb. Wie hoch ist die verbrauchte Strommenge pro Tag?

Lösung: Die **verbrauchte Strommenge** hängt davon ab, wie lange ein Gerät in Betrieb war und wie hoch die Stromaufnahme (= Leistung) des Gerätes ist. Die verbrauchte Strommenge wird in Kilowattstunden (kWh) gemessen, kleinere Einheiten in Wattstunden (Wh).

1 kWh = 1 Kilowattstunde | 1 kWh = 1000 Wh | 1 Wh = 1 Wattstunde

$$1\text{ Wh} = \frac{1}{1000}\text{ kWh} = 0{,}001\text{ kWh}$$

Die verbrauchte Strommenge kann mit folgender Formel berechnet werden:

verbrauchte Strommenge (kWh)	=	Stromaufnahme (kW)	·	Stunden (h)

Unter Anwendung der Formel ergibt sich folgende Lösung:

⇒ **verbrauchte Strommenge** = 34 kW · 5 h = 170 kWh

Ergebnis: Der tägliche Stromverbrauch des Backofens beträgt 170 Kilowattstunden (kWh)

Beispiel 2: Eine Anschlagmaschine hat eine Stromaufnahme von 3 kW. Das Gerät ist pro Tag 2,5 Stunden in Betrieb. Die Kilowattstunde kostet 0,32 €.
Wie hoch sind die täglichen Stromkosten?

Lösung: Die Stromkosten können mit folgender Formel berechnet werden:

Stromkosten = Verbrauchte Strommenge · Arbeitspreis in €/kWh

⇒ **verbrauchte Strommenge** = 3 kW · 2,5 h = 7,5 kWh

⇒ **Stromkosten** = 7,5 kWh · 0,32 € = 2,40 €

Ergebnis: Die täglichen Stromkosten betragen 2,40 €.

Anmerkung: Die einzelnen Energieversorgungsunternehmen haben unterschiedliche Tarife. Eine Stromrechnung enthält in der Regel neben dem Verbrauchspreis für den Jahresverbrauch auch noch den Grundpreis. Dieser ist ein Pauschalbetrag und soll die Kosten decken für die Bereitstellung und den Unterhalt der Leitungen, der Stromzähler usw. Anschließend fällt noch die Mehrwertsteuer an.

Aus Vereinfachungsgründen und weil die Tarife der Stromerzeugungsunternehmen unterschiedlich gestaltet sind, wurde der Verbrauchspreis höher angesetzt und so berücksichtigt, dass in der endgültige Stromrechnung noch der Grundpreis enthalten ist.

Aufgaben

1 Rechnen Sie in kW um:

a) 500 W b) 6000 W c) 150 W d) 2800 W

2 Die Bäckerei Mayer hat einen jährlichen Mehlverbrauch von 136,5 Tonnen,

a) Ermitteln Sie den Stromverbrauch beim Backen, wenn je Tonne Mehl 950 kWh verbraucht werden.

b) Wie viel € müssen für reine Stromverbrauchskosten bezahlt werden, wenn je kWh 25,6 Cent (Durchschnittswert aus Hoch- und Niedrigtarif) bezahlt werden müssen?

3 Die Bäckerei Sautter verbraucht jährlich 106,4 Tonnen Mehl. Der Stromverbrauch beim Backen beträgt 900 kWh je Tonne Mehl.

Der Hochtarif wird mit 24,5 Cent/kWh, der Niedrigtarif mit 22,9 Cent/kWh berechnet.

a) Wie hoch sind die Energieverbrauchskosten, wenn das Verhältnis von Hoch- zu Niedrigtarif 65 % : 35 % beträgt?

b) Auch für Strom muss Umsatzsteuer bezahlt werden. Ermitteln Sie die Bruttoenergiekosten des Backofens.

4 Die Konditorei Reim ist mit folgenden Anlagen ausgestattet:

Anlagen	Anschlusswert in kW	durchschnittl. wöchentliche Betriebsdauer in Stunden
Elektrobackofen	35	58
Fettbackgerät	8	8,4
Temperiergerät	2	12
Diverse Kochplatten	6	9,5
Elektrostandspeicher	15	72
Klima- + Garräume	8	68
Spülmaschine	8	17
Kneter I	7,5	8,5
Kneter II	2,5	11,5
Ausrollmaschine	1,5	7,2
Frosteranlage	4	168
Kühlanlage/Kühltisch	3,5	168
Baumkuchenmasch.	6	8
Eismaschine	5	6
Anschlagmaschine	3	14
diverse Maschinen	4	6

30 % der Leistungsabnahme erfolgen zum Niedrigtarif (24,4 Cent/kWh); für den Haupttarif werden 28,3 Cent berechnet.

a) Ermitteln Sie den wöchentlichen Stromverbrauch der Konditorei Reim.

b) Berechnen Sie die durchschnittlichen Stromkosten pro Woche.

c) Ermitteln Sie die täglichen Stromkosten. Gehen Sie bei der Berechnung davon aus, dass eine Woche 6 Arbeitstage hat.

d) Ermitteln Sie die jährlichen Stromkosten einschließlich 19 % Mehrwertsteuer, wenn die Konditorei 47 Wochen im Jahr geöffnet hat.

5 An 274 Arbeitstagen werden bei der Bäckerei Hammer je Arbeitstag 270 kg Mehl verarbeitet. In einer Woche werden für den Backofen ca. 250 ℓ Öl benötigt (bei 47 Wochen/Jahr).

a) Ermitteln Sie den Mehlverbrauch je Woche (6 Arbeitstage) und je Jahr.

b) Ermitteln Sie den Brennstoffverbrauch je Jahr.

c) Wie viel Liter Heizöl werden je kg Mehl (/Jahr) verbrannt?

d) Ermitteln Sie die Jahresheizkosten, wenn 1 Liter Öl 0,62 € kostet.

6 In der Bäckerei Greiner werden jährlich 80 Tonnen Mehl verarbeitet. Der ölbefeuerte Umwälz-Etagen-Stahlbackofen hat eine Nutzfläche von 10 m². Zum Beheizen des Ofens wurden 12 000 ℓ Öl benötigt. Hinzu kommen 3 500 kWh zum Betreiben des Umwälzventilators. 1 ℓ Heizöl wird mit 0,67 €, 1 kWh Strom mit 0,29 € berechnet.

Ermitteln Sie die Energiekosten für den Backofen.

7 Bei einem Jahresumsatz von ca. 458 000,00 € werden in der Konditorei Klaasen 105 000 kWh Strom verbraucht.

Der Hochtarif wird mit 26,6 Cent/kWh, der Niedrigtarif mit 23,8 Cent/kWh berechnet.
Wie hoch sind die Energieverbrauchskosten, wenn das Verhältnis von Hoch- zu Niedrigtarif 70 % : 30 % beträgt?

8 Je Woche wurden in der Bäckerei Merzen 1,6 Tonnen Mehl verarbeitet. Nach Jahresschluss wurde ein Verbrauch in Höhe von 12 500 m³ Gas festgestellt. Gehen Sie davon aus, dass 1 Jahr 47 Arbeitswochen und 1 Woche = 6 Arbeitstage hat. 1 m³ Gas kostet netto 0,66 €.

Ermitteln Sie

a) den Mehlverbrauch je Arbeitstag,

b) den Mehlverbrauch je Jahr,

c) den Gasverbrauch je Woche,

d) den Gasverbrauch je 100 kg Mehl,

e) die Energieverbrauchskosten (Gas) je Jahr (brutto, d. h. einschließlich 19 % Umsatzsteuer),

f) die Energieverbrauchskosten je 100 kg Mehl (brutto, d. h. einschließlich 19 % Umsatzsteuer).

9 Zweimal in jeder Woche benutzt die Bäckerei Salzgeber ihren Holzbackofen. Dabei werden jeweils 50 Kilobrote, 80 Brote zu je 1,5 kg, 80 Brote zu je 2,0 kg und 20 Brote zu je 2,5 kg gebacken. Die Brote haben eine durchschnittliche Gebäckausbeute von 135. Zum Backen von 100 kg Mehl benötigt man 52 kg Holz; eine Tonne Holz kostet 62,50 €.
Ermitteln Sie die Energiekosten für einen „Holzofentag“.

14.7.2 Energiekostenvergleich

Die Anschaffung eines neuen oder zusätzlichen Backofens ist mit einem erheblichen finanziellen Aufwand verbunden. Der Kaufpreis des Ofens spielt dabei natürlich eine sehr große Rolle, die Folgekosten (Betriebskosten) wirken sich aber meist noch stärker aus.

Aufgaben

1 Nimmt man die erzeugte Energiemenge als Berechnungsgrundlage, so schneidet ein Elektrobackofen bei den Betriebskosten am schlechtesten ab.

Prüfen Sie nach: 1 ℓ Heizöl entspricht 9,885 kWh Strom oder 0,935 m³ Erdgas. Legen Sie für die Berechnung folgende Energiepreise zugrunde: 1 ℓ Heizöl kostet 0,72 €, 1 kWh Strom 0,28 €, 1 m³ Erdgas 0,64 €.

2 Vervollständigen Sie die Tabelle:

Energieträger	Strom	Heizöl	Erdgas (Gruppe H)
10 kWh Strom	10 kWh	? ℓ	? m³
1 ℓ Heizöl	9,885 kWh	1 ℓ	0,935 m³
1 m³ Erdgas (Gruppe H)	? kWh	? ℓ	1 m³

3 Bäckermeisterin Miltenberger will sich einen zusätzlichen Backofen anschaffen. Bei gleicher Backfläche kostet ein ölbefeuerter Ofen 5 500,00 € mehr als ein Elektrobackofen. An sonstigen Kosten (Erweiterung der Tankanlage, Anschluss an den Kamin, etc.) fallen zusätzlich 6 100,00 € mehr bei der Anschaffung eines ölbefeuerten Ofens an. Beim Kauf des Ölbackofens müsste sie jährlich etwa 520,00 € mehr an Zinsen bezahlen.

Die Energiekosten bei Anschaffung des Ölbackofens würden betragen: ca. 10 000 ℓ Heizöl à 0,68 €/ℓ sowie ca. 4 200 kWh Strom für den Umwälzventilator (0,26 €/kWh).

Die Energiekosten bei Anschaffung des Elektrobackofens würden betragen: 30 000 kWh Hochtarif zu je 26,8 ct., 37 000 kWh Niedrigtarif zu je 23,3 ct.

a) Nach wie vielen Jahren würde sie mit dem Ölbackofen kostengünstiger produzieren?

b) Bäckermeisterin Miltenberger entscheidet sich trotz der höheren Kosten für den Elektrobackofen. Überlegen Sie, welche Gründe für den Elektrobackofen sprechen.

14.7.3 Arbeitsplanung – Backofenbelegung

Durch eine wirtschaftliche Backofenbelegung und die richtige Planung der Betriebszeit des Ofens sind beachtliche Energiekosteneinsparungen möglich.

Kennzahlen und Richwerte

Backware	Gewicht je Stück in kg	Anzahl je m²	Backzeit in Minuten	Backtemperatur in °C *)
Brötchen		90	20	240
Kastenweißbrot	0,5	17	40	220–240
Weizenmischbrot	1,0	15	50–60	250
Roggenmischbrot	1,0	15	50–60	280–220
Roggenmischbrot	1,5	10	60–70	280–220
Roggenmischbrot (angeschoben)	1,5	24	90	250–220
Feinbackwaren auf Blech (78 x 58 cm)	0,5–5,0	2	6–60	180–220

*) gültig für Etagenbacköfen mit ruhender Backatmosphäre. Für Heizluftbacköfen, z. B. Sticken-Backöfen und Backschränke, gelten 30–40 °C niedrigere Temperaturen.

Verwenden Sie zu den folgenden Aufgaben jeweils die höheren Werte vorstehender Tabelle.

Berücksichtigen Sie außerdem:

Der Temperaturanstieg in Etagenöfen beträgt 2,5 °C pro Minute.

Der Temperaturanstieg in Stikkenöfen (20 Etagen mit Blechen zu je 78 x 58 cm) beträgt 8,5 °C pro Minute.

Aufgaben

1 Wie viel m^2 Backfläche sind jeweils erforderlich, zum Backen von

a) 1050 Brötchen,

b) 135 Kastenweißbroten,

c) 220 Roggenmischbroten à 1 kg,

d) 95 Roggenmischbroten à 1 kg und 32 Roggenmischbroten à 1,5 kg?

2 Die Konditorei Roßwald hat einen Elektro-Etagenbackofen mit 3 Herden à 2 m^2. Heute werden 80 kleine Hefezöpfe (10 Stück je Blech; Backzeit 40 Minuten), 48 große Hefezöpfe (8 Stück je Blech; Backzeit 50 Minuten) und 16 Hefekränze (4 Stück je Blech; Backzeit 55 Minuten) gebacken. Für das Ein- und Ausschießen sowie Aufheizen zur Neubeschickung eines Herdes werden 8 Minuten veranschlagt. Die Bleche messen 78 x 58 cm. Um 6.30 Uhr ist der Ofen mit der ersten Füllung (kleine Hefezöpfe) beschickt.
Wann sind auch die letzten Hefekränze gebacken?

3 Bäckermeisterin Havel beginnt um 4.00 Uhr mit dem Backen von Brötchen. Als sie den Etagenbackofen einschaltet, hat der eine Temperatur von 30 °C.

Wann muss sie den Ofen einschalten, damit sie pünktlich um 4.00 Uhr mit ihrem Backprogramm beginnen kann?
(Verwenden Sie die Werte aus der Tabelle: Backtemperatur für Brötchen 240 °C, Ofenerwärmung pro Minute: 2,5 °C.)

4 Um 2.30 Uhr wird in der Bäckerei Konzelmann der Etagenofen, um 3.30 Uhr der Stikkenofen eingeschaltet. Mit dem Etagenofen sollen Roggenmischbrote (bei 280 °C Anfangstemperatur), mit dem Stikkenofen Brötchen (bei 200 °C) gebacken werden. Beide Öfen haben eine Ausgangstemperatur von 25 °C.

Wann muss Bäcker Konzelmann die Teiglinge zum Backen fertig haben, wenn er mit dem Erreichen der Ofentemperatur beginnen will?

5 Die Bäckerei Sammer arbeitet mit einem Etagenofen, der 10 m^2 Backfläche hat (5 Etagen à 2 m^2).

Heute sollen
1440 Brötchen,
68 Kastenweißbrote (à 500 g),
75 Roggenmischbrote (à 1 kg),
50 Roggenmischbrote (à 1,5 kg),
120 Weizenmischbrote (à 1 kg),
35 Weizenmischbrote (à 0,75 kg; 17,5 Stück/m^2; Backzeit 50 Minuten),
20 Bleche Feinbackwaren (Backzeit 25 Minuten; Ofentemperatur 210 °C),
15 Bleche Feinbackwaren (Backzeit 30 Minuten; Ofentemperatur 190 °C)
in dieser Reihenfolge abgebacken werden.

Die Herde sind nicht einzeln steuerbar. Für das Einschießen wird 1 Minute je Herdfläche gerechnet. Das Entnehmen der Gebäcke dauert 2 Minuten je Herdfläche. Pünktlich um 4.00 Uhr beginnt die Beschickung des Ofens.

a) Wann ist das Backprogramm beendet? (Berücksichtigen Sie die erforderliche Zeit zum Aufheizen des Ofens; diese beginnt erst nach dem Ausschießen der Gebäcke! Das Abkühlen der Herde – zwischen Weizenmischbrot und Feinbackwaren – nimmt 20 Minuten nach dem Ausschießen in Anspruch.)

b) Erstellen Sie einen Ofenbelegungsplan für die 5 Herde (DIN A4, quer, 1 Stunde entspricht 5 cm).

14.7.4 Energie und Umwelt

Energiefluss beim Backen von Brot

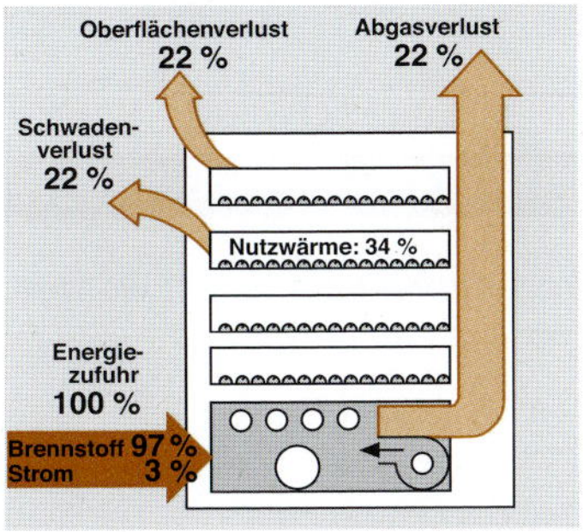

Energiefluss beim Backen von Brötchen

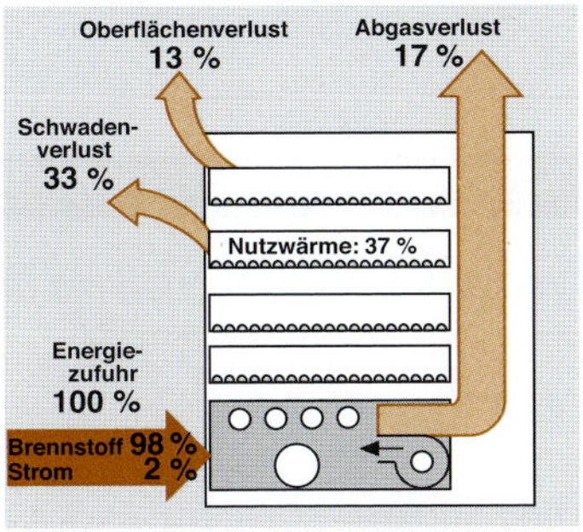

Energiefluss im nicht belegten Ofen

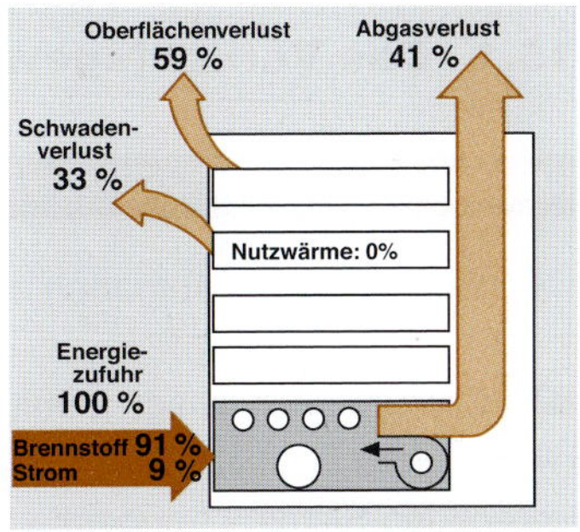

Aufgaben

Die folgenden Übungsaufgaben können mit den bisher eingeübten Rechenverfahren, z. B. Dreisatz, Prozentrechnen, Mischungsrechnen, Verteilungsrechnen usw., gelöst werden.

1 Bei einer Betriebsdauer von 10 Stunden verbraucht ein Gas-Etagenbackofen täglich 44 m³ Erdgas.
Wie viel m³ Gas werden ungenutzt verbraucht, wenn der Ofen 2 Stunden und 42 Minuten nicht belegt ist?

2 Ermitteln Sie mithilfe der Werte aus den Schaubildern

a) den Abgas- und Oberflächenverlust von 48 ℓ Heizöl im nicht belegten Ofen.

b) den Schwadenverlust beim Backen von Brötchen mit 52 kWh Erdgas und 1,6 kWh Strom.

c) den Oberflächenverlust beim Backen von Brot mit 12,5 ℓ Heizöl.

d) die Energiezufuhr beim Backen von Brötchen, wenn 268,25 kWh Nutzungswärme erforderlich sind (Brennstoff Heizöl: 1 ℓ = 9,885 kWh).

3 Jede Stunde werden durchschnittlich 3,5 Liter Heizöl (= 34,6 kWh) benötigt. 2 Stunden täglich werden Brötchen, 4,5 Stunden wird Brot und 1,5 Stunden werden Feinbackwaren gebacken. 1,2 Stunden ist der Ofen nicht belegt. Gehen Sie davon aus, dass der Brennstoff 100 % beträgt und der Strom nicht berücksichtigt wird.

a) Wie viel ℓ Heizöl gehen während der Betriebsdauer „nur durch den Kamin“ (= Abgasverlust), wenn der Abgasverlust im nicht belegten Ofen 41 % und im belegten Ofen durchschnittlich 19,5 % beträgt?

b) Wie viel Energie (kWh) wird tatsächlich genutzt (= Nutzungswärme), wenn für Brötchen die Nutzungswärme 37 %, für Brot 34 % und für Feinbackwaren 39 % beträgt? (Im nicht belegten Ofen beträgt die Nutzungswärme 0 %; vgl. Schaubild.)

4 Die Bäckerei Hausmann erwägt die Anschaffung einer Wärmerückgewinnungsanlage. Die Investitionskosten dieser Anlage betragen 8 050,00 €; die Nutzungsdauer der Anlage wird mit 15 Jahren veranschlagt, wobei mit jährlichen Wartungskosten von 245,00 € zu rechnen ist. Durch die Anschaffung könnten die Energiekosten für die Warmwasserbereitung um 40 % (45 % Energieersparnis – 5 % Energiebedarf der Anlage) gesenkt werden.

Die Energiekosten, die zur Zeit bei der Warmwasserbereitung anfallen, errechnen sich aus: 1 m³/Tag Warmwasserbedarf x 270 Tage x 52 °C Erwärmung x 1,163 kWh je m³ und °C bei einem Wirkungsgrad der Anlage von 90 % und Strom zum Niedrigtarif von 0,25 €/kWh.

Überprüfen Sie, ob die Anschaffung nur umweltschonend, also ökologisch sinnvoll ist, oder ob auch wirtschaftliche Gründe dafür sprechen, also ob der Kauf auch ökonomisch sinnvoll ist.

15 Gewichtsabweichungen und Austrocknungsverluste

15.1 Das Verkaufsgewicht

Aufgaben

Die nachfolgenden Aufgaben zum Verkaufsgewicht können mit der Prozentrechnung gelöst werden.

1 Ein Brötchen wiegt unmittelbar nach dem Backen 42 g.

Berechnen Sie die Lagerverluste in den angegebenen Zeiten, wenn das Brötchen

a) nach 6 Stunden noch 40,0 g,

b) nach 8 Stunden noch 39,5 g und

c) nach 12 Stunden noch 39,0 g wiegt.

2 Ein 1-kg-Roggenbrot hat nach 2 Tagen Lagerung 2,25 % an Gewicht verloren.

Ermitteln Sie das Gewicht des Brotes nach der Lagerung.

3 In der Großbäckerei Mustermann werden Mischbrote hergestellt, die zum Versand kommen. Erfahrungsgemäß werden die Brote nach 3 Tagen verkauft.

Wie viel g muss ein Brot beim Versand wiegen, damit es beim Verkauf noch 750 g wiegt, wenn die Lagerverluste 3,5 % betragen?

4 Eine Pralinenmischung verliert während der Lagerung täglich etwa 0,5 % ihres Gewichts.

Wie groß muss die Einwaage sein, damit auch nach 5 Tagen noch 125 g in der Packung enthalten sind?

5 Aus 32 kg Weizenmehl werden 800 Brötchen mit einem Gebäckgewicht von 50 g hergestellt. Das Teiggewicht betrug 51,95 kg. Nach 6 Stunden wog ein Brötchen noch 47 g.

Berechnen Sie:

a) den Backverlust in %,

b) die Gebäckausbeute,

c) den Lagerverlust in %.

15.2 Gewichtsabweichungen bei Frischbrot

Brot muss so hergestellt werden, dass sein durchschnittliches Gewicht das **Nenngewicht nicht unterschreitet.**

Bei einem **einzelnen frischen Brot** sind allerdings folgende Abweichungen vom Nenngewicht zulässig:

⇒ 30 g Minusabweichung bei einem Nenngewicht bis 1 000 g.
⇒ 3 % Minusabweichung bei einem Nenngewicht über 1 000 g.

Als **frisch** gilt ein Brot bis zu einer Stunde nach der Ofenentnahme.

Beispiel: Geprüft werden 10 frische Brote zu 1 000 g. Hierbei wurden folgende Einzelgewichte festgestellt:
986 g, 1 012 g, 990 g, 976 g, 1 012 g, 1 022 g, 994 g, 1 008 g, 1 004 g und 996 g.

a) Überprüfen Sie, ob das Nenngewicht im Durchschnitt eingehalten wurde.

b) Welches Gesamtgewicht müssen die 10 Brote mindestens haben?

c) Wie viel g muss ein einzelnes Brot mindestens wiegen?

Lösung: a)

986 g
1 012 g
990 g
976 g
1 012 g
1 022 g
994 g
1 008 g
1 004 g
\+ 996 g

10 000 g : 10 = 1 000 g

↑ Gesamtgewicht ↑ Anzahl ↑ durchschnittliches Gewicht

Ergebnis: Das Nenngewicht wurde im Durchschnitt eingehalten.

b) 10 · 1 kg = 10 kg

Ergebnis: Das Gesamtgewicht aller 10 Brote muss mindestens 10 kg betragen.

c)

Nenngewicht	1 000 g
– Gewichtsabweichung	30 g
Mindestgewicht	970 g

Ergebnis: Ein einzelnes Brot muss mindestens 970 g wiegen.

Aufgaben

1 Wie viel g darf die Abweichung bei einem Nenngewicht von 1,25 kg betragen?

2 Wie viel g muss ein Brot mit einem Nenngewicht von 1 000 g mindestens wiegen?

3 Ein Brot mit einem Nenngewicht von 1,5 kg wiegt bei der Überprüfung 1,456 kg.

Darf es verkauft werden?

4 Bei einer Überprüfung wurde ein Brot beanstandet, da es nur 1,928 kg wog.

Um wie viel g und um wie viel % wurde die maximale Abweichung überschritten, wenn das Nenngewicht 2 kg betrug?

5 In der Bäckerei Werner werden Baguettes mit einem Nenngewicht von 400 g verkauft. Verkäuferin Ayla wiegt 8 Brote nach und stellt folgende Gewichte fest: 412 g, 396 g, 400 g, 405 g, 392 g, 390 g, 410 g und 395 g.

a) Entsprechen alle diese Brote den Vorschriften?

b) Wurde das Nenngewicht im Durchschnitt eingehalten?

6 Ein Brot mit einem Nenngewicht von 750 g wiegt bei der Kontrolle 719 g.

Überprüfen Sie, ob das Brot verkauft werden darf.

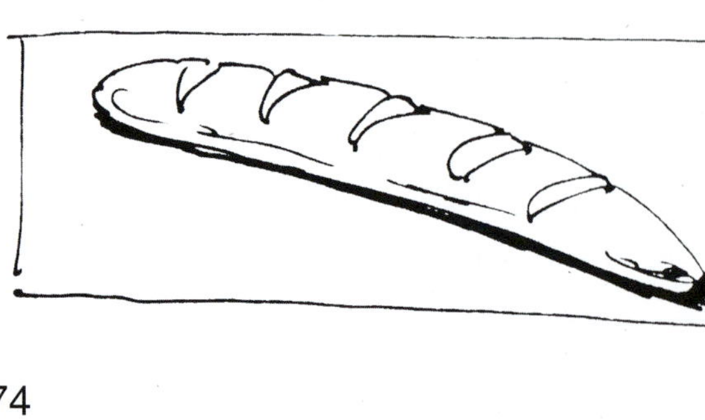

15.3 Austrocknungsverluste

Wird Brot nicht frisch geprüft, dann müssen **Austrocknungsverluste** berücksichtigt werden. Es gelten:

⇒ für Weizenmischbrote bis zu 4 % Minusabweichung,
⇒ für Mischbrote und Roggenbrote bis zu 2 % Minusabweichung.

Ein **einzelnes Brot** darf jedoch auch hier zusätzlich 3 % unter dem Mindestgewicht liegen. Allerdings muss das Durchschnittsgewicht der geprüften Brote mindestens dem Nenngewicht entsprechen, das um den zulässigen Austrocknungsverlust vermindert wurde.

Beispiel: 10 Roggenmischbrote zu jeweils 1,5 kg werden einen Tag nach der Ofenentnahme geprüft.

a) Welches Gesamtgewicht müssen die 10 Roggenmischbrote mindestens haben?

b) Wie viel kg muss ein einzelnes Roggenmischbrot mindestens wiegen?

Lösung: a)

Nenngewicht	1,500 kg
– 2 % Austrocknungsverlust	0,030 kg
	1,470 kg

Gesamtgewicht aller 10 Brote:

1,47 kg · 10 = 14,7 kg

Ergebnis: Das Gesamtgewicht aller 10 Roggenmischbrote muss mindestens 14,7 kg betragen.

b)

(Nenngewicht – Minusabweichung)	1,470 kg
– 3 % Minusabweichung eines einzelnen Brotes	0,044 kg
= Mindestgewicht eines einzelnen Brotes	1,426 kg

Ergebnis: Ein einzelnes Brot muss mindestens 1,426 kg wiegen.

Aufgaben

1 Bei einer Überprüfung (1 Tag nach dem Backen) wurden 5 Weizenbrote mit einem Nenngewicht von 750 g gewogen. Dabei ergab sich ein Durchschnittsgewicht von 725 g.

Entsprechen die Brote (im Mittel) den Vorschriften?

2 24 Stunden nach dem Backen wurden 8 Roggenbrote mit 1 kg Nenngewicht gewogen. Das Durchschnittsgewicht betrug 985 g. Ein Brot wog jedoch nur 970 g.

Darf dieses Brot – laut Vorschrift – verkauft werden?

3 3 Weizenmischbrote wurden 2 Tage nach der Herstellung überprüft. Sie wogen 1,225 kg, 1,212 kg und 1,228 kg.

Das Nenngewicht betrug 1 250 g.

a) Entsprechen die einzelnen Brote den Vorschriften?

b) Entspricht das Durchschnittsgewicht den Anforderungen?

4 Wie viel g darf die zulässige Abweichung für ein einzelnes 1-kg-Roggenbrot höchstens betragen, wenn es 1 Tag nach dem Backen gewogen wird?

16 Qualitätsrichtlinien in Bäckereien und Konditoreien

In Bäckereien und Konditoreien müssen je nach produziertem Erzeugnis unterschiedliche Vorschriften und Richtlinien beachtet werden. Ein Teil der wichtigsten Richtlinien wird in diesem Kapitel vorgestellt. Zu erkennen sind sie an der farbigen Unterlegung. Darunter befindet sich jeweils eine Übungsaufgabe. Diese kann mit den bisher eingeübten Rechenverfahren, z. B. Dreisatz, Prozentrechnen, Mischungsrechnen, Verteilungsrechnen usw., gelöst werden.

Der Volleianteil einer **Biskuitmasse** muss mindestens $^2/_3$ des Anteils an Mehl und Stärke betragen.

Aus 1,25 kg Mehl und 1 kg Stärke soll Biskuitmasse hergestellt werden.
Berechnen Sie den (Mindest)-Volleianteil.

Wiener Massen müssen ebenso viel Vollei enthalten wie Biskuitmassen, dazu aber noch mindestens 6 % Butter oder die entsprechende Menge eines anderen Fettes.

Überprüfen Sie rechnerisch folgende Rezeptur hinsichtlich dieser Richtlinien:
Zucker 500 g, Weizenmehl 250 g, Weizenpuder (Stärke) 250 g, Vollei 850 g, Butter 250 g.

Bei der Herstellung von **Sandkuchen** ist Folgendes zu beachten: Der Volleianteil in der Masse muss 20 % betragen. Außerdem müssen mindestens 20 % Butter oder eine entsprechende Menge Butterfett, Butterreinfett oder Margarine enthalten sein, wobei 10 kg Butter durch 8,2 kg Butterreinfett oder 8,6 kg Butterfett ersetzt werden können.

Meister Zaiser will Sandkuchen herstellen. Drei Rezepte stehen zur Wahl.
Welche Rezepturen darf er für die Herstellung einsetzen?

a)	1 200 g Vollei,	800 g Butter,	1 000 g Zucker,	1 000 g Weizenmehl/-puder
b)	500 g Vollei,	300 g Butterfett,	500 g Zucker,	500 g Weizenmehl/-puder
c)	750 g Vollei,	500 g Butterreinfett,	750 g Zucker,	750 g Weizenmehl/-puder

Honigkuchen müssen mindestens 50 % Zuckerarten – auf Mehl bezogen – enthalten; mindestens die Hälfte der Zuckerarten muss Honig sein.

Wie viel Honig wird für 7,5 kg Mehl (mindestens) benötigt?

Bienenstich muss mindestens 20 Teile Belag – bezogen auf den Teig – aufweisen. Im Belag müssen mindestens 30 Teile Ölsamen (z. B. Mandeln) enthalten sein.

Wie viel kg Mandeln werden für 3,6 kg Teig benötigt?

Kuvertüre 60/40 enthält 60 % Kakaobestandteile und 40 % Zucker. Zum Teil findet man auf Kuvertürepackungen auch die Bezeichnung 60/40/37. Die dritte Zahl, in diesem Fall '37', gibt dann den Gehalt an Kakaobutter an.

a) Wie viel kg Zucker sind in 5,6 kg Kuvertüre enthalten?
b) Wie viel kg Kakaobestandteile sind in 2,5 kg Kuvertüre enthalten?
c) Wie viel kg Kakaobutter sind in 2,5 kg Kuvertüre enthalten?

Laut DLG-Richtlinien muss ein **Butterstollen** mindestens 40 Teile Butter und 70 Teile Trockenfrüchte auf 100 Teile Getreidemahlerzeugnisse enthalten.

Die Rezeptur für einen Butterstollen lautet:

- *5,000 kg Weizenmehl*
- *2,500 kg Butter*
- *0,625 kg Zucker*
- *0,250 kg Marzipanrohmasse*
- *1,400 kg Milch*
- *0,400 kg Hefe*
- *0,060 kg Salz*
- *1,800 kg Sultaninen*
- *0,700 kg Zitronat*
- *0,300 kg Orangeat*
- *0,700 kg Mandeln*
- *0,400 kg Rum*

Entspricht diese Rezeptur den DLG-Richtlinien?

Rahmeis muss mindestens 18 % Milchfett aus der bei der Herstellung verwendeten Sahne (Rahm) enthalten, **Fruchteis** mindestens 20 % frischen Fruchtanteil, **Fruchteis** aus Citrusfrüchten oder saueren Früchten mindestens 10 % Fruchtanteil, **Milcheis** mindestens 70 % (Voll-)Milchanteil, **Eiscreme** mindestens 10 % Milchfett, **Fruchteiscreme** mindestens 8 % Milchfett und **(Frucht-)Sorbet** mindestens 25 % Fruchtanteil; bei **Sorbets** aus Citrusfrüchten oder anderen saueren Früchten beträgt der Mindestfruchtanteil 15 %.

Berechnen Sie die vorgeschriebenen Mindestanteile für 2,5 kg Eismasse bei:
a) Rahmeis,
b) Fruchteis und Zitroneneis,
c) Milcheis,
d) Eiscreme und Fruchteiscreme,
e) Erdbeer- und Zitronensorbet.

Bei der Kennzeichnung von Teigwaren gelten folgende Richtlinien:
Auf 1 000 g Getreidemahlerzeugnisse müssen enthalten sein
⇒ $2^1/_4$ Eier bei Eierteigwaren,
⇒ 4 Eier bei „Eierteigwaren mit hohem Eigehalt",
⇒ 6 Eier bei „Eierteigwaren mit extra hohem Eigehalt"

Für die Herstellung von „Original Schwätzers Hausmachereiernudeln" mit hohem Eiergehalt verwendet Bäcker Schwätzer auf 12,5 kg Weizengrieß/-mehl 2 200 g Vollei.
Überprüfen Sie, ob Meister Schwätzers Rezeptur den Richtlinien entspricht (1 Ei entspricht 45 g Vollei).

17 Spezialitäten aus Bäckerei und Konditorei

17.1 Arbeiten mit Zucker

Um Zuckererzeugnisse wie beispielsweise Karamell oder Fondant herzustellen, werden Zuckerlösungen in unterschiedlichen Konzentrationen und somit auch in einer unterschiedlichen Zähflüssigkeit (sog. Viskosität) benötigt. Mit zunehmender Temperatur steigt die Löslichkeit von Zucker. Des Weiteren wird durch das Zuckerkochen der Wasseranteil einer Zuckerlösung verringert, da das Wasser hierbei allmählich verdampft. Die Folge: Durch das Kochen können Zuckerlösungen in allen erforderlichen Konzentrationen hergestellt werden. Mithilfe der nachfolgenden Tabelle und den abgebildeten Formeln können die wichtigsten Berechnungen bei der Arbeit mit Zucker durchgeführt werden.

Dichte nach Baumé °Bé	je 1 ℓ Wasser müssen zugesetzt werden Zucker in g	je 1 kg Zucker müssen zugesetzt werden Wasser in ℓ	Prozentanteil des Zuckers in der Lösung	Konzentration in °Bx (Gew. %)	Temperatur in °C	Mindest-Temp. für ges. Lösung in °C	Temperatur in Reaumur °R	Handprobe	Verwendung
10	330	3	25 %						
12	400	2,6	28,6 %						
15	500	2	33,3 %						
17	660	1,5	40 %						
22	1000	1	50 %						
28	1820	0,55	64,5 %						
30	2000	0,5	66,7 %	67	105	20	84	schwacher Faden	
32	2220	0,45	69 %						
34	2660	0,375			106,5	50		Kandis	
35									
35,5	2800		72,7 %	73	107,5		86	starker Faden	Fondantkörper, Kandieren
				76	110		88		
39	über 3000			79	112,5	70	90	schwacher Flug	Zuckerglasuren, Fondant
43				83	115		92	Kremprobe	Kremfondant
				85	116,2			starker Flug	
				87	117,5		94		
45–47					120		96,5	schwacher Ballen	
48				94	122,5		98	starker Ballen	Fondantfiguren
darüber					135		108	schwacher Bruch	
nicht				97	141		113	starker Bruch	
mehr				98,5	150		120	Karamell	Karamell
feststellbar					über 150		über 120		Kulörbildung

17.1.1 Umrechnen von Zuckerlösungen

$$\textbf{Dichte} \text{ (bei °C)} = \frac{\text{Masse (kg)}}{\text{Volumen } (\ell) \text{ bei °C}}$$

$$\textbf{Volumen} \text{ (bei °C)} = \frac{\text{Masse (kg)}}{\text{Dichte } (\text{kg}/\ell) \text{ bei °C}}$$

$$\textbf{Masse} \text{ (bei °C)} = \text{Volumen } (\ell) \text{ bei °C} \cdot \text{Dichte } (\text{kg}/\ell) \text{ bei °C}$$

Beispiel 1: Eine bei 20 °C gesättigte Zuckerlösung hat eine Dichte von 1,35 kg/ℓ. Welches Volumen nehmen 1600 g einer gesättigten Zuckerlösung bei 20 °C ein?

Lösung: $\textbf{Volumen} \text{ bei 20 °C} = \frac{1{,}6 \text{ kg}}{1{,}35 \text{ kg}/\ell} = \underline{\underline{1{,}185\ \ell}}$

Beispiel 2: 10 ℓ Zuckerlösung haben bei 25 °C eine Masse von 12,5 kg. Berechnen Sie die Dichte dieser Zuckerlösung.

Lösung: $\textbf{Dichte} \text{ bei 25 °C} = \frac{12{,}5 \text{ kg}}{10\ \ell} = \underline{\underline{1{,}25 \text{ kg}/\ell}}$

Beispiel 3: Bei 20 °C hat eine 65%ige Zuckerlösung eine Dichte von 1,361 kg/ℓ. Wie viel kg Zucker enthalten 4 ℓ Zuckersirup mit einen Konzentration von 65 Gewichtsteilen?

Lösung: $\textbf{Masse} \text{ bei 20 °C} = 4\ \ell \cdot 1{,}361 \text{ kg}/\ell = \underline{\underline{5{,}264 \text{ kg}}}$

Aufgaben

1 Eine bei 20 °C gesättigte Zuckerlösung hat eine Dichte von 1,35 kg/ℓ.

Welches Volumen nehmen folgende Mengen einer bei 20 °C gesättigten Zuckerlösung ein?

a) 800 g
b) 2250 g
c) 7500 g
d) 12 kg

2 Die Dichte einer 65%igen Zuckerlösung beträgt bei 20 °C 1,316 kg/ℓ.

Wie viel kg Zucker enthalten die folgenden Mengen Zuckersirup mit einer Konzentration von 65 Gewichtsprozent?

a) 2 ℓ
b) 5 ℓ
c) 8,3 ℓ
d) 14,7 ℓ

3 Ermitteln Sie die Dichte folgender Zuckerlösungen:

a) 5 Liter Zuckerlösung haben eine Masse von 6,250 kg (bei 25 °C).
b) 2,7 Liter Zuckerlösung haben eine Masse von 3861 g (bei 50 °C).
c) 8,4 Liter Zuckerlösung haben eine Masse von 11,298 kg (bei 40 °C).

17.1.2 Flüssigzucker – kristalliner Zucker

Häufig müssen Rezepturen, in denen bisher kristalliner Zucker verwendet wurde, auf Flüssigzucker umgerechnet werden. In diesem Fall kann entweder die Dreisatzrechnung oder folgende Formel angewendet werden:

$$\textbf{benötigte Menge flüssigen Zuckers} = \frac{\text{Menge an kristallinem Zucker}}{\text{Trockensubstanz des flüssigen Zuckers}} \cdot 100$$

Beachten Sie:

Die **Wassermenge,** die im flüssigen Zucker enthalten ist, muss beim Flüssigkeitsanteil berücksichtigt werden. Sie wird deshalb **abgezogen.**
Wird eine Rezeptur **von flüssigem auf kristallinen Zucker** umgestellt, dann ist genau umgekehrt zu verfahren. Die Trockensubstanz des flüssigen Zuckers ergibt die erforderliche Menge an kristallinem Zucker. Die im flüssigen Zucker enthaltene **Wassermenge** muss der Rezeptur **zugegeben** werden.

Beispiel 1: Rezepturanforderung:
5 000 g Zucker; Verwendung von Flüssigzucker 72,7 (= 72,7 % Trockensubstanz)

Lösung:

$$\frac{5000\,\text{g (= Menge kristalliner Zucker)}}{72{,}7 \text{ (= \% TS von Flüssigzucker 72,7)}} \cdot 100 = \underline{\underline{6878\,\text{g Flüssigzucker}}}$$

Ergebnis: Es müssen 6 878 g Flüssigzucker (72,7) verwendet werden.

Beispiel 2: Rezepturanforderung:
8 kg 70%ige Zuckerlösung, 3 ℓ Wasser (= 3 kg Wasser)

Lösung: Zuckerlösung: 70%ig

↓

bedeutet: 70 % (Teile) Zucker
30 % (Teile) Wasser

70 % Zucker = 70 % von 8 kg = 5,6 kg Zucker
30 % Wasser = 30 % von 8 kg = 2,4 kg Wasser

Neue Rezeptur: 5,6 kg Zucker
2,4 kg Wasser zuzüglich 3,0 kg Wasser = 5,4 kg Wasser

Ergebnis: Die neue Rezeptur lautet: 5,6 kg kristalliner Zucker und 5,4 kg Wasser.

Kontrolle:
8,0 kg Zuckerlösung + 3 kg Wasser = 11 kg Gesamtmenge
5,6 kg kristalliner Zucker + 5,4 kg Wasser = 11 kg Gesamtmenge

Aufgaben

1 Karin soll 5000 g einer 75%igen Zuckerlösung herstellen.

Wie viel kg Zucker und wie viel Liter Wasser (1 Liter = 1 kg) muss sie dazu verwenden?

2 Ermitteln Sie den prozentualen Zuckergehalt folgender Lösungen:

a) 800 g Zucker sind in 1200 g Wasser gelöst,

b) 1,25 kg Zucker sind in 1500 g Wasser gelöst,

c) 1,25 kg Zucker sind in 2000 g Lösung enthalten.

3 In der Bäckerei-Konditorei Maurer werden Lebkuchen nach folgender Rezeptur hergestellt:

2500 g Mehl,
1500 g Honig,
700 g Invertzuckersirup (72,7),
500 g Butter,
10 Eigelb,
30 g Kakaopulver,
30 g Lebkuchengewürz (Zimt, Nelkenpulver und Kardamom),
Zitronenaroma,
1500 g geriebene Mandeln,
500 g Zitronat,
500 g Orangeat,
500 g Korinthen,
je 5 g Pottasche und Natron.

Der Invertzuckersirup wird jetzt durch kristallinen Zucker ersetzt.

a) Wie viel g Zucker muss verwendet werden?

b) Welche Auswirkung hat die Verwendung von Kristallzucker auf die Rezeptur bzw. auf den Teig?

4 In der Konditorei Reiber wurde für Biskuittortenböden bisher kristalliner Zucker verwendet.

Nun soll Flüssigzucker eingesetzt werden. Für 30 Tortenböden wurden 4500 g Zucker und 2850 ml Flüssigkeit eingesetzt. Der kristalline Zucker wird durch Invertzuckersirup (72,7) ersetzt.

a) Ermitteln Sie die erforderliche Menge Flüssigzucker.

b) Wie viel (Rest-)Flüssigkeit darf noch zugesetzt werden?

5 Rahmkaramellen werden nach folgender Rezeptur hergestellt:

Auf 1 kg Sahne (30 % Fett; ca. 40 % TS), 500 g Kristallzucker, 50 g Butter (15 % Wassergehalt), Vanillearoma bzw. 10 g Vanillezucker, 100 g Puderzucker.

Statt Kristallzucker wird jetzt Fondant (87,5) eingesetzt. Der Wasseranteil der Masse soll sich nicht verändern.

Wie viel g Sahne und wie viel Butter müssen verwendet werden?

17.2 Arbeiten mit Kuvertüre und kakaohaltiger Fettglasur

Produkte mit besonderen Qualitätsbezeichnungen dürfen nicht mit kakaohaltiger Fettglasur, sondern nur mit Kuvertüre hergestellt werden. Im Gegensatz zur kakaohaltigen Fettglasur, die einfacher zu verarbeiten ist, enthält Kuvertüre als einziges Fett Kakaobutter (vgl. S. 176 f. Qualitätsrichtlinien in Bäckereien und Konditoreien).

Aufgaben

Die folgenden Übungsaufgaben können mit den bisher eingeübten Rechenverfahren, z. B. Dreisatz, Prozentrechnen, Mischungsrechnen, Verteilungsrechnen usw., gelöst werden.

1 2,0 kg Kuvertüre werden klargeschmolzen, dabei wird die Kuvertüre auf 51 °C erwärmt.

Wie viel kg Kuvertüreraspel mit 16 °C sind notwendig, um die 2 kg auf 31 °C abzukühlen?

2 Aus 1,5 kg Kokosfett, 750 g stark entöltem und getrocknetem Kakaopulver (8 % Kakaobutter), 1,5 kg Puderraffinade und 40 g Lezithin stellt Carolin kakaohaltige Fettglasur her.

Berechnen Sie, welche Anteile Kakao und Zucker die Fettglasur enthält.

3 Zur Herstellung von Mandelsplitter werden je kg gestiftete Mandeln 750 g Kuvertüre verwendet.
Die Kundschaft von Meister Leibrecht bevorzugt einen herberen Geschmack, daher verwendet er normalerweise Kuvertüre 70/30. 4 kg Mandelsplittermasse sollen hergestellt werden. Im Lager befindet sich aber nur noch Kuvertüre 60/40 und stark entöltes Kakaopulver (8 % Kakaobutter in der Trockenmasse, Wassergehalt 8 %).

a) Wie viel Kuvertüre (70/30) würde er zur Herstellung der Mandelsplitter benötigen?

b) Wie viel Kuvertüre 60/40 und stark entöltes Kakaopulver muss er mischen, um Kuvertüre mit einem Kakaogehalt von 70 % zu erzielen?

Anmerkung: Das Kakaopulver wird vor dem Mischen im Ofen getrocknet (Trockensubstanz nach dem Trocknen hier: 100 %).

4 Als Dessert für eine Hochzeitsgesellschaft wird Mousse au Chocolat zubereitet.

Aus 1,75 kg Sahne, 500 g Zucker, 1350 g Kuvertüre (70/30) und 400 g Eigelb werden 40 Portionen hergestellt.

Ermitteln Sie den Anteil Kakaomasse in g und % je Portion Mousse au Chocolat.

5 Für Dekorationsmaterial benötigt die Konditorei Schwertfeger 750 g weiße Fettglasur. Die Grundrezeptur lautet: 1000 g Kokosfett, 1500 g Puderzucker, 150 g Lezithin und 50 g Vanillinzucker.

a) Erstellen Sie die Rezeptur für die geforderte Menge.

b) Wie müsste die Rezeptur für weiße Schokoladenüberzugsmasse lauten?

6 5 Torten mit einem Durchmesser von jeweils 26 cm und einer Höhe von je 6 cm sollen mit einem Kuvertüreüberzug von ca. 2 mm versehen werden.

Wie viel g Kuvertüre müssen dazu temperiert werden, wenn die Dichte von Kuvertüre ca. 1,2 kg/ℓ beträgt?

17.3 Arbeiten mit Marzipan

Marzipanrohmasse besteht aus geschälten süßen Mandeln und Zucker. Je nach Qualität darf ein genau festgelegter Anteil Bittermandeln in den Mandeln enthalten sein. Der Zuckeranteil darf 35 % nicht überschreiten. Aus technologischen Gründen und um die Frischhaltung zu verbessern, kann Zucker teilweise durch Invertzuckersirup ersetzt werden, jedoch höchstens bis 10 % des Rohmassenanteils. Aus Marzipanrohmasse wird Marzipan in unterschiedlichen Qualitätsstufen hergestellt. Wie bei der Kuvertüre werden diese Qualitätsstufen durch Zahlenpaare gekennzeichnet, wobei die erste Zahl den Anteil der Rohmasse, die zweite Zahl den Zuckeranteil bezeichnet.
So bedeutet z. B. Edelmarzipan (70/30), dass 70 Teile Mazipanrohmasse und 30 Teile Zucker enthalten sind.

Aufgaben

Die folgenden Übungsaufgaben können mit den bisher eingeübten Rechenverfahren, z. B. Dreisatz, Prozentrechnen, Mischungsrechnen, Verteilungsrechnen usw., gelöst werden.

1 Aus 1,25 kg Marzipanrohmasse soll Marzipan (50/50) hergestellt werden.

a) Wie viel Zucker darf zugesetzt werden?

b) Wie groß ist der Mandelanteil im fertigen Marzipan, wenn die Rohmasse 70 % Mandeln enthält?

2 Aus Mandeln und Zucker soll Edelmarzipan (70/30) hergestellt werden.

Wie viel Mandeln und wie viel Zucker werden benötigt, wenn insgesamt 1,5 kg Edelmarzipan hergestellt werden sollen. (Beachten Sie die gesetzlichen Bestimmungen!)

3 Die Grundrezeptur für Nugat-Marzipan-Taler lautet: 250 g Nugatmasse, 400 g Marzipanrohmasse (70/30), 200 g Puderzucker und 20 ml Cognac. Aus diesem Zutaten werden 75 Stück hergestellt.

Wie muss die Rezeptur Für 450 Nugat-Marzipan-Taler lauten, wenn die Marzipanrohmasse durch Mandeln und Zucker ersetzt wird?

4 Zur Herstellung von Amaretti werden 600 g Mandeln, 500 g Puderzucker, 4 Eiweiß sowie 100 g Puder zum Bestreuen benötigt.

Erstellen Sie eine Rezeptur für Amaretti, in der die Hälfte der Mandeln durch Marzipan (60/40) ersetzt wird.

17.4 Herstellung von Speiseeis

Speiseeis darf nach den Leitsätzen für Speiseeis und Speiseeishalberzeugnisse nur in bestimmten Qualitätsstufen gehandelt werden (vgl. S. 176 f. Qualitätsrichtlinien). In dieser Verordnung sind auch die zugelassenen Zusatzstoffe mit den entsprechenden Mengenangaben aufgeführt. Bei der Herstellung von Speiseeis dürfen unter anderem Johannisbrotkernmehl, Gelatine und Tragant als Stabilisator (max. 0,6 %), Mono- und Diglyceride (max. 0,2 %) , Pektine (max. 0,3 %) u. a. als Emulgatoren, Stärke bis zu 1 %, Agar-Agar bis 0,15 % zugesetzt werden.
Die verkaufte Menge Eis wird in Liter angegeben, wobei die Volumenzunahme von Sorte zu Sorte unterschiedlich ist. Sie schwankt zwischen dem 1,2fachen bis zum 2fachen des Ausgangsvolumens.

Aufgaben

Die folgenden Übungsaufgaben können mit den bisher eingeübten Rechenverfahren, z. B. Dreisatz, Prozentrechnen, Mischungsrechnen, Verteilungsrechnen usw., gelöst werden.

1 Der Marktanteil von handwerklich hergestelltem Eis sank in den 80er-Jahren von 30 % auf 22 %.

Dennoch stieg der Absatz im Handwerk von ca. 84 auf 87 Millionen Liter.

a) Ermitteln Sie jeweils den Gesamtabsatz von Eis.

b) Wie viel kg Rohstoffe wurden im Handwerk bei 87 Millionen Liter Absatz verarbeitet, wenn die durchschnittliche Volumenzunahme 1,6 beträgt?

2 Zur Herstellung von Walnusseis werden verwendet:
850 g Milch, 150 g Kondensmilch, 250 g Zucker, 300 g Vollei, 35 g Eigelb, 50 g Nussmark, 1 g Kochsalz, 1/2 Vanilleschote (3 g), 3 g Zimt, 50 g Rum, 75 g frisch geröstete Nüsse, Eisbindemittel.

a) Ermitteln Sie die zulässige Menge Eisbindemittel, wenn Johannisbrotkernmehl verwendet wird.

b) Wie viel Liter fertiges Eis ergibt die Rezeptur, wenn das Volumen des fertigen Walnusseises das 1,75fache des Eismixes beträgt?

(Einfachheitshalber gilt: 1 kg = 1 Liter für alle Zutaten.)

3 In einem Eismix soll Johannisbrotkernmehl durch Agar-Agar ersetzt werden. Zur Herstellung von 2,5 kg Eismix wurden 15 g Johannisbrotkernmehl verwendet.

Wie viel Agar-Agar darf eingesetzt werden?

4 Für die Herstellung von Erdbeereiskrem verwendet das Café Liedtke folgende Grundrezeptur:

800 g Erdbeermark, 200 g Erdbeerstücke, 3,5 Liter Vollmilch (3,5 %), 1,2 Liter Kondensmilch (10 %), 1,2 kg Zucker, 700 g Butter (82,5 % Fett), 45 g Gelatine.

a) Ermitteln Sie den Fettanteil in der Rezeptur. (8 % Milchfettanteil sind vorgeschrieben.)

b) Für ein Firmenjubiläum werden 250 Portionen Erdbeereiskrem zu je 125 ml bestellt.

Erstellen Sie die erforderliche Rezeptur. Das Eisvolumen wird mit dem 1,7fachen des Ausgangsvolumens angenommen. (Einfachheitshalber gilt: 1 kg = 1 Liter.)

18 Die Kalkulation

Kalkulieren heißt, Preise zu berechnen. Durch die Kalkulation stellt der Unternehmer fest, zu welchem Preis er seine Waren einkaufen bzw. verkaufen muss, damit er seine Kosten decken und außerdem einen angemessenen Gewinn erzielen kann.

Die Verkaufspreise in Bäckereien und Konditoreien müssen gewissenhaft berechnet werden. Ein Unternehmer, der die Preise nur schätzt, läuft Gefahr, dass er sie zu hoch oder zu niedrig ansetzt. Sind die Verkaufspreise überhöht, dann kaufen die Kunden bei der Konkurrenz, sind sie zu niedrig, dann decken sie die Kosten nicht, der Betrieb kann zugrunde gehen.

18.1 Berechnen des Ladenpreises

Beispiel 1: Die Materialkosten für die Herstellung von einem 1-kg-Weizenmischbrot betragen 0,62 €. Die Betriebskosten belaufen sich auf 250 % der Materialkosten. Risiko und Gewinn werden zusammen mit 28,5 % veranschlagt, die Mehrwertsteuer ist mit 7 % zu berücksichtigen. Berechnen Sie den Ladenverkaufspreis.

Lösung:

Materialkosten	0,62 €	100 %		
+ 250 % Betriebskosten	1,55 €	+250 %		
= Selbstkosten	2,17 €	350 %	100 %	
+ 28,5 % Risiko und Gewinn	0,62 €		+ 28,5 %	
= Nettoverkaufspreis	2,79 €		128,5 %	100 %
+ 7 % Mehrwertsteuer	0,20 €			+ 7 %
= Bruttoverkaufspreis	2,99 €			107 %

Beispiel 2: Die Materialkosten für die Herstellung einer Himbeer-Sahne-Torte betragen 6,87 €. Die Betriebskosten belaufen sich auf 360 % der Materialkosten. Risiko und Gewinn werden zusammen mit 32,5 % veranschlagt, die Mehrwertsteuer ist mit 7 % zu berücksichtigen.

Lösung:

Materialkosten	6,87 €	100 %		
+ 360 % Betriebskosten	24,73 €	+360 %		
= Selbstkosten	31,60 €	460 %	100 %	
+ 32,5 % Risiko und Gewinn	10,27 €		+ 32,5 %	
= Nettoverkaufspreis	41,87 €		132,5 %	100 %
+ 7 % Mehrwertsteuer	2,93 €			+ 7 %
= Bruttoverkaufspreis	44,80 €			107 %

Das allgemeine Schema für die Berechnung des Ladenpreises lässt sich aus unseren Eingangsbeispielen folgendermaßen ableiten:

Materialkosten
+ Betriebskosten
= Selbstkosten
+ Risiko und Gewinn
= Nettoverkaufspreis
+ 7 % Mehrwertsteuer
= Bruttoverkaufspreis

Anmerkung: In der Praxis wird in vielen Betrieben das Kalkulationsergebnis sinnvoll gerundet. In unserem Beispiel mit dem Weizenmischbrot könnten dies z. B. 3,00 €, 2,90 € oder 2,80 € sein.

Erläuterungen: **Materialkosten** sind alle Kosten für Rohstoffe, Zutaten usw., die für die Herstellung eines bestimmten Gebäcks benötigt werden.

Beispiele: Kosten für Mehl, Milch, Hefe, Zucker, Salz, Fett, Konfitüre, Früchte usw. Anhand der Rezeptur lassen sich diese Kosten für jedes Gebäck einzeln berechnen.

Betriebskosten, auch **Gemeinkosten** genannt, sind alle Kosten, die notwendig sind, damit im Betrieb produziert und verkauft werden kann. Die Betriebskosten lassen sich nicht einer einzelnen Gebäcksorte zuordnen, da sie auch für andere Erzeugnisse anfallen.

Beispiele: Stromkosten, Personalkosten, Mieten, Zinsen, Abschreibungen usw. Die Höhe dieser Kosten wird aus der Buchführung entnommen. Um die Betriebskosten in der Kalkulation angemessen zu berücksichtigen, kann man verschiedene Verfahren anwenden. Zwei der gängigsten Möglichkeiten sind folgende:

1. **Die Betriebskosten werden in % der Materialkosten berechnet.**

   Um den richtigen „Zuschlagsatz" zu erhalten, ermittelt man die jährlichen Materialkosten sowie die jährlichen Betriebskosten und setzt sie zueinander ins Verhältnis. Die Materialkosten entsprechen hierbei 100 %. Mit dem so ermittelten Prozentsatz werden für alle Erzeugnisse die Betriebskosten berechnet (siehe Eingangsbeispiele).

2. **Die Betriebskosten werden auf die Stundenleistung bezogen (= Stundenkostensatz).**

   Bei dieser Methode ermittelt man die jährlichen Betriebskosten sowie die jährliche Gesamtstundenleistung des Betriebes. Aus diesen Zahlen errechnet man den **Stundenkostensatz.** Durch Arbeitszeitstudien erhält man für die einzelnen Backwaren die Stundenleistung des Betriebes. Sie ist für jedes Erzeugnis anders.

   Diese Art der Betriebskostenkalkulation wird heute allgemein bevorzugt, denn sie berücksichtigt auch den unterschiedlichen Zeitaufwand für die Herstellung verschiedener Gebäcke. Unter Anwendung des Stundenkostensatzes werden die Betriebskosten für ein Erzeugnis folgendermaßen berechnet:

Betriebskosten des Erzeugnisses =
Stundensatz · Arbeitszeit zur Herstellung des Erzeugnisses

Beispiel 1: Arbeitszeit 2 Std., Stundenkostensatz 52,60 €/Std.

→ Betriebskosten = 52,60 €/Std. · 2 Std. = 105,20 €

Beispiel 2: Arbeitszeit 2 Std. 36 Min., Stundenkostensatz 54,20 €/Std.

→ 2 Std. 36 Minuten = $\frac{156}{60}$ Std.

→ Betriebskosten = 54,20 €/Std. · $\frac{156}{60}$ Std. = 140,92 €

Selbstkosten sind die Kosten, die dem Betrieb selbst entstehen. Man erhält sie durch Addition von Materialkosten und Betriebskosten.

Für **Risiko und Gewinn** erfolgt ein prozentualer Aufschlag auf die Selbstkosten, um das Unternehmerwagnis abzudecken, um eine angemessene Verzinsung des eingesetzten Kapitals sicherzustellen und um Verluste durch Verderb, Fehlplanungen usw. zu berücksichtigen.

Der **Nettoverkaufspreis** ist der kalkulierte Verkaufspreis **ohne** Mehrwertsteuer.

Der Verkauf aller Waren unterliegt der **Mehrwertsteuer.** Für den Verkauf von Lebensmitteln gilt der ermäßigte Steuersatz von 7 %, für den Verzehr in Gaststätten und Cafés wird der volle Satz von 19 % angesetzt.

Der **Bruttoverkaufspreis,** auch Ladenpreis genannt, ist der Endverkaufspreis. Er ist der Preis **einschließlich** Mehrwertsteuer.

Beachten Sie:

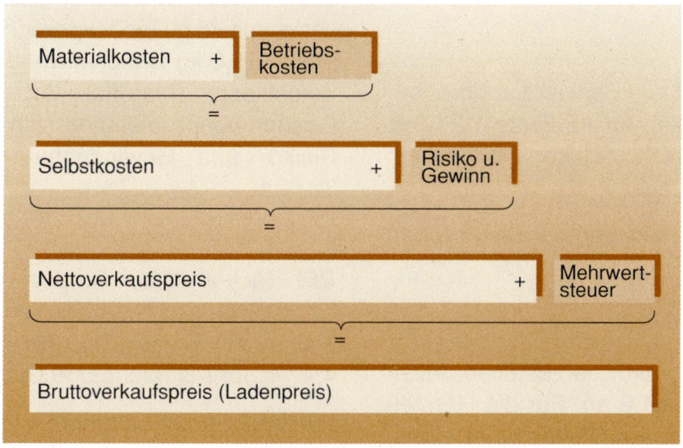

Aufgaben

1 Für die Herstellung eines Marmorkuchens fallen Materialkosten in Höhe von 1,02 € und Betriebskosten in Höhe von 3,56 € an. Für Risiko und Gewinn werden 29 % veranschlagt. Die Mehrwertsteuer beträgt 7 %.

Berechnen Sie den Verkaufspreis für einen Marmorkuchen.

2 Bei der Herstellung von 95 kg Roggenmischbrot betragen die Materialkosten 58,24 €, die Betriebskosten 192,45 €, der Risiko- und Gewinnanteil 27,5 % und die Mehrwertsteuer 7 %.

Wie teuer wird ein 750-g-Roggenmischbrot im Laden verkauft?

3 In der Bäckerei Baumann werden 3200 Party-Brötchen für einen Großkunden hergestellt. Die Materialkosten für diese Brötchen belaufen sich auf 119,00 €, die Betriebskosten je Arbeitsstunde betragen 55,80 €, Risiko und Gewinn werden mit 20 % berücksichtigt, die Mehrwertsteuer mit 7 %. Für die Herstellung der Brötchen werden 6,8 Stunden benötigt.

Ermitteln Sie den Verkaufspreis für ein Brötchen.

4 Die Materialkosten für 1 kg Arrak-Buttertrüffel-Pralinen betragen 7,38 €, die Betriebskosten 350 %, Risiko und Gewinn werden mit 35 % angesetzt. (MwSt. 7 %)

Welcher Verkaufspreis ergibt sich für 100 g Pralinen?

5 Bei der Produktion von Berliner Landbrot betragen die Materialkosten für 45 Brote 17,67 €, die Betriebskosten 264 %, Risiko und Gewinn 27,5 %, die Mehrwertsteuer 7 %.

Zu welchem Preis wird ein Berliner Landbrot im Laden verkauft?

6 Um 120 kg Sonnenbrot herzustellen, fallen Materialkosten von 84,15 € an. Für die Herstellung werden insgesamt 4,4 Stunden bei einem Stundenkostensatz von 53,70 € benötigt. Für Risiko und Gewinn werden 33 % veranschlagt. (MwSt. 7 %)

Berechnen Sie den Ladenpreis für 500 g Sonnenbrot.

7 Für einen Obstkuchen ergeben sich Selbstkosten in Höhe von 14,38 €. Der Gewinnanteil wird mit 20 % kalkuliert. Im Hauptgeschäft verkauft sich der Obstkuchen recht gut, deshalb werden hier nur 10 % für Risiko veranschlagt. In den Filialen wird dagegen der Risikoanteil mit 20 % berechnet. (MwSt. 7 %)

Berechnen Sie den Verkaufspreis für einen Obstkuchen im Hauptgeschäft und in den Filialen.

8 Bei der Herstellung von 3600 Weizenbrötchen betragen die Materialkosten 205,19 €, die Betriebskosten 623,38 €, der Risiko- und Gewinnanteil 34 % und die Mehrwertsteuer 7 %.

Berechnen Sie den Verkaufspreis für ein Weizenbrötchen.

9 Um eine Schwarzwälder Kirschtorte herzustellen, werden Rohstoffe im Wert von 6,18 € verarbeitet. Die Betriebskosten betragen 315 %, der Risiko- und Gewinnanteil wird mit 39,5 % angesetzt. (MwSt. 7 %)

a) Berechnen Sie den Verkaufspreis für die Torte.

b) Berechnen Sie den Verkaufspreis für ein Tortenstück, wenn die Torte in 16 Stücke geteilt wird.

10 Kalkulieren Sie den Ladenpreis eines Brötchens mit 45 g Gebäckgewicht, wenn aus 100 kg Mehl 121,5 kg Brötchen hergestellt werden. Die Selbstkosten (Material + Arbeitsaufwand) für die Gesamtmenge belaufen sich auf 517,56 €. Der Risiko- und Gewinnanteil macht zusammen 32 % aus. (MwSt. 7 %)

11 Bäckermeister Berger stellt 75 Plundergebäckstücke her. Hierbei fallen folgende Materialkosten an: für den Teig 6,12 €, für die Füllung 4,47 €, für Eistreiche und Glasur 1,75 €.

Wie hoch ist der Ladenpreis für ein Gebäckstück, wenn die Stundenleistung 90 Stücke, der Stundenkostensatz 58,60 €, der Risiko- und Gewinnanteil 37,5 % und die Mehrwertsteuer 7 % betragen?

12 Berechnen Sie den Ladenpreis für einen Berliner Pfannkuchen nach folgenden Angaben:

Die Materialkosten für 480 Berliner betragen ohne Sieden und Herrichten 30,56 €. Der Fettverbrauch pro Berliner beträgt 5 g Siedefett zu 2,90 € je kg. Für die Füllung werden pro Berliner 10 g Marmelade zu 2,80 € je kg benötigt. Zum Bestreuen rechnet man pro Berliner mit 10 g Dekorschnee zu 1,10 € je kg. Für die Herstellung werden 4 Stunden benötigt. Die Arbeitsstunde wird mit 52,40 € berrechnet. Risiko und Gewinn werden mit 35 % veranschlagt. (MwSt. 7 %)

13 Grundrezeptur für Hefesüßteig:

Weizenmehl	*1000 g*	zu 0,44 €	je kg
Milch	*600 g*	zu 0,72 €	je kg
Butter	*100 g*	zu 3,50 €	je kg
Eier (2 Stück =)	*100 g*	zu 0,30 €	je Stück
Zucker	*125 g*	zu 1,08 €	je kg
Salz	*15 g*	zu 0,30 €	je kg
Hefe	*60 g*	zu 3,60 €	je kg

a) Berechnen Sie die Materialkosten für 1 kg Teig.

b) Verwenden Sie den kg-Preis von Aufgabenteil a und berechnen Sie die Materialkosten für 1 kg tourierten Plunderteig.
Berücksichtigen Sie dabei, dass pro 500 g Hefeteig 250 g Ziehmargarine eingezogen werden. 1 kg Ziehmargarine kostet 2,90 €.

c) Berechnen Sie den Verkaufspreis für 1 Plunderstückchen, wenn 1 kg Plunderteig 12 Stücke ergibt, die Betriebskosten 425 %, Risiko und Gewinn 47,5 % und die Mehrwertsteuer 7 % betragen.

14 Grundrezeptur für Brötchen:

Weizenmehl, Type 550	*1600 g*	(42,70 €/100 kg)
Wasser	*1000 g*	–
Hefe	*40 g*	(3,40 €/kg)
Salz	*30 g*	(0,30 €/kg)
Backmittel	*30 g*	(3,65 €/kg)

a) Berechnen Sie die Rohstoffmengen für 32 kg Mehl.

b) Berechnen Sie die Materialkosten für die Teigmenge aus Aufgabenteil a.

c) Berechnen Sie die Materialkosten für 540 Brötchen. Das Rezepturgewicht von 30 Brötchen beträgt 1500 g.

d) Wie hoch ist der Verkaufspreis für ein Brötchen, wenn 675 % Betriebskosten anfallen sowie der Zuschlag für Risiko und Gewinn mit 45 % zu berücksichtigen ist? (MwSt. 7 %)

15 Zur Herstellung von 60 Schweinsohren verwendet Bäcker Weiß 2 kg Blätterteig (2,70 €/kg) und 500 g Zucker (1,08 €/kg). Für die Herstellung der 60 Schweinsohren benötigt er 56 Minuten bei einem Stundenkostensatz von 54,20 €. Für Risiko und Gewinn veranschlagt er 24 % (MwSt. 7 %).

Ermitteln Sie den Preis für ein Schweinsohr.

16 In der Bäckerei Waldenmeier werden Bauernbrote nach folgender Rezeptur hergestellt:

Weizenmehl, Type 1050	36,0 kg zu 42,10 € je100 kg
Roggenmehl, Type 1150	24,0 kg zu 46,05 € je100 kg
Salz	1,2 kg zu 27,00 € je100 kg
Hefe	2,4 kg zu 3,20 € je kg
Backmittel	1,2 kg zu 4,70 € je kg

Die Gebäckausbeute beträgt 137,5. Es wird mit einem Stundensatz von 56,80 € gerechnet. Für Risiko und Gewinn werden 32,5 % veranschlagt. Die MwSt. beträgt 7 %. Für die Herstellung eines Brotes werden 2 Minuten benötigt.

Berechnen Sie den Verkaufspreis für ein 750 g schweres Bauernbrot.

17 Für Hohenloher Landbrot werden 49 kg Roggenmehl (42,20 €/100 kg), 21 kg Weizenmehl (40,70 €/100 kg), 1,05 kg Hefe (3,80 €/kg), 1,4 kg Salz (0,27 €/kg) und 1,25 kg Streu- und Wirkmehl (0,49 €/kg) benötigt.

Wie viel € beträgt der Verkaufspreis für ein Landbrot von 1 250 g, wenn sich die Gebäckausbeute auf 143 beläuft, für die Herstellung der Brote 200 Minuten bei einem Stundenkostensatz von 54,60 € verrechnet werden und für Risiko und Gewinn 24 % veranschlagt werden (MwSt. 7 %)?

18 Nach folgender Rezeptur werden 150 Schwäne (aus Brandmasse mit Füllung) hergestellt:

3 ℓ Milch (0,65 €/ℓ), 0,75 kg Backmargarine (2,15 €/kg), 1,68 kg Weizenmehl (0,37 €/kg) und 50 g Salz (0,29 €/kg). Für die Füllung werden 9 ℓ Sahne (2,50 €/ℓ), 240 g Zucker (0,90 €/kg) und 270 g Gelatine (9,45 €/kg) benötigt.

Ermitteln Sie den Ladenpreis für einen Schwan, wenn für die Herstellung insgesamt 130 Minuten benötigt werden, der Stundenkostensatz 53,30 € beträgt und für Risiko und Gewinn 45 % veranschlagt werden (MwSt. 7 %).

19 Karin stellt Butterstreuselkuchen aus 500 g Butter (3,60 €/kg), 400 g Zucker (0,90 €/kg), einem Ei (0,25 €), 800 g Weizenmehl (0,37 €/kg), 25 g Aroma (14,75 €/kg) und 2,125 kg Hefefeinteig (1,30 €/500 g) her. Zur Herstellung eines Blechkuchens aus dieser Menge benötigt sie 32 Minuten bei einem Stundenkostensatz von 54,00 €. Für Risiko und Gewinn werden 42,5 % veranschlagt (MwSt. 7 %).

Wie viel kostet ein Stück Butterkuchen, wenn der Kuchen 60 Stücke ergibt?

18.2 Berechnen des Café-Preises

Beispiel: Die Materialkosten für eine Nusstorte betragen 6,78 €. Der Konditormeister rechnet mit 250 % Betriebskosten. Für Risiko und Gewinn kalkuliert er mit einem Aufschlag von 30 %. Der Café-Aufschlag beträgt 20 %, die gesetzliche Mehrwertsteuer 19 %. Berechnen Sie den Café-Preis.

Lösung:

	Materialkosten	6,78 €	100 %			
+	250 % Betriebskosten	16,95 €	+250 %			
=	Selbstkosten	23,73 €	350 %	100 %		
+	30 % Risiko und Gewinn	7,12 €		+30 %		
=	Nettoverkaufspreis (Laden)	30,85 €		130 %	100 %	
+	20 % Café-Aufschlag	6,17 €			+ 20 %	
=	Nettoverkaufspreis (Café)	37,02 €			120 %	100 %
+	19 % Mehrwertsteuer	7,03 €				+ 19 %
=	Bruttoverkaufspreis (Café)	44,05 €				119 %

Das allgemeine Schema für die Berechnung des Café-Preises lässt sich aus unserem Eingangsbeispiel folgendermaßen ableiten:

	Materialkosten
+	Betriebskosten
=	Selbstkosten
+	Risiko und Gewinn
=	Nettoverkaufspreis (Laden)
+	Café-Aufschlag
=	Nettoverkaufspreis (Café)
+	19 % Mehrwertsteuer
=	Bruttoverkaufspreis (Café)

Erläuterungen: Der **Café-Aufschlag** ist ein prozentualer Aufschlag auf den Nettoverkaufspreis. Da dieser für den Verkauf im Laden kalkuliert wurde, deckt er nicht die Kosten für die Einrichtung und Unterhaltung des Cafés sowie für die Bedienung der Gäste. Diese zusätzlichen Kosten werden durch den Café-Aufschlag berücksichtigt.

Der volle **Mehrwertsteuersatz** wird beim Verzehr in Cafés angesetzt. Er beträgt 19 %.

Beachten Sie:

Materialkosten + Betriebskosten
=
Selbstkosten + Risiko u. Gewinn
=
Nettoverkaufspreis (Laden) + Café-Aufschlag
=
Nettoverkaufspreis (Café) + Mehrwertsteuer
=
Bruttoverkaufspreis (Café)

Aufgaben

1 Berechnen Sie den Café-Preis für ein Stück Apfelkuchen mit Schlagsahne, wenn die Materialkosten 7,10 €, die Betriebskosten 325 %, der Zuschlag für Risiko und Gewinn 27,5 %, der Café-Aufschlag 18 % und die Mehrwertsteuer 19 % betragen. Der Blechkuchen ergibt 32 Stücke; eine Portion Schlagsahne kostet im Café 0,80 €.

2 Die Materialkosten für eine Cremetorte betragen 6,13 €. Für die Herstellung werden 22 Minuten benötigt. Der Stundenkostensatz beträgt 54,80 €. Für Risiko und Gewinn werden 37,5 % veranschlagt. Der Café-Aufschlag beträgt 21 %, die MwSt. 19 %.

Berechnen Sie den Preis für ein Stück Cremetorte im Café, wenn die Torte in 16 Stücke geteilt wird.

3 Wie teuer ist eine Portion Baumkuchen zu 125 g im Café Kerner, wenn Meister Kerner mit folgenden Daten kalkulieren muss? Für einen Baumkuchen mit einem Verkaufsgewicht von 5,250 kg betragen die Materialkosten 24,59 €, die Betriebskosten 325 %, der Zuschlag für Risiko und Gewinn 30 % und der Café-Aufschlag 17 %. (MwSt. 19 %)

4 Bei der Herstellung eines Rheinischen Königskuchens fallen Materialkosten in Höhe von 1,54 € und Betriebskosten in Höhe von 4,36 € an. Der Risiko- und Gewinnanteil beträgt 34 %. Die Mehrwertsteuer im Laden beträgt 7 %.

a) Berechnen Sie den Ladenpreis für einen Rheinischen Königskuchen.
b) Im Café wird ein Rheinischer Königskuchen in 15 Stücke geteilt. Der Café-Aufschlag beträgt 57 %. (MwSt. 19 %)

Berechnen Sie den Café-Preis für ein Stück.

5 Berechnen Sie den Café-Preis für ein Stück Schokocremetorte. Zur Herstellung einer ganzen Torte mit 16 Stücken werden benötigt:

1 Mürbeteigboden zu 0,90 €, 70 g Aprikosenkonfitüre zu 1,95 € je kg, 1 Biskuitboden zu 1,74 €, 750 g Butter zu 3,49 € je kg, 160 g Kuvertüre zu 5,49 € je kg und 30 g gehobelte Mandeln zu 6,50 € je kg. Für das Schneiden, Einstreichen, Zusammensetzen und Überziehen werden 12 Minuten benötigt. Das Dekorieren der Torte nimmt 5 Minuten in Anspruch. Für Risiko und Gewinn werden 36 % veranschlagt. Der Stundenkostensatz beträgt 54,60 €, der Café-Aufschlag 24 %. (MwSt. 19 %)

6 Berechnen Sie den Café-Preis für ein Stück Nusstorte nach folgenden Angaben:

Wiener Boden	zu	1,95 €
0,800 l Sahne	zu	2,25 € je l
0,075 kg Zucker	zu	0,90 € je kg
0,100 kg Nüsse, gehackt	zu	6,00 € je kg
0,100 kg Nussnugat	zu	4,75 € je kg
Dekormaterial	zu	0,96 €

Die Betriebskosten werden mit 285 % berechnet. Der Risiko- und Gewinnanteil beträgt 30 %, der Café-Aufschlag 19 % und die Mehrwertsteuer 19 %. Die Torte wird in 16 Stücke geteilt.

7 Im Laden wird ein Stück Johannisbeer-Torte für 2,10 € verkauft.

Wie viel € muss ein Kunde im Café für ein Stück Torte bezahlen, wenn der Café-Aufschlag 22 % beträgt? (MwSt. Laden 7 %, MwSt. Café 19 %)

8 Ein Käsekuchen kostet in der Konditorei Sannwald 25,20 €.

Wie hoch ist der Café-Preis für ein Stück Käsekuchen, wenn der Kuchen in 14 Stücke geteilt wird und der Café-Aufschlag 20 % beträgt? (MwSt. Laden 7 %, MwSt. Café 19 %)
Runden Sie das Ergebnis praxisgerecht.

9 Für ein belegtes Brötchen muss man im Café Schicki 1,50 € bezahlen.

Wie viel % beträgt der Café-Aufschlag für das Tafelbrötchen, wenn für den Belag 0,65 € berechnet wird und ein Tafelbrötchen im Laden 0,35 € kostet?

10 In der Konditorei Kurz kostet eine Mailänder Makronentorte 35,40 € (MwSt. 7 %). Die Torte wird in 16 Stücke geteilt.

Zu welchem Preis wird ein Stück im Café verkauft, wenn der Café-Aufschlag 22 % beträgt? (MwSt. Café 19 %)

11 Eine Biskuitrolle kostet im Laden 20,50 € (MwSt. 7 %).

Wie viel € kostet ein Stück Biskuitrolle im Café, wenn die Rolle in 14 Stücke geteilt wird, der Café-Aufschlag 35 % und die Mehrwertsteuer im Café 19 % beträgt?

12 Für ein Stück Prinzregenten-Torte verlangt das Konditorei-Café Brenner im Café 2,90 €. Im Laden kostet ein Stück 2,40 €.

Berechnen Sie den Café-Aufschlag in € und in %.
(MwSt. Laden 7 %, MwSt. Café 19 %)

18.3 Die Rückkalkulation

Beispiel: In der Konditorei Knobel wird eine Prinzregenten-Torte für 37,95 € verkauft. Die Betriebskosten kalkuliert Meister Knobel mit 290 % der Materialkosten. Den Anteil für Risiko und Gewinn veranschlagt er mit 29,5 %. Die gesetzliche Mehrwertsteuer beträgt 7 %.
Wie viel € dürfen die Materialkosten betragen?

Lösung:

	Materialkosten	7,02 €			100 %
+	290 % Betriebskosten	20,37 €			+290 %
=	Selbstkosten	27,39 €		100 %	390 %
+	29,5 % Risiko und Gewinn	8,08 €		+ 29,5 %	
=	Nettoverkaufspreis	35,47 €	100 %	129,5 %	
+	7 % Mehrwertsteuer	2,48 €	+ 7 %		
=	Bruttoverkaufspreis	37,95 €	107 %		

Ergebnis: Die Materialkosten dürfen 7,02 € betragen.

Nebenrechnungen:

Ermittlung des Nettoverkaufspreises

107 % = 37,95 €
100 % = x €

$$x = \frac{37{,}95 \cdot 100}{107} = 35{,}47\ €$$

Ermittlung der Selbstkosten

129,5 % = 35,47 €
100 % = x €

$$x = \frac{35{,}47 \cdot 100}{129{,}5} = 27{,}39\ €$$

Ermittlung der Materialkosten

390,0 % = 27,39 €
100,0 % = x €

$$x = \frac{27{,}39 \cdot 100}{390} = 7{,}02\ €$$

Lösungshinweise:

1. Stellen Sie zunächst das **Kalkulationsschema ohne Zahlen** auf.
2. Setzen Sie alle in der Aufgabe gegebenen Daten ein.
3. Gehen Sie vom Bruttoverkaufspreis (Ladenpreis) aus und kalkulieren Sie bis zu den Materialkosten, **von unten nach oben.**
4. Die Zuschläge, die bei der Vorwärtskalkulation vom Hundert gerechnet werden, müssen bei der Rückwärtskalkulation vom **vermehrten Grundwert** abgezogen werden. Im Einzelnen sind dies:
   - ⇒ die Mehrwertsteuer,
   - ⇒ der Zuschlag für Risiko und Gewinn,
   - ⇒ die Betriebskosten.

Aufgaben

1 Folgende Rechnungsbeträge enthalten die Mehrwertsteuer. Auf Wunsch der betreffenden Kunden soll die Mehrwertsteuer von 7 % extra ausgewiesen werden.

Berechnen Sie, wie viel Mehrwertsteuer in den jeweiligen Rechnungsbeträgen enthalten ist, und geben Sie den Nettoverkaufspreis an:

a) 139,80 € b) 374,00 € c) 270,30 € d) 172,00 €

2 Ermitteln Sie, wie viel Geld jeweils für die Materialkosten aufgewendet werden darf, wenn die folgenden Werte unbedingt eingehalten werden sollen.

Erstellen Sie hierzu für jede Aufgabe ein vollständiges Kalkulationsschema.

	Bruttoverkaufspreis	Betriebskosten	Risiko und Gewinn	Mehrwertsteuer
a)	19,95 €	230 %	22 %	7 %
b)	2,49 €	240 %	25 %	7 %
c)	1,80 €	210 %	20 %	7 %
d)	29,40 €	260 %	16 %	7 %

3 Ein 6-Korn-Brötchen kostet in der Bäckerei Groß 0,65 €. Für die Herstellung von 450 Brötchen belaufen sich die Betriebskosten auf 169,64 €, Risiko und Gewinn werden mit 32,5 % kalkuliert, die Mehrwertsteuer beträgt 7 %.

Berechnen Sie die Materialkosten für 450 Brötchen.

4 Ein Toastbrot wird im Laden für 1,49 € verkauft.

Wie viel Zeit darf (rein rechnerisch) die Herstellung eines Toastbrotes beanspruchen, wenn die Materialkosten 0,27 €, der Zuschlag für Risiko und Gewinn 20 %, die Mehrwertsteuer 7 % und der Stundenkostensatz 54,60 € betragen?

5 Bei der Herstellung einer Torte betragen die Materialkosten 6,83 €, die Betriebskosten 325 % der Materialkosten.

Wie viel % beträgt der Anteil von Risiko und Gewinn an den Selbstkosten, wenn die Torte im Laden für 38,40 € verkauft wird? (MwSt. 7 %)

6 Eine Schwarzwälder Kirschtorte wird im Laden für 37,60 € verkauft. Für die Herstellung der Torte werden 18 Minuten benötigt. Die Materialkosten betragen 7,12 €. Der Stundenkostensatz beträgt 56,40 €, die Mehrwertsteuer 7 %.

Berechnen Sie den Risiko- und Gewinnanteil in %.

7 In der Bäckerei Mosgruber werden 5 Kuchen zu einem Verkaufspreis von jeweils 12,90 € bestellt. Die Materialkosten für die 5 Kuchen betragen 25,65 €. Die Betriebskosten belaufen sich auf 29,50 €, die Mehrwertsteuer beträgt 7 %.

Wie viel % Gewinn verbleiben bei diesem Auftrag?

8 Eine Käsesahnetorte soll für 31,90 € verkauft werden. Die Materialkosten betragen 5,24 €.

Wie lange darf die Herstellung der Torte dauern, wenn die Mehrwertsteuer 7 %, der Risiko- und Gewinnanteil 25 % und der Stundenkostensatz 56,20 € betragen?

9 Bäckermeister Karl Mager hat diese Woche Milchbrote im Angebot. Der Angebotspreis beträgt 1,89 € pro Brot. Aus folgender Rezeptur können 16 Brote mit einem Gebäckgewicht von jeweils 750 g hergestellt werden:

Weizenmehl	*5,500 kg*	zu 0,39 € je kg
Milch	*3,300 kg*	zu 0,78 € je kg
Hefe	*0,220 kg*	zu 3,40 € je kg
Salz	*0,100 kg*	zu 0,29 € je kg
Backmittel	*0,150 kg*	zu 4,65 € je kg

Für die Verarbeitung dieser Rezeptur zu Milchbroten benötigt er 21 Minuten. Er rechnet mit einem Stundenkostensatz von 54,00 €. Die Mehrwertsteuer beträgt 7 %.

Berechnen Sie, wie viel % Gewinn bei diesem Angebot zu erzielen sind.

10 Bäckermeisterin Maurer nimmt 6-Korn-Brötchen in ihre Angebotspalette auf. Der Verkaufspreis eines Brötchens soll 60 Cent betragen. Für ihre Kalkulation legt Frau Maurer folgende Werte zugrunde: Betriebskostenanteil 300 %, Risiko- und Gewinnanteil 25 %, Mehrwertsteuer 7 %. In der Einführungswoche werden 4 6-Korn-Brötchen für 1,99 € verkauft.

a) Berechnen Sie die Materialkosten für 300 Stück 6-Korn-Brötchen bei einem Stückpreis von 60 Cent. Um Ungenauigkeiten durch Auf- und Abrunden zu vermeiden, ist es am sinnvollsten, wenn Sie vom Bruttoverkaufspreis der Gesamtmenge ausgehen.

b) Wie hoch ist in der Einführungswoche der Anteil für Risiko und Gewinn in € und in %? Gehen Sie auch bei dieser Berechnung von der Gesamtmenge aus.

Vermischte Aufgaben zur Kalkulation

1 Berechnen Sie den Verkaufspreis für ein 125-g-Päckchen Weihnachtsgebäck nach folgenden Angaben:

- Materialkosten 36,43 € für 8,5 kg Weihnachtsgebäck
- Betriebskosten 375 %
- Zuschlag für Risiko und Gewinn 28 %
- MwSt. 7 %

2 Die Materialkosten für 80 Weizenmischbrote betragen 40,16 €. Die Betriebskosten werden mit 215 % veranschlagt. Für Risiko und Gewinn werden 30 % berechnet. (MwSt. 7 %)

Berechnen Sie den Verkaufspreis von einem Weizenmischbrot.

3 Berechnen Sie den Ladenpreis für ein 1-kg-Weizenmischbrot nach folgenden Angaben:

Die Materialkosten für 100 Brote betragen 54,31 €. Für eine Arbeitsstunde werden 54,80 € berechnet. Risiko und Gewinn werden zusammen mit 32,5 % veranschlagt. Die Mehrwertsteuer beträgt 7 %. In einer Stunde werden 35 kg Brot hergestellt.

4 Bei der Kalkulation einer Holländer Kirschtorte sind folgende Daten zu berücksichtigen:

- Materialkosten 6,09 €
- Betriebskosten 21,05 €
- Risiko und Gewinn 35 %
- Mehrwertsteuer 7 %

a) Wie teuer wird ein Stück Holländer Kirschtorte im Laden verkauft, wenn die Torte in 16 Stücke geteilt wird?

b) Beim Verkauf im Café wird ein Café-Aufschlag von 19,2 % berechnet, die Mehrwertsteuer im Café beträgt 19 %.
Wie viel € kostet ein Stück Holländer Kirschtorte im Café?

5 Ein Weizenmischbrot wird zum Bruttoverkaufspreis von 1,95 € angeboten.

Wie viel % betragen die Betriebskosten, wenn die Materialkosten 0,44 €, der Risiko- und Gewinnanteil 24 % und die Mehrwertsteuer 7 % betragen?

6 Im Laden wird ein Stück Blechkuchen für 1,20 € verkauft.

Berechnen Sie den Preis für ein Stück Kuchen mit Sahne im Café, wenn der Café-Aufschlag 50 % beträgt und eine Portion Schlagsahne mit 0,80 € berechnet wird.
(MwSt. Laden 7 %, MwSt. Café 19 %)

7 In der Bäckerei Groß wird ein Holzofenbrot für 2,49 € verkauft. Die Betriebskosten kalkuliert Meister Knobel mit 245,2 % der Materialkosten, den Anteil für Risiko- und Gewinn veranschlagt er mit 25 %. (MwSt. 7 %)

Ermitteln Sie, wie viel € die Materialkosten betragen.

8 Im Café Feldmann kostet ein Stück Himbeerkuchen 2,50 €.

Ermitteln Sie den Preis für einen ganzen Himbeerkuchen in der Bäckerei Feldmann, wenn ein Kuchen in 14 Stücke geteilt wird und der Café-Aufschlag 24 % beträgt. (MwSt. Laden 7 %, MwSt. Café 19 %)

9 In der Bäckerei Preissler werden Speckbrötchen für 60 Cent je Stück verkauft. Die Materialkosten für 450 Brötchen betragen 34,73 €. Für die Herstellung wurden 2,40 Stunden benötigt. Der Stundenkostensatz beträgt 58,40 €. Bäcker Preissler veranschlagte für Risiko und Gewinn 40 %. (MwSt. 7 %)

Überprüfen Sie, ob der Verkaufspreis richtig kalkuliert wurde.

10 Grundrezeptur für Biskuitmasse:

Vollei (10 Stück)	*500 g*	(0,25 €/Stück)
Zucker	*250 g*	(1,04 €/kg)
Mehl	*150 g*	(0,42 €/kg)
Weizenpuder	*100 g*	(0,85 €/kg)
Aromen	für insgesamt 0,50 €	

a) Berechnen Sie die Materialkosten.

b) Berechnen Sie die Materialkosten für eine Erdbeer-Sahne-Creme-Torte, wenn dafür folgende Zutaten benötigt werden:
1 Biskuitboden (die Grundrezeptur ergibt 2 Biskuitböden), 1 Mürbeteigboden (0,95 €), 200 g Erdbeeren (5,25 €/kg), 350 g Sahne (2,85 €/kg), 2 Eigelb (je 0,16 €), 30 g Puderzucker (1,25 €/kg), sonstige Zutaten (Wein zum Auflösen, Gelatine, Salz, Fruchtsäure) 0,75 €.

c) Wie viel € muss ein Kunde im Café für ein Stück Erdbeer-Sahne-Creme-Torte bezahlen, wenn die Betriebskosten 330 %, der Anteil für Risiko und Gewinn 25 %, der Café-Aufschlag 24,5 % und die Mehrwertsteuer 19 % betragen? Die Torte wird in 16 Stücke geteilt.

11 Bäckermeister Dallmeyer liefert für eine Faschingsveranstaltung 3 250 Brötchen à 50 g zu einem Stückpreis von 0,23 €. Für 100 kg Gebäckgewicht belaufen sich die Materialkosten auf 97,12 €. Die Arbeitszeit für die Gesamtmenge beträgt 5,2 Stunden, der Stundenkostensatz 58,60 €, für Risiko und Gewinn werden 50 % veranschlagt. (MwSt. 7 %)

a) Berechnen Sie das Gesamtgewicht der Lieferung und die Materialkosten.

b) Überprüfen Sie rechnerisch, ob Bäckermeister Dallmeyer den Verkaufspreis pro Brötchen richtig kalkuliert hat.

12 Grundrezeptur für Mürbeteig:

Weizenmehl, Type 405	*2000 g*	(0,42 €/kg)
Zucker	*1100 g*	(1,04 €/kg)
Butter	*1250 g*	(3,56 €/kg)
Eier (2 Stück =)	*100 g*	(0,30 €/Stück)
Gewürze/Aromen	*50 g*	(16,50 €/kg)

a) Berechnen Sie die Materialkosten für einen Mürbeteigboden mit 300 g Teiggewicht.

b) Berechnen Sie die Materialkosten für eine gedeckte Apfeltorte, wenn man für den Boden 250 g, für den Rand 75 g und für die Decke 175 g Mürbeteig benötigt. Zur Füllung werden 400 g gesüßtes Apfelmus (3,25 €/kg) und 50 g Sultaninen (2,45 €/kg) verwendet. Die Glasur besteht aus Aprikosenkonfitüre und Fondant (zusammen 0,32 €).

c) Wie viel € kostet eine gedeckte Apfeltorte im Laden, wenn die Betriebskosten 377 %, der Anteil für Risiko und Gewinn 42,5 % und die Mehrwertsteuer 7 % betragen?

13 In der Bäckerei Schleckermann betragen die Selbstkosten für eine Erdbeer-Sahne-Torte 25,50 €. Für Risiko und Gewinn veranschlagt Meister Schleckermann 29 %. Die Betriebskosten belaufen sich auf 18,68 €, die Mehrwertsteuer beträgt 7 %.

a) Wie teuer wird ein Stück Torte im Laden verkauft, wenn die Torte in 16 Stücke geteilt wird?

b) Ermitteln Sie, wie viel % die Betriebskosten betragen.

14 Ein Kunde möchte eine größere Stückzahl Teekuchen abnehmen. Pro Stück darf der Verkaufspreis 3,45 € betragen.

Berechnen Sie die Einwaage pro Teekuchen mithilfe folgender Angaben: Die Materialkosten für 25,2 kg Teekuchenmasse betragen 40,55 €. Für die Verarbeitung dieser Menge werden 2 Stunden und 24 Minuten benötigt. Der Risiko- und Gewinnanteil wird mit 28,1 % angesetzt. Die Mehrwertsteuer beträgt 7 % und der Stundenkostensatz wird mit 56,50 € berechnet.

15 Nach folgender Rezeptur werden Schnittbrötchen mit einem Gebäckgewicht von 40 g bei einer Gebäckausbeute von 120 und einer Arbeitszeit von 0,2 Minuten pro Brötchen hergestellt:

Weizenmehl, Type 550	*52 kg* zu 0,42 € je kg
Salz	*1,8 %* zu 0,27 € je kg
Hefe	*4,5 %* zu 3,56 € je kg
Vollmilchpulver	*1,5 %* zu 4,25 € je kg
Backmittel	*2 %* zu 4,90 € je kg

Der Stundenkostensatz beträgt 56,20 € (MwSt. 7%). Ein Brötchen wird für 0,30 € verkauft.

Ermitteln Sie den Gewinn in %, wenn der Risikoanteil 12 % beträgt.

16 Berechnen Sie den Verkaufspreis für 500 g Kastenweißbrot nach folgenden Angaben:

Weizenmehl, Type 550	*97,00 kg*	(42,00 €/100 kg)
Roggenmehl, Type 1150	*3,00 kg*	(45,00 €/100 kg)
Brotbackmittel	*2,50 kg*	(2,95 €/kg)
Salz	*1,90 kg*	(0,27 €/kg)
Hefe	*4,00 kg*	(3,56 €/kg)
Backmargarine	*1,25 kg*	(2,70 €/kg)

Die Gebäckausbeute beträgt 135. Der Risikoanteil ist mit 12,5 %, der Gewinnanteil mit 17,5 % zu berücksichtigen. Der Betriebskostenanteil beläuft sich bei Weißbrot auf 328 %.

17 In der Bäckerei Schütz werden Milchbrötchen für 35 Cent pro Stück verkauft. Wie schwer darf ein Milchbrötchen sein, damit folgende Preisberechnung stimmt?

37,5 kg Weizenmehl	(0,41 €/kg)
2,5 kg Roggenmehl	(0,43 €/kg)
23,6 kg Vollmilch	(0,82 €/kg)
2,0 kg Hefe	(3,60 €/kg)
0,8 kg Salz	(0,30 €/kg)
1,6 kg Backmittel	(3,79 €/kg)
0,5 kg Butterfett	(1,98 €/kg)
0,1 kg Gewürze	(7,90 €/kg)

Die Gebäckausbeute beträgt 127,5. Für die Herstellung werden $3^3/_4$ Stunden bei einem Stundenkostensatz von 58,60 € benötigt. Risiko und Gewinn werden mit 28,5 % veranschlagt (MwSt. 7 %).

18 Zur Herstellung von Hefekränzen wird ein Hefesüßteig mit folgender Grundrezeptur verwendet:

1000 g Weizenmehl	(0,43 €/kg)
120 g Zucker	(0,92 €/kg)
120 g Backmargarine	(2,75 €/kg)
100 g Vollei (= 2 Stück)	(0,30 €/Stück)
60 g Hefe	(3,59 €/kg)
480 g Vollmilch	(0,72 €/kg)
20 g Salz und Gewürze	(0,75 €/kg)

Die Gär- und Verarbeitungsverluste für diesen Hefesüßteig betragen 4,2 %. Aus 18,2 kg Hefesüßteig, 1,8 kg Sultanien (2,99 €/kg), 200 ml Rum (18,90 €/ℓ) und 720 g Mandelsplitter (6,40 €/kg) werden 24 Hefekränze hergestellt. Für die Herstellung werden je Hefekranz 5 Minuten benötigt. Der Stundenkostensatz beträgt 57,20 €. Für Risiko und Gewinn werden 35 % veranschlagt (MwSt. 7 %).

Ermitteln Sie den Verkaufspreis für einen Hefekranz.

18.4 Wertschöpfung

Ein wichtige Entscheidungshilfe bei der Kalkulation ist die Wertschöpfung. Mit ihrer Hilfe kann man überprüfen, ob bei einem Produkt ein Gewinn erzielbar ist. Auch innerhalb eines Betriebes können verschiedene Tätigkeiten und vor allem Artikel damit beurteilt werden. Aufgrund veränderter Marktsituation, z. B. Konkurrenz, Werbeaktionen, unterschiedliche Lagen der Filialbetriebe usw., können kalkulierte Preise nicht immer durchgesetzt werden. Ob und in welchem Umfang in solchen Fällen Gewinne erzielt werden, erfährt man mithilfe der Wertschöpfungsrechnung. Sie ist deshalb ein wichtiges Mittel zur Preisfindung und Preisbeurteilung.

Um die Wertschöpfung zu ermitteln, werden vom Ladenverkaufspreis alle Kosten abgezogen, die als „durchlaufende Posten" zu betrachten sind. Im Einzelnen sind dies:
- die Umsatzsteuer (Mehrwertsteuer), da diese an das zuständige Finanzamt abgeführt wird
- die Materialkosten, da diese an die Lieferanten zu bezahlen sind
- die unverkaufte Ware (Retouren), weil sie nicht wieder verwendet werden kann und verworfen wird

Nach Abzug der „laufenden Posten" bleibt der **„Wert"** übrig, der durch den Betrieb geschaffen wurde, **die Wertschöpfung.**

Beispiel 1: Preisbeurteilung

Ermitteln Sie die Ertragsziffer für Standardbrötchen, wenn folgende Daten zugrunde liegen: Ladenverkaufspreis pro Stück 0,35 €, Materialkosten 7,78 € (200 Stück), Herstellungszeit 43,6 Minuten (200 Stück), Retouren 8 % (vom Ladenverkaufspreis), Minutenkostensatz 0,98 €, Mehrwertsteuer 7 %.

Lösung:

	Bruttoverkaufspreis (200 St. x 0,35 €)	70,00 €	107 %
–	7 % Mehrwertsteuer	4,58 €	– 7 %
–	kalkulatorischer Nettoverkaufspreis	65,42 €	100 %
–	Materialkosten	7,78 €	
–	8 % Retouren (vom Ladenverkaufspreis)	5,60 €	
=	**Wertschöpfung**	52,04 €	
:	Herstellungszeit 43,6 Minuten		
=	**Wertschöpfung je Minute**	1,19 €	
:	Minutenkostensatz	0,98 €	
=	**Ertragsziffer**	**1,21**	

Das allgemeine Schema für die Berechnung der Wertschöpfung und der Ertragsziffer lässt sich aus unserem Einführungsbeispiel folgendermaßen ableiten:

	Bruttoverkaufspreis
–	Mehrwertsteuer
=	kalkulatorischer Nettoverkaufspreis
–	Materialkosten
–	Retouren
=	**Wertschöpfung**
:	Herstellungszeit
=	**Wertschöpfung je Minute**
:	Minutenkostensatz
=	**Ertragsziffer**

Erläuterungen: Die **Wertschöpfung** gibt an, wie viel „Wert" durch den Betrieb erwirtschaftet wird. Allerdings gibt dieser Wert noch keine Auskunft, ob ein Produkt gewinnbringend ist.

Deshalb ermittelt man die **Wertschöpfung je Zeiteinheit** (üblicherweise je Minute). Sie bildet die Grundlage für die Ermittlung der **Ertragsziffer.**

$$\textbf{Ertragsziffer} = \frac{\text{Wertschöpfung je Minute}}{\text{Minutenkostensatz}}$$

In unserem Beispiel beträgt die Ertragsziffer 1,21. Sie ist größer als 1, da die Wertschöpfung je Minute größer ist als der Minutenkostensatz, somit bringt dieser Artikel (hier: Standardbrötchen) Gewinn. Wäre die Ertragsziffer geringer als 1, würde ein Verlust entstehen.

Beispiel 2: Preisfindung

Der Rohstoffaufwand für ein 750-g-Brot beträgt 0,46 €. Als Zeitbedarf für die Herstellung werden 1,8 Minuten ermittelt.

Errechnen Sie den kalkulatorischen Ladenverkaufspreis für ein Brot, wenn ein Minutenkostensatz von 0,93 € und 5% Retouren (von den Selbstkosten) zu berücksichtigen sind.

Lösung:

	Rohstoffaufwand	0,46 €
+	Betriebskosten (1,8 Min. x 0,93 €)	1,67 €
=	Selbstkosten	2,13 €
+	5 % Retouren (von Selbstkosten)	0,11 €
=	kalkulatorischer Nettoverkaufspreis	2,24 €
+	7 % Mehrwertsteuer	0,16 €
=	kalkulatorischer Ladenverkaufspreis (brutto)	2,40 €

Das allgemeine Schema für die Berechnung des Ladenpreises lässt sich aus unserem Einführungsbeispiel folgendermaßen ableiten:

	Rohstoffaufwand
+	Betriebskosten
=	Selbstkosten
+	Retouren
=	kalkulatorischer Nettoverkaufspreis
+	Mehrwertsteuer
=	kalkulatorischer Ladenverkaufspreis (brutto)

Beachten Sie:

Ertragsziffer **unter 1**	Ertragsziffer **über 1**
Wertschöpfung je Minute **kleiner** : Minutenkostensatz **größer**	Wertschöpfung je Minute **größer** : Minutenkostensatz **kleiner**
Folge: Das Produkt bringt **Verlust.**	Folge: Das Produkt bringt **Gewinn.**

Aufgaben

1 Ermitteln Sie die Ertragsziffer für Dreikornbrötchen, wenn folgende Daten zugrunde liegen:

Ladenverkaufspreis je Stück 0,65 €; Rohstoffaufwand für 120 Stück 8,03 €, Zeitbedarf für 120 Stück 39,3 Minuten; Retouren 9,5 % vom Ladenverkaufspreis; Minutenkostensatz 1,03 €; Mehrwertsteuer 7 %.

2 Die Materialkosten für 2,5 kg Trüffelpralinen betragen 19,73 €. Für die Herstellung der Pralinen werden 1 Stunde und 6 Minuten benötigt. Der Minutenkostensatz beträgt 1,12 €. Retouren werden mit 2,5 % vom Ladenverkaufspreis berücksichtigt. 100 g Trüffelpralinen werden im Laden für 4,80 € verkauft.

Ermitteln Sie die Ertragsziffer.

3 Die Materialkosten für eine Cremetorte betragen 6,62 €. Für die Herstellung der Torte werden 20 Minuten benötigt, wobei mit einem Stundenkostensatz von 62,40 € kalkuliert wird.

Ermitteln Sie den kalkulatorischen Ladenverkaufspreis für 1 Stück Torte, wenn 7,5 % Retouren (von den Selbstkosten) zu berücksichtigen sind. Eine Torte ergibt 16 Stücke, die Mehrwertsteuer beträgt 7 %.

4 Eine Quarktasche wird im Laden normalerweise für 0,95 € verkauft. In der kommenden Woche soll eine Aktion gestartet werden, bei der 4 Plundergebäcke für 2,95 € angeboten werden.

Die Materialkosten für 50 Quarktaschen betragen 8,21 €. In einer Stunde werden 120 Quarktaschen hergestellt, der Stundenkostensatz beträgt 62,80 €, die Mehrwertsteuer 7 %.

Ermitteln Sie die Ertragsziffern für die Angebotswoche und für den „normalen" Verkauf, wobei in der Angebotswoche keine Retouren erwartet werden, während im normalen Verkauf mit 5 % Retouren (vom Ladenverkaufspreis) gerechnet wird.

5 Die Materialkosten für eine Sahnetorte betragen 6,18 €. Im Laden wird ein Stück Torte für 2,50 € verkauft. Eine Torte wird in 16 Stücke geteilt. Die Mehrwertsteuer beträgt 7 %. Es wird mit einem Minutenkostensatz in Höhe von 0,98 € kalkuliert.

Ermitteln Sie jeweils die Ertragsziffer für

a) eine Torte, wenn die Herstellung 32 Minuten beansprucht und keine Retouren zu erwarten sind,

b) zwei Torten, wenn die Herstellung 58 Minuten beansprucht und 5 % Retouren (vom Ladenverkaufspreis) zu erwarten sind,

c) vier Torten, wenn die Herstellung 1 Stunde und 50 Minuten beansprucht und 7,5 % Retouren (vom Ladenverkaufspreis) zu erwarten sind.

6 Schokohasen aus eigener Produktion werden im Laden für 5,49 € verkauft. Der Materialaufwand je Hase beträgt 1,04 €. Der Betrieb kalkuliert mit einem Retourenanteil von 5 % vom Ladenverkaufspreis. Der Stundenkostensatz beträgt 59,40 €, die Mehrwertsteuer beträgt 7 %.

Ermitteln Sie jeweils die Wertschöpfung je Minute und die Ertragsziffer, wenn bei der Herstellung

a) von 10 Hasen die Produktionszeit 3,8 Minuten je Stück,

b) von 25 Hasen die Produktionszeit 3,4 Minuten je Stück,

c) von 40 Hasen die Produktionszeit 2,9 Minuten je Stück beträgt.

7 Um bei einer Großveranstaltung den Zuschlag zu erhalten, hat die Bäckerei Schlau & Meier mit dem Veranstalter einen Stückpreis von 0,19 € vereinbart und zugesagt, nicht verkaufte Ware zurückzunehmen. Die Bäckerei hat 15 000 Brötchen geliefert. Die Retouren betrugen 6,3 % (vom Bruttoverkaufspreis). Für die Herstellung der Brötchen wurden insgesamt 25,5 Stunden benötigt und die Materialkosten beliefen sich auf 763,42 €. Der Stundenkostensatz beträgt 63,00 €, die Mehrwertsteuer beträgt 7 %.

a) Ermitteln Sie die Ertragsziffer für diesen Großauftrag.

b) Wie viel Zeit hätte die Herstellung der Brötchen in Anspruch nehmen dürfen, damit sich dieser Auftrag gerade noch rechnet?

8 Wie viel Zeit darf die Herstellung eines Blechkuchens in Anspruch nehmen, dessen Materialkosten 8,48 € betragen?

Im Betrieb wird mit einem Stundenkostensatz von 58,20 € kalkuliert. Der Blechkuchen ergibt 60 Stücke und jedes davon wird im Laden für 0,95 € verkauft. Unverkaufte Ware wird mit 8 % vom Ladenverkaufspreis berücksichtigt, die Mehrwertsteuer beträgt 7 %.

9 Vor dem Umbau hatte die Bäckerei & Konditorei Hart folgende Ertragsziffern (Durchschnittswerte):

bei Kleingebäck:	1,21
bei Brot:	1,19
bei Feinen Backwaren:	1,15
bei Torten und Pralinen:	1,16

Nach dem Umbau kam es auch zu Personalveränderungen, sodass der Stundenkostensatz um 7,5 % angehoben werden musste. Wenn sich die Herstellungszeiten für die Produkte nicht ändern würden, welche durchschnittlichen Ertragsziffern würden sich dann ergeben?

18.5 Deckungsbeitrag

Erhöht oder senkt ein Betrieb seine Produktion, so steigen oder sinken in der Regel auch die Kosten. Dies gilt allerdings nur für einen Teil der Kosten. Man unterscheidet deshalb feste (fixe) und veränderliche (variable) Kosten.

Fixe Kosten fallen unabhängig von der Produktionsmenge immer in der gleichen Höhe an und werden daher als fix (fest) bezeichnet. Fixe Kosten entstehen selbst dann, wenn überhaupt nicht produziert wird. Da die fixen Kosten für den gesamten Betrieb anfallen, werden sie nicht auf einzelne Produkte verteilt, sondern werden vom Gesamtsortiment getragen. Beispiele: Mieten, Versicherungsprämien, Steuern, Kreditkosten, Personalkosten der Verwaltung, Abschreibungen.

Variable Kosten verändern sich gleichmäßig mit der hergestellten Menge. Nimmt die Produktion zu, so steigen entsprechend die variablen Kosten an, bei rückläufiger Produktion vermindern sie sich. Beispiele: Materialverbrauch, Energieverbrauch, Fertigungslohnkosten, Verpackungskosten.

Deckungsbeitrag

Die Herstellung eines Produktes ist wirtschaftlich, wenn der Verkaufspreis die variablen Stückkosten übersteigt. Der Überschussbetrag, der über den variablen Stückkosten liegt, deckt einen Teil der fixen Kosten. Deshalb wird er auch **Deckungsbeitrag** genannt.

Obwohl es keinen direkten Gewinn einbringt, trägt das Produkt dazu bei, den Gesamtgewinn zu erhöhen. Sein Verbleib im Produktionsprogramm ist deshalb vorteilhafter als sein Ausscheiden. Diese Aussage gilt allerdings nur, wenn der Betrieb noch freie Kapazitäten hat. In der Vollbeschäftigung, wenn mehrere Produkte um die Verwendung ausgelasteter Kapazitäten konkurrieren, ist die Deckungsbeitragsrechnung keine sinnvolle Entscheidungshilfe.

Beispiel: Ein Landbrot wird für netto 1,90 € verkauft. Die variablen Kosten pro Stück betragen 1,78 €. Ermitteln Sie den Deckungsbeitrag.

Lösung:

	Verkaufspreis (netto)	1,90 €
–	variable Stückkosten	1,78 €
=	**Deckungsbeitrag**	**0,12 €**

Daraus ergibt sich das allgemeine Schema

	Verkaufspreis
–	variable Stückkosten
=	**Deckungsbeitrag**

Aufgaben

1 Der Materialaufwand und die anderen variablen Kosten betragen bei der Herstellung einer Mokka-Torte 21,65 €. Im Laden erzielt ein Stück Mokka-Torte einen Nettoverkaufspreis von 2,16 €.

Ermitteln Sie den Deckungsbeitrag für eine Torte, wenn diese in 16 Stücke geteilt wird.

2 Im Vorjahr hat die Konditorei Hanter 324 Teekuchen zu einem Nettoverkaufspreis von 9,90 € pro Stück verkauft. Die variablen Kosten je Stück betrugen 4,23 €. Durch Verteuerung der Rohstoffpreise und sonstige Preiserhöhung haben sich die variablen Kosten auf 4,78 € erhöht.

a) Welcher Verkaufspreis müsste erzielt werden, um denselben Deckungsbeitrag zu erhalten?

b) Welcher Deckungsbeitrag würde sich für Teekuchen (insgesamt) ergeben, wenn sich kein höherer Verkaufspreis durchsetzen lässt?

3 Ein Mehrkornbrot wird im Laden für 2,40 € verkauft. Die Materialkosten betragen 0,44 €. Außerdem fallen noch 0,78 € an weiteren variablen Kosten an.

a) Ermitteln Sie den Nettoverkaufspreis.

b) Ermitteln Sie den Deckungsbeitrag für das Mehrkornbrot.

4 Einem Bäcker wird ein Großauftrag angeboten. Er soll zum Preis von netto 0,20 € pro Stück 3 600 Brötchen mit 45 g Gebäckgewicht liefern. Aus 100 kg Mehl können 121,5 kg Brötchen hergestellt werden. Die variablen Kosten für die 121,5 kg betragen 435,21 €.

a) Ermitteln Sie den Deckungsbeitrag für ein Brötchen.

b) Berechnen Sie den Deckungsbeitrag für den gesamten Auftrag.

19 Der Handelsaufschlag und die Handelsspanne

Neben den eigenen Erzeugnissen werden in Bäckereien und Konditoreien auch sogenannte Handelswaren verkauft. Deren Verkaufspreis liegt natürlich über dem Einkaufspreis, da der Verkauf **Kosten** verursacht. Dies sind z. B. Verwaltungskosten, Lagerkosten, Stromkosten, anfallende Zinsen, Abschreibungen, Personalkosten, Mietaufwendungen usw. Außerdem soll im Verkaufspreis ein angemessener Gewinn enthalten sein. Die Summe aus Kosten und **Gewinn** bezeichnet man als **Handelsaufschlag** beziehungsweise als **Handelsspanne.**

Der **Handelsaufschlag** bezieht sich auf den Einkaufspreis, d. h., er soll einen angemessenen Verkaufspreis sichern.

Die **Handelsspanne** dagegen bezieht sich auf den Verkaufspreis. Mit ihrer Hilfe kann man z. B. feststellen, welchen Einkaufspreis ein Erzeugnis höchstens haben darf, damit ein festgelegter Verkaufspreis eingehalten werden kann.

Einfachheitshalber wird im ersten Abschnitt mit einem **Bruttohandelsaufschlag** gerechnet sowie mit einer **Bruttohandelsspanne.** Die Folge: In diesem Aufschlag bzw. dieser Spanne ist die Mehrwertsteuer bereits enthalten.

19.1 Bruttohandelsaufschlag und Bruttohandelsspanne

Beispiel 1: Der Einkaufspreis für einen Beutel Hustenbonbons beträgt 1,20 €. Der Handelsaufschlag beläuft sich auf 25 %.
Welcher Verkaufspreis ergibt sich?

Lösung:

Einkaufspreis	1,20 €	100 %
+ 25 % Handelsaufschlag	0,30 €	+ 25 %
= Verkaufspreis	1,50 €	125 %

Aus unserem Einführungsbeispiel lässt sich das folgende allgemeine Schema ableiten:

Einkaufspreis
+ Handelsaufschlag
= Verkaufspreis

Beispiel 2: Eine Dose mit Fruchtbonbons wird im Laden für 2,00 € verkauft. Die Handelsspanne beträgt 20 %.
Ermitteln Sie den Einkaufspreis.

Lösung:

Verkaufspreis	2,00 €	100 %
– 20 % Handelsspanne	0,40 €	– 20 %
= Einkaufspreis	1,60 €	80 %

Aus unserem Einführungsbeispiel lässt sich das folgende allgemeine Schema ableiten:

Verkaufspreis
– Handelsspanne
= Einkaufspreis

Beachten Sie:

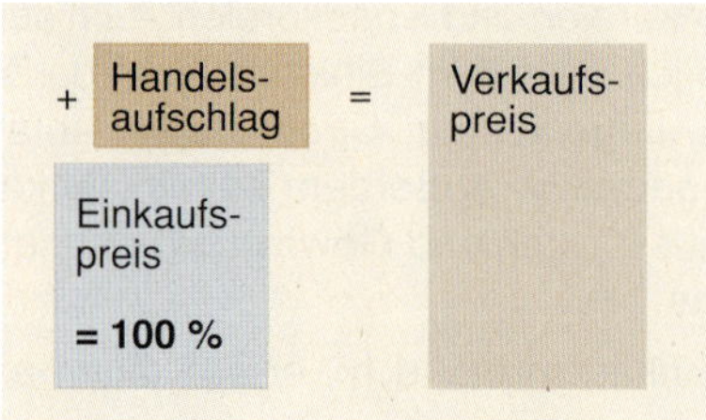

Der **Handelsaufschlag** ist der Unterschied zwischen dem Einkaufspreis und dem Verkaufspreis, ausgedrückt in %-Anteilen des Einkaufspreises. Berechnet wird der Handelsaufschlag vom **Einkaufspreis,** der **100 %** entspricht.

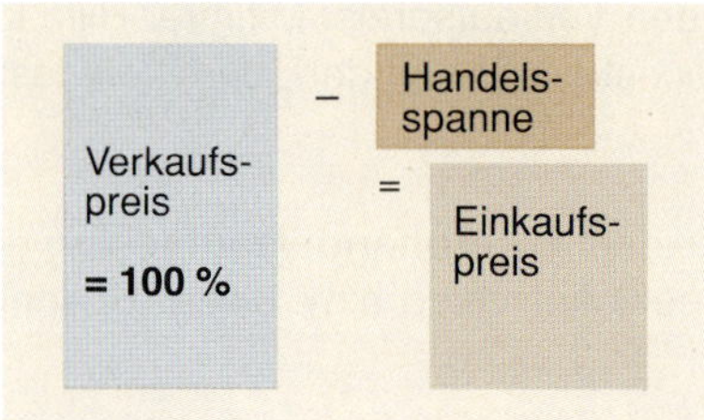

Die **Handelsspanne** ist der Unterschied zwischen dem Einkaufspreis und dem Verkaufspreis, ausgedrückt in %-Anteilen des Verkaufspreises. Berechnet wird die Handelsspanne vom **Verkaufspreis,** der **100 %** entspricht.

Aufgaben

1 Berechnen Sie den Verkaufspreis.

	Einkaufspreis	Handelsaufschlag
a)	10,00 €	25 %
b)	12,50 €	20 %
c)	3,98 €	30 %

2 Der Einkaufspreis für 500 g Kaffee beträgt 5,33 €. Der Handelsaufschlag beträgt 20 %.

Berechnen Sie den Verkaufspreis.

3 Ermitteln Sie den Einkaufspreis:

	Verkaufspreis	Handelsspanne
a)	10,00 €	25 %
b)	25,00 €	30 %
c)	9,98 €	45 %

4 500 g Teigwaren werden für 1,79 € verkauft. Der Betrieb rechnet mit einer Handelsspanne von 23,6 %.

Zu welchem Preis wurden die Teigwaren eingekauft?

5 In der Bäckerei Grün wird Obst mit einem Handelsaufschlag von 32,5 % verkauft.

Berechnen Sie die Verkaufspreise, wenn folgende Einkaufspreise gelten:

Menge/Sorte	Einkaufspreis
a) 250 g Erdbeeren	1,49 €
b) 1 kg Granny Smith	1,15 €
c) 1 kg Bananen	1,40 €

6 Für 1 kg Butter hat Bäcker Tetzlaff 3,94 € im Großhandel bezahlt. Den Handelsaufschlag berechnet er mit 26,5 %.

Welchen Preis haben 250 g Butter im Laden?

7 Für eine 250-g-Pralinenmischung verlangt die Bäckerei Faber 9,75 € von ihren Kunden. Vom Großhandel bezieht Meister Faber die Pralinenmischung für 26,90 € pro kg.

Mit wie viel % Handelsspanne wird in der Bäckerei gerechnet?

8 Konditormeister Scheurich kauft einen Karton mit 6 Flaschen Whisky für 131,40 € ein.

Wie teuer ist eine Flasche, wenn der Handelsaufschlag 46,1 % beträgt?

9 Bei einem Handelsaufschlag von 25 % wird ein Glas Honig für 4,95 € verkauft.

Wie viel % beträgt der Handelsaufschlag, wenn ein Glas Honig zum Sonderpreis von 4,44 € verkauft werden soll?

10 Berechnen Sie die Handelsspanne in € und in %:

	Verkaufspreis	Einkaufspreis
a)	7,50 €	5,00 €
b)	12,00 €	9,00 €
c)	6,40 €	4,00 €

11 Ein Becher Joghurt wird für 49 Cent im Laden verkauft. Der Einkaufspreis für eine Palette mit 24 Bechern beträgt 8,90 €.

Berechnen Sie für einen Becher Joghurt den Handelsaufschlag in € und in %.

12 Der Einkaufspreis für eine Schachtel Markenkonfekt beträgt 2,20 €. Normalerweise wird dafür ein Handelsaufschlag von 50 % berechnet. Jetzt wird die Schachtel zum Sonderangebotspreis von 2,59 € verkauft.

a) Wie hoch ist der reguläre Verkaufspreis?

b) Wie viel % beträgt der Handelsaufschlag für den Sonderangebotspreis?

13 Der Bäckerei Knackes wird Markenzwieback zum Einkaufspreis von 1,45 € je Packung angeboten. Im Laden kann die Packung für 1,79 € verkauft werden.

Kommt Meister Knackes, der mit einer Handelsspanne von 20 % rechnet, auf seine Kosten?

14 Eine Müsli-Mischung wird für 2,99 € je 500 g verkauft. 25 kg kosten im Einkauf 126,50 €.

a) Berechnen Sie die Handelsspanne in € für 500 g Müsli-Mischung.

b) Berechnen Sie die Handelsspanne in %.

15 Eine Schachtel Pralinen wird für 3,59 € verkauft. Der Einkaufspreis für die Schachtel beträgt 2,80 €.

Ermitteln Sie den Handelsaufschlag in %.

16 Ein 250-g-Päckchen Roggen-Knäckebrot wird im Laden für 0,99 € verkauft. Für einen Karton mit 36 Päckchen wurden im Einkauf 22,68 € bezahlt.

a) Berechnen Sie für ein Päckchen die Handelsspanne in € und in %.

b) Berechnen Sie die Handelsspanne in %, wenn ein Päckchen zum Aktionspreis von 0,75 € verkauft wird.

17 Auf wie viel % belaufen sich Handelsaufschlag und Handelsspanne nach folgenden Angaben:

	Artikel	Menge	Einkaufspreis	Verkaufspreis
a)	Kaugummi	1 Päckchen	0,54 €	0,70 €
b)	Bonbonmischung	250 g	0,85 €	1,49 €
c)	Schokopralinen	125 g	2,80 €	3,99 €
d)	Cola-Lutscher	1 Stück	0,14 €	0,25 €
e)	Brausetabletten	1 Päckchen	0,36 €	0,50 €

18 Für ein 250-g-Päckchen Kaffeemischung verlangte die Bäckerei Malz bisher 2,69 €. Dabei wurde mit einem Handelsaufschlag von 37,5 % gerechnet. Während der Angebotswoche kostet das Päckchen 2,39 €.

a) Geben Sie für den Sonderpreis den Handelsaufschlag in € und in % an.

b) Wie viel % beträgt die Handelsspanne in der Angebotswoche?

19.2 Nettohandelsaufschlag und Nettohandelsspanne

Beispiel 1: Eine Schachtel Pralinen wird zum Einkaufspreis von 2,70 € bezogen. Der Handelsaufschlag beläuft sich auf 30 %. Die Mehrwertsteuer beträgt 7 %. Welcher Verkaufspreis ergibt sich?

Lösung:

	Einkaufspreis	2,70 €	100 %	
+	30 % Handelsaufschlag	0,81 €	+ 30 %	
=	Nettoverkaufspreis	3,51 €	130 %	100 %
+	7 % Mehrwertsteuer	0,25 €		+ 7 %
=	Bruttoverkaufspreis	3,76 €		107 %

Aus unserem Einführungsbeispiel lässt sich das folgende allgemeine Schema ableiten:

	Einkaufspreis
+	Handelsaufschlag
=	Nettoverkaufspreis
+	Mehrwertsteuer
=	Bruttoverkaufspreis

Beispiel 2: Der Verkaufspreis für einen Beutel Fruchtbonbons beträgt 0,99 €. Die Handelsspanne liegt bei 20 %, die Mehrwertsteuer beläuft sich auf 7 %. Ermitteln Sie den Einkaufspreis.

Lösung:

	Bruttoverkaufspreis	0,99 €	107 %	
–	7 % Mehrwertsteuer	0,06 €	– 7 %	
=	Nettoverkaufspreis	0,93 €	100 %	100 %
–	20 % Handelsspanne	0,19 €		– 20 %
=	Einkaufspreis	0,74 €		80 %

Aus unserem Einführungsbeispiel lässt sich das folgende allgemeine Schema ableiten:

	Bruttoverkaufspreis
–	Mehrwertsteuer
=	Nettoverkaufspreis
–	Handelsspanne
=	Einkaufspreis

Nebenrechnungen:

Mehrwertsteuer

107 % = 0,99 €
7 % = x €

$$x = \frac{0{,}99 \cdot 7}{107} = 0{,}06\ €$$

Handelsspanne

100 % = 0,93 €
20 % = x €

$$x = \frac{0{,}93 \cdot 20}{100} = 0{,}19\ €$$

Beachten Sie:

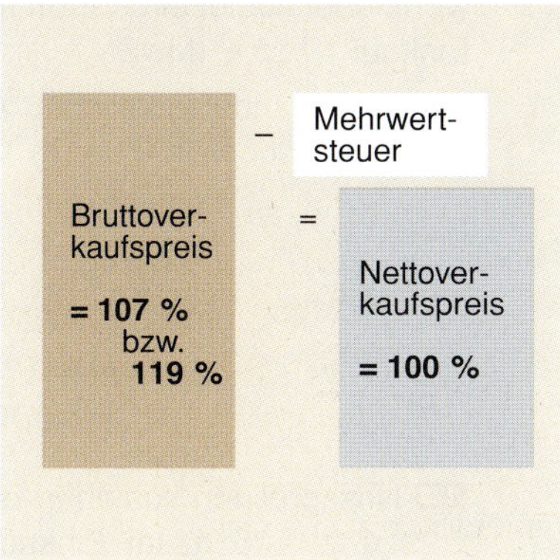

Beim Rechnen mit dem **Handelsaufschlag** wird zuerst der Nettoverkaufspreis ermittelt. Anschließend wird die Mehrwertsteuer hinzugerechnet.

Beim Rechnen mit der **Handelsspanne** muss zuerst der Nettoverkaufspreis berechnet werden .
Hierbei entspricht der Bruttoverkaufspreis 107 bzw. 119 %. Der Nettoverkaufspreis entspricht 100 %.

Aufgaben

1 Berechnen Sie den Bruttoverkaufspreis.

	Einkaufspreis	Handelsaufschlag	MwSt.
a)	10,00 €	25 %	7 %
b)	16,80 €	19 %	19 %
c)	0,99 €	150 %	7 %

2 Ermitteln Sie den Einkaufspreis.

	Bruttoverkaufspreis	MwSt.	Handelsspanne
a)	1,29 €	7 %	25 %
b)	8,05 €	7 %	40 %
c)	18,49 €	19 %	44 %

3 Berechnen Sie den Handelsaufschlag in € und in %. (MwSt. jeweils 7 %)

	Einkaufskaufspreis	Bruttoverkaufspreis
a)	3,80 €	4,99 €
b)	0,71 €	1,24 €
c)	15,20 €	24,99 €

4 Eine Tafel Vollmilchschokolade kostet im Einkauf 0,59 €. Der Handelsaufschlag beträgt 41 %, die MwSt. 7 %.

Welcher Bruttoverkaufspreis ergibt sich?

5 Berechnen Sie die Handelsspanne. (MwSt. jeweils 7 %)

	Bruttoverkaufskaufspreis	Einkaufspreis
a)	3,95 €	2,84 €
b)	9,95 €	5,12 €
c)	21,90 €	14,25 €

6 Ein 250-g-Päckchen Markenbutter wird für 0,99 € verkauft.

Welche Handelsspanne in € und in % liegt zugrunde, wenn der Einkaufspreis für ein Päckchen 0,80 € beträgt (MwSt. 7 %)?

7 250 g Tortellini kosten im Einkauf 1,05 € (MwSt. 7 %).

a) Berechnen Sie den Bruttoverkaufspreis bei einem Handelsaufschlag von 33 %.

b) Wie viel % beträgt der Handelsaufschlag bei einem Bruttoverkaufspreis von 1,29 €?

8 Ein Karton Müsliriegel, der 12 Packungen à 6 Stück enthält, kostet ohne Mehrwertsteuer im Einkauf 26,28 €.

a) Ermitteln Sie den Bruttoverkaufspreis pro Riegel bei einem Handelsaufschlag von 75 % (MwSt. 7 %).

b) Ermitteln Sie den Handelsaufschlag in % bei einem Aktionspreis (Bruttoverkaufspreis) von 50 Cent pro Riegel.

9 Ein 200-g-Päckchen mit Schmelzkäsescheiben wird für 0,94 € verkauft. Ohne Mehrwertsteuer kostet ein Karton mit 25 Päckchen im Einkauf 17,25 € (MwSt. 7 %).

Welcher Handelsaufschlag wird beim Verkauf eines Päckchens in € und in % zugrunde gelegt?

10 Nusspralinen kosten in der Bäckerei Walde 2,99 € je 125 g. Im Einkauf bezahlt man für 1 kg Nusspralinen 13,36 €.

Berechnen Sie für 125 g Nusspralinen die Handelsspanne in € und in % (MwSt. 7 %).

11 Für 7,5 kg Pralinenmischung bezahlte Bäcker Renz 143,21 €. Im Laden verkauft er 125 g der Mischung für 3,79 €.

Mit wie viel % Handelsaufschlag kalkuliert Meister Renz?

12 In der Bäckerei Patschke verlangt man für eine Dose Hustenpastillen 1,59 €. Der Mehrwertsteuersatz beträgt 7 %.

Welchen Einkaufspreis darf die Dose höchstens haben, wenn Meister Patschke mit einer Handelsspanne von 24,8 % rechnet?

13 Ein Becher Fruchtquark wird zum Einführungspreis von 0,79 € angeboten. Für einen Karton mit 24 Bechern wurden beim Einkauf 14,64 € bezahlt.

Wie viel % beträgt die Handelsspanne (Mehrwertsteuer 7 %)?

14 12,5 kg einer Kaffeemischung kosten im Einkauf 80,30 €.

a) Welcher Bruttoverkaufspreis ergibt sich für 250 g, wenn ein Handelsaufschlag von 44,6 % und 7 % Mehrwertsteuer anfallen?

b) Zur Einführung des Kaffees werden 250 g für 1,99 € angeboten.
Wie viel % Handelsaufschlag werden dem Einführungspreis zugrunde gelegt?

15 Der Einkaufspreis für 20 kg Markenzwieback beträgt 65,78 €. In der Bäckerei Dernsbach werden 225-g-Beutel für 1,09 € verkauft. (MwSt. 7 %)

a) Berechnen Sie für einen Beutel die Handelsspanne in € und in %.

b) Berechnen Sie für einen Beutel den Handelsaufschlag in € und in %.

16 Der Einkaufspreis für 18 kg Weinbrandbohnen beträgt 302,40 €. Im Café Sonne werden 200 g für 4,79 € verkauft (MwSt. 7 %). Der Handelsaufschlag bzw. die Handelsspanne in € beträgt insgesamt 100,80 €.

Berechnen Sie für 200 g Weinbrandbohnen den Handelsaufschlag und die Handelsspanne in € und in %.

20 Die Abschreibung

Die Gegenstände des Anlagevermögens, wie beispielsweise die Geschäftseinrichtung, Geräte oder Werkzeuge, verlieren in jedem Betrieb ständig an Wert. Dieser Wertverlust wird vor allem durch Abnutzung und technische Überalterung verursacht. Beispiel: Ein Auto, das vor 5 Jahren für 20 000 € angeschafft wurde, kann wegen erfolgtem Verschleiß und technischem Fortschritt nach 5 Jahren nur erheblich unter dem Anschaffungspreis verkauft werden.

Jeder Wertverlust vermindert das Betriebsvermögen, d. h., er stellt für den Betrieb **Kosten** dar. Diese Kosten werden in der Kalkulation den **Gemeinkosten** hinzugerechnet.

Auch aus steuerlicher Sicht ist es richtig, die Abschreibung zu erfassen. Denn Kosten mindern den Gewinn, ein kleinerer Gewinn verringert die Steuerlast des Betriebes. Die Folge: Abschreibungen wirken sich steuersenkend aus.

Die **Höhe der Abschreibung** richtet sich nach der **Nutzungsdauer**. In der amtlichen **AFA-Tabelle** (= **A**bsetzung **f**ür **A**bnutzung) hat das Bundesfinanzministerium die Nutzungsdauer der verschiedenen Anlagegüter vorgeschrieben.

Durch die Unternehmenssteuerreform ist seit dem 1. 1. 2008 nur noch die lineare Abschreibung zulässig. Wirtschaftsgüter, die ab dem Jahr 2008 angeschafft werden, können nur linear abgeschrieben werden.

Die **lineare Abschreibung** hat folgende Merkmale:

- Der Anschaffungswert wird gleichmäßig auf die Nutzungsdauer verteilt.
- Der jährliche Abschreibungsbetrag bleibt über die gesamte Nutzungsdauer gleich.
- Der Abschreibungsprozentsatz bezieht sich immer auf den Anschaffungswert.

Auszug aus der amtlichen AFA-Tabelle

	Nutzungsdauer (Jahre)	**AfA-Sätze** (linear %)
Bäckereiwaagen		
– automatische	6	17
– elektronische	5	20
Backöfen		
– Stahlbauöfen (Einschieß-/Auszugöfen)	8	12
– automatische Öfen	7	14
– Ladenbacköfen/Backstationen	5	20
Baumkuchenmaschinen	8	12
Brezelschlingmaschinen	6	17
Fettbackgeräte	6	17
Gärschränke	8	12
Kaffeeautomaten	5	20
Mehlaufbereitungsmaschinen		
– Mehlsieb-/Mehlmischanlagen	6	17
– elektronisch/prozessgesteuerte	5	20
Mehlsilos/Tankanlagen	10	10
Rühr-/Schlagmaschinen	5	20
Schneidemaschinen	5	20
Speiseeisgeräte/-anlagen/-automaten	7	14
Teigbereitungsmaschinen		
– Teigknetmaschinen	8	12
– Teigschnellkneter	6	17

Beachten Sie:

Durch die Abschreibung wird der jeweilige Restbuchwert eines Anlagegutes ermittelt. Dieser stimmt nicht unbedingt mit dem tatsächlichen Wert des Gutes überein.

Die lineare Abschreibung

Beispiel: Eine Anschlagmaschine hat einen Kaufpreis von 6 800,00 €. Die Nutzungsdauer beträgt 5 Jahre.

a) Wie hoch ist der jährliche Abschreibungsbetrag in €?

b) Welchen Restbuchwert hat die Anschlagmaschine am Ende des 4. Nutzungsjahres und welchen Restbuchwert hat sie am Ende des 5. Nutzungsjahres?

c) Wie hoch ist der jährliche Abschreibungsbetrag in %?

Lösung:

a) Abschreibungsbetrag in 5 Jahren = 6 800,00 €
Abschreibungsbetrag in 1 Jahr = x €

Anschaffungswert

$$x = \frac{6\,800 \cdot 1}{5} = \underline{\underline{1\,360{,}00\text{ € jährlicher Abschreibungsbetrag}}}$$

Nutzungsdauer

b)

Anschaffungswert (Kaufpreis)	6 800,00 €
– Abschreibung 1. Jahr	1 360,00 €
= Restbuchwert nach 1 Jahr	5 440,00 €
– Abschreibung 2. Jahr	1 360,00 €
= Restbuchwert nach 2 Jahren	4 080,00 €
– Abschreibung 3. Jahr	1 360,00 €
= Restbuchwert nach 3 Jahren	2 720,00 €
– Abschreibung 4. Jahr	1 360,00 €
= Restbuchwert nach 4 Jahren	1 360,00 €
– Abschreibung 5. Jahr	1 360,00 €
= Restbuchwert nach 5 Jahren	00,00 €

c) 5 Jahre = 100 %
1 Jahr = x %

100 %

$$x = \frac{100 \cdot 1}{5} = \underline{\underline{20\text{ % jährlicher Abschreibungsprozentsatz}}}$$

Nutzungsdauer

Aus unserem Einführungsbeispiel ergeben sich folgende Formeln für die Berechnung der linearen Abschreibung:

lineare Abschreibung	**jährliche Abschreibung** = $\frac{\text{Anschaffungswert}}{\text{Nutzungsdauer}}$
	jährlicher Abschreibungsprozentsatz = $\frac{100\ \%}{\text{Nutzungsdauer}}$

Beachten Sie:

Bei einer linearen Abschreibung sind die jährlichen Abschreibungsbeträge gleich hoch, d. h., der Anschaffungswert wird gleichmäßig auf die Nutzungsdauer verteilt.

Aufgaben

1 Ein Mehlsilo mit einem Anschaffungswert von 22 500,00 € soll linear abgeschrieben werden.

a) Wie viel € sind nach 5 Jahren abgeschrieben, wenn die Nutzungsdauer 10 Jahre beträgt?
b) Wie hoch ist die jährliche Abschreibung in %?
c) Welchen Restwert hat das Mehlsilo nach 6 Jahren?

2 In der Konditorei Fichte wurden zwei Baumkuchenmaschinen zu jeweils 720,00 € angeschafft.

a) Ermitteln Sie den Anschaffungswert der zwei Baumkuchenmaschinen.
b) Welchen Buchwert haben die Baumkuchenmaschinen nach 4 Jahren, wenn die vorgeschriebene Nutzungsdauer 6 Jahre beträgt?

3 Ein Konditormeister beschafft 50 neue Stühle für sein Café zum Anschaffungspreis von jeweils 150,00 €. Die Nutzungsdauer wird mit 10 Jahren angesetzt. Es wird linear abgeschrieben.
a) Wie hoch ist die jährliche Abschreibung in € pro Stuhl?
b) Wie hoch ist die jährliche Abschreibung in %?
c) Die 50 Stühle werden nach 8 Jahren für insgesamt 1 100,00 € verkauft. Wie hoch ist der Gewinn bzw. der Verlust?

4 Ein Kaffeeautomat wird für 15 440,00 € angeschafft.

a) Ermitteln Sie anhand der amtlichen AfA-Tabelle die Nutzungsdauer sowie den Prozentsatz der linearen Abschreibung.
b) Wie hoch ist der jährliche Abschreibungsbetrag in €?
c) Welchen Restbuchwert hat der Kaffeeautomat nach 3 Jahren?

5 Eine Wassermisch- und Temperieranlage wurde für 3 480,00 € gekauft. Die Nutzungsdauer beträgt 5 Jahre.

a) Wie hoch ist die jährliche Abschreibung in € und in %, wenn linear abgeschrieben wird?
b) Die Anlage wird nach 3 Jahren mit einem Gewinn von 420,00 € verkauft. Wie hoch war der Verkaufspreis?

6 Wie hoch war der Kaufpreis für eine Caféeinrichtung, wenn die Nutzungsdauer 15 Jahre beträgt und nach 6 Jahren linearer Abschreibung ein Restwert von 31 245,00 € vorliegt?

7 Eine Teigknetmaschine wurde vor 3 Jahren für 4 390,00 € angeschafft.

a) Stellen Sie anhand der amtlichen AfA-Tabelle fest, welche Nutzungsdauer für die Maschine angesetzt werden muss.
b) Welchen Restbuchwert hat die Maschine derzeit, wenn linear abgeschrieben wurde?

8 Der Lieferwagen der Konditorei Sager kann in 6 Jahren linear abgeschrieben werden. Nach dreijähriger Nutzungsdauer wird er für ein größeres Neufahrzeug in Zahlung gegeben. Der Autohändler zahlt Meister Sager 20 % über dem Buchwert von 5996,00 €. Der Preis des neuen Lieferwagens liegt 12 000 € über dem Anschaffungspreis des alten Fahrzeugs.

a) Zu welchem Preis wurde der alte Lieferwagen angeschafft?
b) Mit welchem Betrag wurde der alte Wagen in Zahlung genommen?
c) Ermitteln Sie den Preis des neuen Lieferwagens.
d) Welchen Preis muss Meister Sager beim Kauf noch zuzahlen?

9 Der Anschaffungspreis eines automatischen Teigabwiegers machte 7 119,00 € aus. Bei linearer Abschreibung beträgt der Restwert nach 4 Jahren 2 373,00 €.

a) Wie viel Jahre beträgt die Nutzungsdauer?

b) Wie hoch ist die jährliche Abschreibung in € und in %?

c) Wie hoch war der Verkaufspreis, wenn das Gerät nach 5 Jahren mit 350,00 € Gewinn verkauft wurde?

10 Ein Gebrauchsgegenstand wird linear abgeschrieben. Die jährliche Abschreibung beträgt 20 % oder 99,85 €.

a) Wie viel Jahre beträgt die Nutzungsdauer?

b) Wie hoch ist der Anschaffungspreis?

11 Der Anschaffungspreis einer Verkaufstheke machte 51 600,00 € aus. Bei linearer Abschreibung beträgt der Restwert nach vier Jahren 41 280,00 €.

a) Wie viel Jahre beträgt die Nutzungsdauer?

b) Wie hoch ist die Abschreibung in € und in %?

c) Wie hoch war der Verkaufspreis, wenn die Verkaufstheke nach 7 Jahren mit 800,00 € Gewinn verkauft wurde?

12 Ein Fettbackgerät wurde vor 2 Jahren angeschafft. Es hat heute einen Restbuchwert von 2 586,00 €.

Wie hoch war der Anschaffungspreis, wenn jährlich linear abgeschrieben worden ist und die Nutzungsdauer 6 Jahre beträgt?

13 Büromöbel, deren Neupreis 12 168 € beträgt, haben nach 4 Jahren noch einen Buchwert von 7 300,80 €.

a) Wie viel € und wie viel Prozent beträgt der jährliche Abschreibungssatz?

b) Wie viele Jahre beträgt die angenommene Nutzungsdauer?

c) Wie viel € spart die Bäckermeisterin jedes Jahr durch die Abschreibung, wenn ihr Einkommensteuersatz 32,5 % beträgt?

14 Bei beweglichen Wirtschaftsgütern darf im Jahr der Anschaffung nicht der volle Abschreibungsbetrag angesetzt werden. Einschließlich des Anschaffungsmonates darf für jeden verbliebenen Monat $^1/_{12}$ des Jahresabschreibungsbetrages angesetzt werden.
Im Mai wird eine Waschmaschine mit einem Neupreis von 1 150 € angeschafft.

a) Wie hoch ist der jährliche Abschreibungsbetrag in €, wenn die Nutzungsdauer 10 Jahre beträgt?

b) Welchen Abschreibungsbetrag kann Meister Clever im Jahr der Anschaffung geltend machen, wenn die Waschmaschine im Mai angeschafft wurde?

c) Meister Clever hat bei der Einkommensteuer einen Spitzensteuersatz von 38 %. Wie hoch ist seine Steuerersparnis durch die Abschreibung im zweiten Jahr?

15 Im August kauft eine Konditormeisterin einen neuen Geschirrspüler zum Neupreis von 1048,00 €.

a) Ermitteln Sie den Prozentsatz für die lineare Abschreibung, wenn die amtliche AfA-Tabelle von 7 Jahren Nutzungsdauer ausgeht.

b) Wie hoch ist der jährliche Abschreibungsbetrag?

c) Im Jahr der Anschaffung darf nicht der volle Abschreibungsbetrag angesetzt werden. Einschließlich des Anschaffungsmonats darf für jeden verbliebenen Monat $^1/_{12}$ des Jahresabschreibungsbetrages angesetzt werden.
Wie hoch ist in diesem Fall der Abschreibungsbetrag im ersten Jahr?

21 Statistik – grafische Darstellungsformen

Die meisten Menschen können sich Zahlen leichter vorstellen, wenn sie übersichtlich und bildlich dargestellt werden. Darum wählt man die **grafische Darstellung** in Form von Schaubildern (Diagrammen). Sie ermöglichen es, Vergleichsgrößen schnell zu erfassen oder Veränderungen rasch zu erkennen.

Grafische Darstellungsformen sind z. B.:
- Linien- oder Kurvendiagramme
- Säulendiagramme
- Flächendiagramme (Kreis- oder Balkendiagramme)

Eine besondere Bedeutung haben solche Schaubilder in der **Statistik.** Diese befasst sich mit der zahlenmäßigen Untersuchung von Ereignissen, Problemen oder Zusammenhängen. Man erfasst Ereignisse aus der Vergangenheit zahlenmäßig, bereitet sie entsprechend auf und versucht so, zukünftige Entwicklungen (Trends) zu erkennen.

Beispiel 1: Im Jahr 2020 erzielte die Bäckerei Wagner folgende Monatsumsätze:

Januar	24 900,00 €	Mai	20 600,00 €	September	19 900,00 €
Februar	23 700,00 €	Juni	18 200,00 €	Oktober	20 400,00 €
März	20 100,00 €	Juli	18 800,00 €	November	21 100,00 €
April	26 200,00 €	August	19 800,00 €	Dezember	25 300,00 €

Veranschaulichen Sie die Entwicklung durch ein Liniendiagramm.

Lösung:

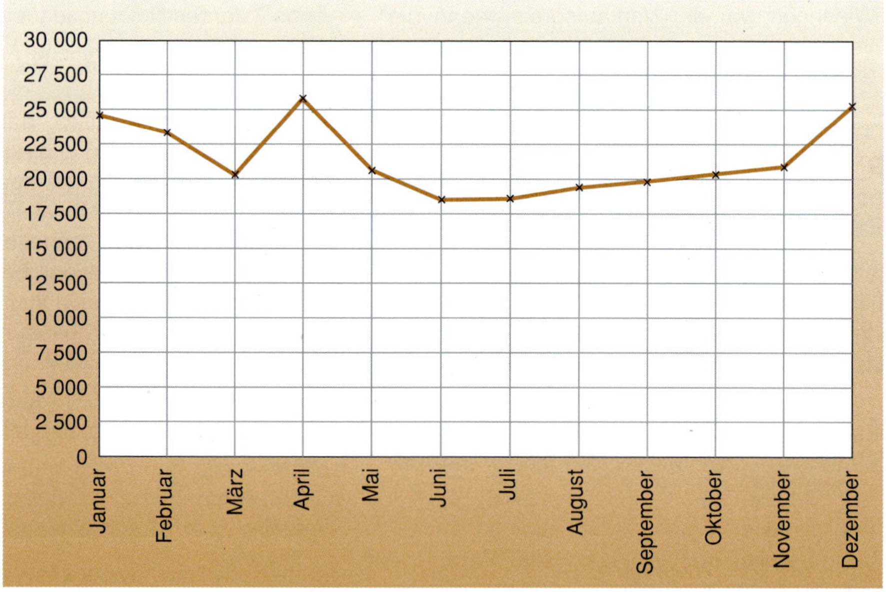

Rechenweg: 1. Damit man ein Linien- oder Kurvendiagramm darstellen kann, muss zuerst ein Koordinatenkreuz gezeichnet werden. Man erhält es, indem man zwei Achsen zeichnet, die senkrecht aufeinander stehen. Ihr Schnittpunkt ist der Nullpunkt.

2. Wählen Sie einen sinnvollen Maßstab und beschriften Sie die beiden Achsen:
   - Die waagrechte Achse, auch x-Achse oder Grundlinie genannt, enthält ein Merkmal der statistischen Auswertung. (In unserem Beispiel: Monate)
   - Die senkrechte Achse, auch y-Achse genannt, enthält das zweite Merkmal der statistischen Auswertung. (In unserem Beispiel: €)
3. Zeichnen Sie die einzelnen Zahlenwerte in das Koordinatenkreuz ein. Anschließend verbinden Sie die einzelnen Markierungen zu einer Linie bzw. zu einer Kurve.

Beispiel 2: Stellen Sie die Umsatzentwicklung der Bäckerei Hensler in einem Säulendiagramm dar.

Berücksichtigen Sie dabei folgende Zahlenwerte:

Umsatz 2016: rund 675 000,00 €
Umsatz 2017: rund 708 000,00 €
Umsatz 2018: rund 747 730,00 €
Umsatz 2019: rund 763 420,00 €
Umsatz 2020: rund 754 270,00 €

Lösung:

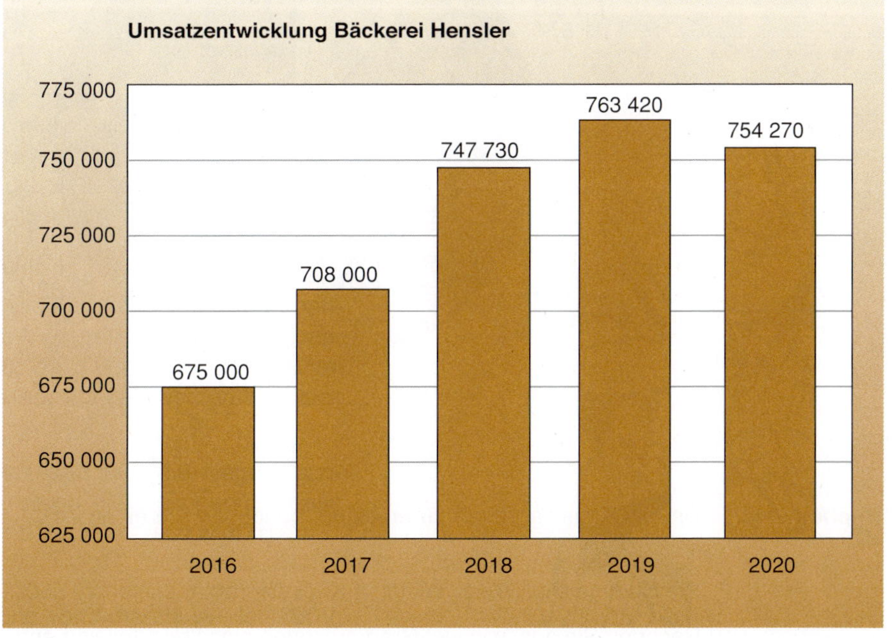

Rechenweg: 1. Zeichnen Sie wie beim Linien- und Kurvendiagramm ein Koordinatenkreuz.
2. Bilden Sie die Säulen für die einzelnen Zahlenwerte in entsprechender Höhe ab.

Beispiel 3: Dinkel enthält 62,4 % Kohlenhydrate, 12 % Wasser, 11,6 % Eiweiß, 8,8 % Ballaststoffe, 2,7 % Fette und 2,5 % Mineralstoffe und Vitamine.

Veranschaulichen Sie diese Zusammensetzung in einem Kreisdiagramm.

Lösung:

Kohlenhydrate	62,4 %	·	3,6	=	224,64°
Wasser	12,0 %	·	3,6	=	43,20°
Eiweiß	11,6 %	·	3,6	=	41,76°
Ballaststoffe	8,8 %	·	3,6	=	31,68°
Fette	2,7 %	·	3,6	=	9,72°
Mineralstoffe + Vitamine	2,5 %	·	3,6	=	9,00°
	100 %			=	360,00°
	1 %			=	3,60°

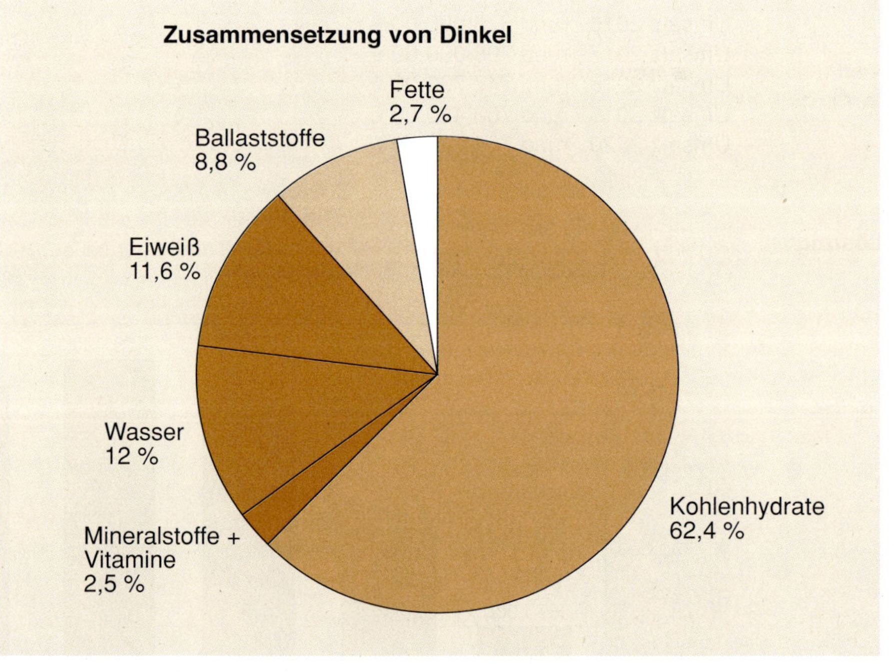

Rechenweg:

1. Um ein Kreisdiagramm zu erstellen, benötigen Sie einen Zirkel und einen Winkelmesser.
2. Die Summe aller Werte in einem Kreisdiagramm entspricht 360° (Grad).
3. Rechnen Sie aus, wie viel Grad auf jeden einzelnen Teilwert entfallen, und übertragen Sie diese Ergebnisse in den Kreis. (Siehe auch Kapitel Verteilungsrechnen).

Aufgaben

1 Der Eiweißgehalt (Gesamtprotein) und der Feuchtkleberanteil im Weizenmehl konnten von 1950 bis 1990 durch Züchtungserfolge erheblich gesteigert werden.

Jahr	Gesamtprotein	Feuchtkleber (Durchschnittswerte)
1950	10,5 %	23,5 %
1960	11,0 %	25,0 %
1970	12,0 %	27,0 %
1980	12,1 %	27,5 %
1985	12,3 %	30,0 %
1990	13,2 %	28,2 %

a) Stellen Sie die Proteingehalte als Liniendiagramm dar (1 % = 0,5 cm).

b) Zeichnen Sie für die Feuchtklebergehalte ein Säulendiagramm (1 % = 0,25 cm).

2 Bei einer DLG-Prüfung wurden 267 Weizenbrote beurteilt. 20 Brote erhielten den Großen Preis, 116 Brote wurden mit dem Silbernen Preis beurteilt, 83 Brote bekamen den Bronzenen Preis und 48 Proben erreichten keine Auszeichnung.

a) Ermitteln Sie die Anteile der prämierten Proben und der Proben ohne Auszeichnung in %.

b) Stellen Sie die Anteile als Kreisdiagramm dar. (Kreisradius 5 oder 10 cm)

3 Bei einer DLG-Prüfung wurden im Bereich Feine Backwaren von 675 Proben 11,9 % mit dem Großen Preis, 38,7 % mit dem Silbernen Preis und 35,6 % mit dem Bronzenen Preis ausgezeichnet.

a) Wie viele Proben (Anzahl) wurden jeweils ausgezeichnet?

b) Wie viele Proben erhielten keine Auszeichnung?

c) Wie groß war der Anteil der Proben in %, die keine Auszeichnungen erhielten?

d) Stellen Sie die Anteile als Säulendiagramm dar.

4 Bei einer DLG-Prüfung für Brot wurden insgesamt 2 063 Proben beurteilt. Darunter waren 429 Weizenmischbrote, 881 Roggenmischbrote, 193 Roggenbrote, 397 Roggenschrot- und Vollkornbrote, 141 Mehrkornbrote und 22 andere Brotproben.

a) Berechnen Sie die Anteile der einzelnen Brotsorten in % und stellen Sie die ermittelten Anteile als Säulendiagramm dar.

b) Rund 9 % aller Proben erhielten einen Großen Preis, 38,8 % einen Silbernen Preis, 33,3 % einen Bronzenen Preis und 18,9 % konnten nicht prämiert werden.
Wie viele Proben erhielten jeweils eine Prämierung?

c) Veranschaulichen Sie die Anteile der prämierten und nicht prämierten Proben durch ein Kreisdiagramm.

5 Die Bäckerei Hackmann GmbH hatte im Jahr 2020 einen Gesamtumsatz von 1 102 740,00 €.

Die Materialkosten für die Backwarenproduktion betrugen insgesamt 159 897,30 €, die Materialkosten für Handelswaren und Kaffeedepot betrugen 215 034,30 €; die Personalkosten schlugen mit 363 904,20 € zu Buche, für sonstige Ausgaben (Heizkosten, Abschreibungen, Rabatte usw.) wurden 292 226,10 € aufgewendet.

a) Ermitteln Sie den Reingewinn der Firma Hackmann in € und %.

b) Berechnen Sie die Anteile der übrigen Posten in % und stellen Sie die prozentuale Aufteilung als Säulendiagramm dar. (10 % = 2 cm)

6 Die Bäckerei Karl Sander & Söhne hatte 2020 einen Jahresumsatz von 1 850 000,00 €.

Die Backwarenproduktion hatte daran 82,7 % Anteil, die Handelswaren 7,1 % und die Kaffeedepots 10,2 %.

a) Ermitteln Sie die Umsätze der einzelnen Bereiche in € und stellen Sie diese in einem Kreisdiagramm dar.

b) Stellen Sie die Entwicklung des Jahresumsatzes der Bäckerei als Säulendiagramm dar (Maßstab: 500 000 € = 1 cm).

   Berücksichtigen Sie folgende Zahlenwerte:
   2017: ca. 1 670 000,00 €
   2018: ca. 1 720 000,00 €
   2019: ca. 1 760 000,00 €

7 Die Bäckerei/Konditorei Meier erzielte im vergangenen Jahr folgende Monatsumsätze:

Januar:	ca. 19 800,00 €
Februar:	ca. 21 200,00 €
März:	ca. 18 300,00 €
April:	ca. 23 100,00 €
Mai:	ca. 18 700,00 €
Juni:	ca. 18 100,00 €
Juli:	ca. 17 200,00 €
August:	ca. 20 200,00 €
September:	ca. 20 200,00 €
Oktober:	ca. 19 900,00 €
November:	ca. 21 100,00 €
Dezember:	ca. 23 800,00 €

Veranschaulichen Sie diese Zahlen durch ein Liniendiagramm. (1 000 € = 1 mm)

LERNFELDKOMPASS – Bäckerei

Nr.	Lernfeld	Kapitel im Buch (Empfehlung)	
1	**Unterweisen einer neuen Mitarbeiterin/ eines neuen Mitarbeiters**	1	Wiederholung der Grundrechenarten
		3	Wiederholung des Bruchrechnens
		4	Der Taschenrechner
		5	Größen und Einheiten
		14	Die Herstellung von Teigen und Massen
		14.7	Energiekosten bei der Herstellung von Teigen und Massen
2	**Herstellen einfacher Teige und Massen**	6	Das Dreisatzrechnen
		11	Nährstoff- und Nährwertberechnungen
		13	Mehltypen – Ausmahlungsgrad
		14	Die Herstellung von Teigen und Massen
		14.1	Umrechnung von Rezepturen
		14.2	Vom Rezepturgewicht zum Teiggewicht
		16	Qualitätsrichtlinien in Bäckereien und Konditoreien
3	**Gestalten, Werben, Beraten und Verkaufen**	2	Kassenbericht
		9	Das Prozentrechnen
		10	Das Zinsrechnen
		11	Nährstoff- und Nährwertberechnungen
		19	Der Handelsaufschlag und die Handelsspanne
4	**Herstellen von Feinen Backwaren aus Teigen**	8	Das Durchschnitts- und Mischungsrechnen
		14	Die Herstellung von Teigen und Massen
		15	Gewichtsabweichungen und Austrocknungsverluste
		16	Qualitätsrichtlinien in Bäckereien und Konditoreien
		17	Spezialitäten aus Bäckerei und Konditorei
5	**Herstellen von Weizenbrot und Weizenkleingebäcken**	8	Das Durchschnitts- und Mischungsrechnen
		13	Mehltypen – Ausmahlungsgrad
		14	Die Herstellung von Teigen und Massen
		15	Gewichtsabweichungen und Austrocknungsverluste
6	**Herstellen von Backwarensnacks**	14	Die Herstellung von Teigen und Massen
		17	Spezialitäten aus Bäckerei und Konditorei
7	**Herstellen und Verarbeiten von Sauerteig**	14	Die Herstellung von Teigen und Massen
		14.4	Sauerteigberechnungen
8	**Herstellen von roggenhaltigem Brot und Kleingebäcke**	14	Die Herstellung von Teigen und Massen
		14.3	Temperaturberechnen bei der Teigherstellung
		14.4	Sauerteigberechnungen
		14.5	Vom Teiggewicht zum Gebäckgewicht
		14.6	Die Volumenausbeute
		15	Gewichtsabweichungen und Austrocknungsverluste

LERNFELDKOMPASS - Bäckerei

Nr.	Lernfeld	Kapitel im Buch (Empfehlung)	
9	**Herstellen von Schrotbroten und Vollkornbroten sowie Spezialbroten und Spezialgebäcken**	11	Nährstoff- und Nährwertberechnungen
		14	Die Herstellung von Teigen und Massen
		14.3	Temperaturberechnen bei der Teigherstellung
		14.4	Sauerteigberechnungen
		14.5	Vom Teiggewicht zum Gebäckgewicht
		14.6	Die Volumenausbeute
		15	Gewichtsabweichungen und Austrocknungsverluste
		16	Qualitätsrichtlinien in Bäckereien und Konditoreien
10	**Herstellen von Feinen Backwaren aus Massen**	14	Die Herstellung von Teigen und Massen
		16	Qualitätsrichtlinien in Bäckereien und Konditoreien
		17	Spezialitäten aus Bäckerei und Konditorei
		18	Die Kalkulation
11	**Herstellen von Torten und Desserts**	14	Die Herstellung von Teigen und Massen
		16	Qualitätsrichtlinien in Bäckereien und Konditoreien
		17	Spezialitäten aus Bäckerei und Konditorei
		18	Die Kalkulation
12	**Herstellen und Servieren von kleinen Gerichten und Getränken**	7	Das Verteilungsrechnen
		8	Das Durchschnitts- und Mischungsrechnen
		11	Nährstoff- und Nährwertberechnungen
		12	Die Lohnabrechnung
		17	Spezialitäten aus Bäckerei und Konditorei
		20	Die Abschreibung
13	**Planen und Durchführen einer Aktionswoche**	6	Das Dreisatzrechnen
		7	Das Verteilungsrechnen
		8	Das Durchschnitts- und Mischungsrechnen
		9	Das Prozentrechnen
		11	Nährstoff- und Nährwertberechnungen
		14	Die Herstellung von Teigen und Massen
		16	Qualitätsrichtlinien in Bäckereien und Konditoreien
		17	Spezialitäten aus Bäckerei und Konditorei
		18	Die Kalkulation
		21	Statistik – grafische Darstellungsformen

LERNFELDKOMPASS – Konditorei

Nr.	Lernfeld	Kapitel im Buch (Empfehlung)	
1	**Unterweisen einer neuen Mitarbeiterin/ eines neuen Mitarbeiters**	1	Wiederholung der Grundrechenarten
		3	Wiederholung des Bruchrechnens
		4	Der Taschenrechner
		5	Größen und Einheiten
		14.7	Energiekosten bei der Herstellung von Teigen und Massen
2	**Herstellen einfacher Teige und Massen**	6	Das Dreisatzrechnen
		11	Nährstoff- und Nährwertberechnungen
		13	Mehltypen – Ausmahlungsgrad
		14.1	Umrechnung von Rezepturen
		14.2	Vom Rezepturgewicht zum Teiggewicht
		16	Qualitätsrichtlinien in Bäckereien und Konditoreien
3	**Gestalten, Werben, Beraten und Verkaufen**	2	Kassenbericht
		9	Das Prozentrechnen
		11	Nährstoff- und Nährwertberechnungen
		19	Der Handelsaufschlag und die Handelsspanne
4	**Herstellen von Feinen Backwaren aus Teigen**	8	Das Durchschnitts- und Mischungsrechnen
		14	Die Herstellung von Teigen und Massen
		15	Gewichtsabweichungen und Austrocknungsverluste
		16	Qualitätsrichtlinien in Bäckereien und Konditoreien
		17	Spezialitäten aus Bäckerei und Konditorei
5	**Herstellen und Servieren von kleinen Gerichten und Getränken**	8	Das Durchschnitts- und Mischungsrechnen
		11	Nährstoff- und Nährwertberechnungen
		17	Spezialitäten aus Bäckerei und Konditorei
6	**Herstellen von Feinen Backwaren aus Massen**	14	Die Herstellung von Teigen und Massen
		16	Qualitätsrichtlinien in Bäckereien und Konditoreien
		17	Spezialitäten aus Bäckerei und Konditorei
7	**Zubereiten von Füllungen, Krems, Schlagsahne und Süßspeisen**	14	Die Herstellung von Teigen und Massen
		16	Qualitätsrichtlinien in Bäckereien und Konditoreien
		17	Spezialitäten aus Bäckerei und Konditorei
8	**Entwerfen und Herstellen von Torten, Desserts und Petits Fours**	14	Die Herstellung von Teigen und Massen
		14.6	Volumenausbeute
		15	Gewichtsabweichungen und Austrocknungsverluste
		17	Spezialitäten aus Bäckerei und Konditorei

Nr.	Lernfeld	Kapitel im Buch (Empfehlung)
9	**Verarbeiten von Zucker**	11 Nährstoff- und Nährwertberechnungen 16 Qualitätsrichtlinien in Bäckereien und Konditoreien 17 Spezialitäten aus Bäckerei und Konditorei
10	**Arbeiten mit Marzipan**	14 Die Herstellung von Teigen und Massen 16 Qualitätsrichtlinien in Bäckereien und Konditoreien 17 Spezialitäten aus Bäckerei und Konditorei 18 Die Kalkulation
11	**Herstellen von Erzeugnissen mit/ aus Kuvertüre**	14 Die Herstellung von Teigen und Massen 16 Qualitätsrichtlinien in Bäckereien und Konditoreien 17 Spezialitäten aus Bäckerei und Konditorei 18 Die Kalkulation
12	**Herstellen von Speiseeis**	7 Das Verteilungsrechnen 8 Das Durchschnitts- und Mischungsrechnen 11 Nährstoff- und Nährwertberechnungen 17 Spezialitäten aus Bäckerei und Konditorei
13	**Herstellen von Spezialgebäcken**	7 Das Verteilungsrechnen 8 Das Durchschnitts- und Mischungsrechnen 14 Die Herstellung von Teigen und Massen 16 Qualitätsrichtlinien in Bäckereien und Konditoreien 17 Spezialitäten aus Bäckerei und Konditorei 18 Die Kalkulation 20 Die Abschreibung
14	**Planen und Durchführen einer Aktionswoche**	6 Das Dreisatzrechnen 7 Das Verteilungsrechnen 8 Das Durchschnitts- und Mischungsrechnen 9 Das Prozentrechnen 11 Nährstoff- und Nährwertberechnungen 14 Die Herstellung von Teigen und Massen 16 Qualitätsrichtlinien in Bäckereien und Konditoreien 17 Spezialitäten aus Bäckerei und Konditorei 18 Die Kalkulation 21 Statistik – grafische Darstellungsformen